Introduction to
**Reference-free
X-ray Fluorescence Analysis**

リファレンスフリー
蛍光X線分析入門

Kenji Sakurai

桜井健次［編著］

JN189772

講談社

執筆者一覧
（執筆順，カッコ内は担当章・節）

桜井健次　　物質・材料研究機構（1章，4章）

沖　充浩　　株式会社東芝（2.1節）

小沼雅敬　　東芝ナノアナリシス株式会社（2.2節）

衣笠元気　　日本電子株式会社（2.3, 2.4節）

Tantrakarn Kriengkamol　　株式会社島津製作所（2.5節）

鈴木桂次郎　株式会社島津製作所（2.5節）

西萩一夫　　株式会社島津製作所（2.5節）

山路　功　　スペクトリス株式会社マルバーン・パナリティカル事業部
（2.6, 2.7節）

大柿真毅　　株式会社日立ハイテクサイエンス（2.8節）

水平　学　　ブルカージャパン株式会社ナノ分析事業部（2.9節）

滝本哲也　　株式会社堀場製作所（2.10節）

髙田有貴　　株式会社堀場製作所（2.10節）

馬場朋広　　株式会社堀場製作所（2.10節）

山田康治郎　株式会社リガク（3.1節）

深井隆行　　株式会社日立ハイテクサイエンス（3.2節）

松永大輔　　株式会社堀場製作所（3.3節）

中野ひとみ　株式会社堀場テクノサービス（3.3節）

小野田麻由　株式会社堀場テクノサービス（3.3節）

河原直樹　　株式会社リガク（3.4節）

西埜　誠　　株式会社島津製作所（3.5節）

まえがき

　蛍光 X 線分析法を含め，多くの元素分析法では，検量線とよばれる信号強度(蛍光 X 線強度)と濃度または絶対量の関係を用いて定量分析を行う．たまたま手元にある検量線 1 本で，あらゆる試料に適用するというわけにはいかない．検量線を得るためには，測定したい未知試料ときわめて類似した主成分元素からなり，かつ注目元素の濃度や絶対量を系統的に変化させた標準試料群が必要である．標準試料群は分析対象が異なれば，その都度作製する必要があり，定量分析の必須の要件であるとこれまで考えられてきた．

　本書の主題であるリファレンスフリー分析は，定量分析に際し，標準試料群による実験的な検量線を使用せずに同等の効果を得ようとする新しい分析のスタイルである．

　数ある元素分析の技術群の中でも，リファレンスフリー分析では，蛍光 X 線分析法がトップランナーの位置を占めている．リファレンスフリー分析の前提は，測定のすべての物理的な過程と装置の特性がよく理解されており，その大部分を理論式で示せることである．試料の化学組成に対応した測定結果が十分に予測可能であることが重要なポイントである．リファレンスフリー蛍光 X 線分析は，白岩・藤野の式とよばれる蛍光 X 線の理論強度式と物理定数(ファンダメンタル・パラメータ)を主に用い，定量分析において，実質的に検量線と同等の効果を得ようとするものである．蛍光 X 線分析には，取り扱いの簡便さ，分析の迅速さ，非破壊性など，多くの利点がある．そのような魅力に注目が集まり，応用分野が拡大する一方で，分析の信頼性を確保するための注意事項を共有すること重要になってきている．

　こうした背景の下で本書を出版することになった．蛍光 X 線分析の教科書についてはいくつも良書が出版されているが，リファレンスフリー蛍光 X 線分析については，本書が海外も含めて初めての書籍になる．

　2013 年 9 月に茨城県つくば市で開催されたファンダメンタル・パラメータの国際会議を契機として，リファレンスフリー蛍光 X 線分析の信頼性を高めるため，11 の民間企業と 2 つの国立研究機関が協力して，オールジャパンの活動が始まった．ラウンドロビンテストを行い，認証標準物質の開発を提言し，定例的に研究会を開催してきている．本書は，その一連の活動に深く関わった方々によって執筆された．

「第1章 リファレンスフリー蛍光X線分析の基礎」では，わが国の日常的な社会生活における元素分析の大きな役割や，元素分析の中でも特に注目を集めている蛍光X線分析と，最近の発展と普及が著しいリファレンスフリー蛍光X線分析について，基礎的な側面を解説した．「第2章 リファレンスフリー蛍光X線分析の適用事例」では，10の節にわたって，リファレンスフリー蛍光X線分析が現状，具体的にどのような応用分野で用いられているかを多数の事例をあげて解説した．「第3章 リファレンスフリー蛍光X線分析の注意事項・事例」では，リファレンスフリー蛍光X線分析の便利さとは裏腹に，遭遇する心配のある落とし穴，失敗の可能性について説明し，注意事項を列挙した．「第4章 いっそう高い信頼性のリファレンスフリー蛍光X線分析をめざして」では，信頼性ツールとして認証標準物質を活用する意義や，本書の執筆者らが経験したラウンドロビンテストからわかったこと，困惑するような異常な結果が得られたときの対処法，今なお続けられるリファレンスフリー蛍光X線分析の研究開発の近未来展望について述べた．

本書の刊行にあたり，講談社サイエンティフィクの五味研二氏には筆舌に尽くしがたいほどお世話になった．執筆者らは専門知識・経験を豊富に持つ優秀な技術者ではあるが，本書を手に取る読者の方々に伝えるべきことを的確に書くことにまったく慣れていない．既刊の書籍にはない独自のコンテンツをふんだんに盛り込んだ原稿の山を前に，これからの蛍光X線分析，これからの元素分析，それらを通してのこれからのわが国の社会の発展について語ったことも懐かしく思い出される．こうした出版にかける思いを共有し，少しでも優れた内容の書とするために，非常によく貢献してくださった．厚く御礼申し上げる次第である．

2019年11月
桜井健次

目　　次

1

リファレンスフリー 蛍光 X 線分析の基礎

1.1 元素分析がもたらす社会のイノベーション

2015 年 9 月, 国際連合は「我々の世界を変革する：持続可能な開発のための 2030 アジェンダ」を採択し, 17 の目標と 169 のターゲットからなる「持続可能な開発目標(Sustainable Development Goals, SDGs)」を設定した(図 1.1.1, 表 1.1.1)[1]. わが国も含めた国際連合加盟国は, 2015 年から 2030 年まで, 貧困や飢餓, エネルギー, 気候変動, 平和的社会など, 持続可能な開発のための諸目標を達成するための取り組みを開始している. それは何も政治, 行政上の法令改正や規制などといったものだけではない. 特に, わが国の場合には科学技術の関与する部分も決して少なくない.

日本政府の SDGs 推進本部は, (1)SDGs と連動する「Society 5.0」の推進, (2)SDGs を原動力とした地方創生, 強靱かつ環境に優しい魅力的なまちづくり,

図 1.1.1 国際連合が設定した SDGs における 17 の目標

表 1.1.1　持続可能な 17 開発目標(SDGs)の具体的な内容

目標 1(貧困)	あらゆる場所のあらゆる形態の貧困を終わらせる.
目標 2(飢餓)	飢餓を終わらせ,食料安全保障及び栄養改善を実現し,持続可能な農業を促進する.
目標 3(保健)	あらゆる年齢のすべての人々の健康的な生活を確保し,福祉を促進する.
目標 4(教育)	すべての人に包摂的かつ公正な質の高い教育を確保し,生涯学習の機会を促進する.
目標 5(ジェンダー)	ジェンダー平等を達成し,すべての女性及び女児の能力強化を行う.
目標 6(水・衛生)	すべての人々の水と衛生の利用可能性と持続可能な管理を確保する.
目標 7(エネルギー)	すべての人々の,安価かつ信頼できる持続可能な近代的エネルギーへのアクセスを確保する
目標 8 (経済成長と雇用)	包摂的かつ持続可能な経済成長及びすべての人々の完全かつ生産的な雇用と働きがいのある人間らしい雇用(ディーセント・ワーク)を促進する.
目標 9(インフラ,産業化,イノベーション)	強靱(レジリエント)なインフラ構築,包摂的かつ持続可能な産業化の促進及びイノベーションの推進を図る.
目標 10(不平等)	各国内及び各国間の不平等を是正する.
目標 11 (持続可能な都市)	包摂的で安全かつ強靱(レジリエント)で持続可能な都市及び人間居住を実現する.
目標 12(持続可能な生産と消費)	持続可能な生産消費形態を確保する.
目標 13(気候変動)	気候変動及びその影響を軽減するための緊急対策を講じる.
目標 14(海洋資源)	持続可能な開発のために海洋・海洋資源を保全し,持続可能な形で利用する.
目標 15(陸上資源)	陸域生態系の保護,回復,持続可能な利用の推進,持続可能な森林の経営,砂漠化への処対ならびに土地の劣化の阻止・回復及び生物多様性の損失を阻止する.
目標 16(平和)	持続可能な開発のための平和で包摂的な社会を促進し,すべての人々に司法へのアクセスを提供し,あらゆるレベルにおいて効果的で説明責任のある包摂的な制度を構築する.
目標 17(実施手段)	持続可能な開発のための実施手段を強化し,グローバル・パートナーシップを活性化する.

(3)SDGs の担い手として次世代・女性のエンパワーメントの 3 本柱を中核とする日本の「SDGs モデル」に基づく活動を展開している.その具体的な内容を見ると,科学技術イノベーションのさらなる活用が強く打ち出されている.例えば,質の高いインフラ,防災,海洋プラスチックごみ,気候変動,エネルギーといった課題への対策など,まさに先端科学技術による解決を切望する社会テーマが多数列挙されて

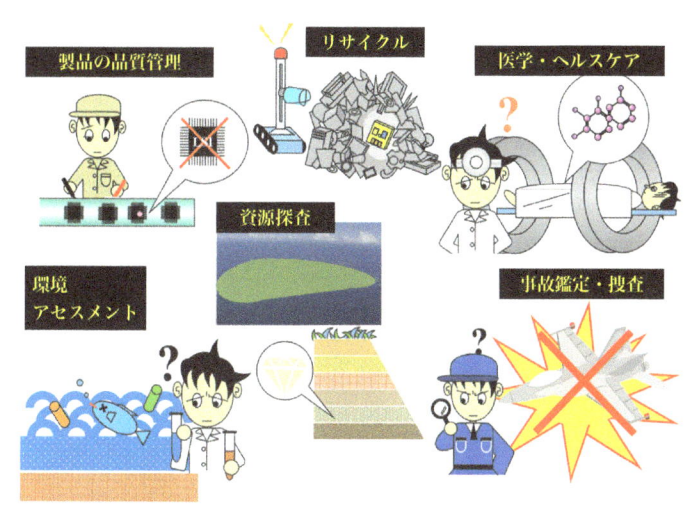

図 1.1.2　社会を支える元素分析
優れた元素分析の技術を開発し活用することが豊かな社会を
築くことにつながっていく.

いる[2].

　こうした科学技術の課題の非常に多くのものが，分析・計測の技術，特に元素分析と深く関わっている．元素分析とは，化学組成，つまり目の前にある物質がどのような元素でどのような比率で成り立っているのかを調べる技術である．なぜ，元素分析がそれほど重要なのだろうか．図 1.1.2 をご覧いただきたい．あらゆる工業製品は製造の各段階において，使用する原料の成分比率を非常に微量の元素も含めて精密に管理されている．製造のために投入した原料に含有される元素の種類や量の管理だけではない．製造プロセスの各段階における予期しない不純物元素の混入は，いかに微量であっても特性の劣化や異常，障害の原因になるため，きわめて注意深く分析されている．製品として完成させる前段階には，異なるプロセスの間で搬送を行う過程がいくつもある．その 1 つ 1 つの過程で異物が混入するトラブルを未然に防止するため，分析技術を駆使した監視が行われる．製品の性能や品質を安定的に管理するばかりではなく，最終的に出荷する工業製品には，当然のこととして，人体に対する安全性が求められる．クロム，水銀，鉛，ヒ素，カドミウムなど，人体に有害と考えられる元素の濃度や含有量に対し種々の規制が行われている．また，廃棄物の最終処分場などでは，廃棄物を回収して溶解し，再び工業原料などに再利用するために，スクリーニングを目的とする分析が重要である．海や川，湖沼，

表 1.1.2 さまざまな元素分析技術
それぞれに特色ある元素分析の技術が開発されてきた．本書で取り扱う蛍光X線分析法もその1つである．

分析技術	主な特徴	液体試料	固体試料の表面	固体試料の内部	大気中測定	多元素同時分析	画像情報	非破壊性	モバイル性
原子吸光分析法	溶液試料もしくは固体試料を溶解して溶液にした試料の標準的な微量元素分析法	◎	×	×	×	×	×	×	×
誘導結合プラズマ(ICP)発光分析法	溶液試料もしくは固体試料を溶解して溶液にした試料の標準的な微量元素分析法	◎	×	×	×	○	×	×	△
誘導結合プラズマ(ICP)質量分析法	溶液試料もしくは固体試料を溶解して溶液にした試料の標準的な微量元素分析法	◎	×	×	×	○	×	×	△
グロー放電質量分析法	固体の表面分析法	×	◎	×	×	○	×	×	×
中性子放射化分析法	原子炉などが必要	×	○	○	×	○	×	×	×
蛍光X線分析法	ほぼ全元素に対応．固体試料もしくは全般をカバーする標準的な分析法．石油，潤滑油，環境水などの液体試料も分析できる．屋外に持ち出して使用できる携帯型分析装置もある．	○	○	○	○	○	○	○	○
X線光電子分光法	X線を照射した際に発生する電子を検出する，固体の表面分析法．	×	○	×	×	○	△	×	×
走査型電子顕微鏡	電子線によって発生する特性X線を蛍光X線分析法と共通する検出器によって分析する．照射損傷がある．真空容器が必要．	×	○	○	×	○	◎	×	×

森林，あるいは湾岸埋立地，工場跡地の転用などの機会には，環境アセスメントが行われる．有害元素の濃度が基準値以下に収まっているかどうかは常に関心事であるため，環境中の元素分析が中心的な役割を果たすことが多い．大洋に浮かぶ離島，内陸の山岳地帯や広大な砂漠に眠る資源の探査は，実のところ地球規模の元素の探索である．医療やヘルスケア分野でも，医薬品やサプリメントに含まれる元素の種類と量の管理が深く関わっている．事故解析や犯罪現場の遺留品などの科学捜査，さらには美術品や考古学などでも素材や塗装顔料について，元素の種類と量に着眼

することで, なかなかわからなかった情報を取り出すことに成功した事例が多くある. さらには, アポロ11号の宇宙飛行士らが持ち帰った月の石などの元素分析によって約46億年前の太陽系の誕生に関する考察が深まり, 地球の陸と海の資源に関わる総合的な知識が得られている. ほんの一部の例をあげたにすぎないが, 以上のすべてに元素分析の技術が深く関わっている.

　元素分析の技術は, 科学技術の根底をなす基盤として, 産業と社会のさまざまな課題を解決する手段として貢献してきたが, 現在および近未来のSDGsの取り組みにおいても活躍が期待される. 表1.1.2に広く使われている元素分析の技術を示した. それぞれに特色ある技術が開発され, 利用されている. 大別するならば, 分析操作を行うときに, 溶液にした状態を前提としているものと, 板やブロック, 箔, 粉末など固体を前提としているものに分類できるであろう. 前者の液体試料の分析では, 原子吸光分光法や誘導結合プラズマ(inductively coupled plasma, ICP)発光分析法(ICP–AES), ICP質量分析法(ICP–MS)が多用されている. これらは優れた超微量分析の能力をもつ技術としてもよく知られており, 非常に有用である. 固体試料も溶解すれば, これらの分析法で取り扱うことができる. これに対し, 固体試料を溶解などせずに, そのまま分析に使用する場合には, 本書で取り上げる蛍光X線分析法が代表的な分析法になる. 固体試料一般を取り扱えるだけでなく, 石油, 潤滑油などの液体をそのまま分析することもでき, あるいは環境水などをろ紙や基板に滴下して分析することもできる. 他の多くの固体分析法とは異なり, 高真空を必ずしも必要としないという利点があり, 大気中や他のガス中でも測定できる. さらに不均一な試料でも, 元素ごとに分布画像を取得する蛍光X線イメージングの技術が開発されている. また, 近年, バッテリー駆動のできるモバイル仕様の小型機器も市販され, 普及が進み, 屋外での分析をはじめ, 分析室以外の場所での分析が可能になったことで, 新しい応用分野が広がってきている. また, 本書で論じるリファレンスフリー分析では, 他の既存の分析技術に先駆け, 蛍光X線分析法がトップランナーの位置を占めている. また, 何よりも得難い重要な特色は, 非破壊的な分析方法であることである. そのため, 蛍光X線分析法で測定した同じ試料を, 必要であれば, 他の分析方法によって再検証する余地も残されている.

[参考文献]

1) 国際連合のSDGsホームページ：https://sustainabledevelopment.un.org/?menu=1300
2) 日本政府のSDGs推進本部の資料ページ：https://www.kantei.go.jp/jp/singi/sdgs/

1.2　蛍光X線分析法は「元素を色分けして識別する」方法である

1.2.1　蛍光X線発生の原理

　真空中で電子ビームを加速して金属ターゲットに衝突させるとX線が発生する．X線管は，そのような原理に基づいてX線を発生させ，利用するものである．図1.2.1に示すように，X線管などのX線源からのX線（1次X線とよぶ）を試料に照射すると，試料からもX線（2次X線とよぶ）が出てくる．歴史的にもかなり早い時期に2次X線の存在は確認され，そのなかには，結果として後になって発見される回折X線，散乱X線も含まれてはいるのだが，特に関心を集めたのは，試料を構成する元素が異なるときに2次X線の波長（エネルギー）が異なるという現象であった．このタイプの2次X線は，今日蛍光X線という名称で広くよばれているものである．蛍光X線の波長（エネルギー）を測定することにより元素分析を行うことができる．太陽光や室内灯のような光を身の回りのいろいろなものに照明すると，赤や緑，青といった特定の色の波長の光を反射するため，その色の違いにより識別ができるが，それとよく似たことが肉眼では見えないX線領域で起きているといえる．

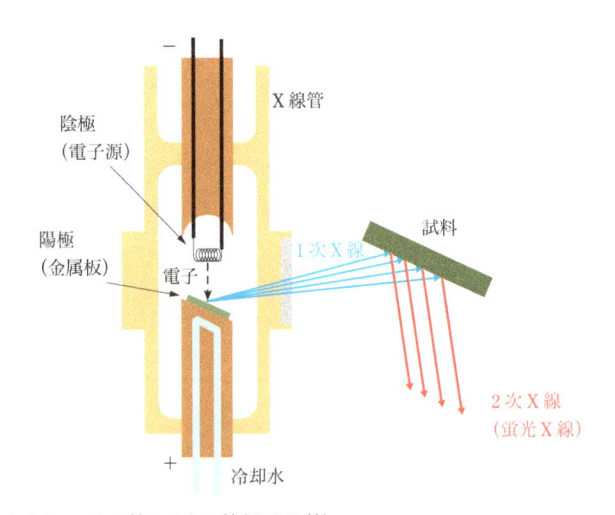

図 1.2.1　1次X線と2次X線（蛍光X線）
　　　　　X線管などのX線源からの1次X線を試料に当てたときに試料から生じる2次X線は，元素によって波長（エネルギー）が異なるため，2次X線から元素の情報が得られる．2次X線は蛍光X線とよばれる．

1次 X 線により試料から発生する蛍光 X 線は元素の色とでもいうべきものである.

　X 線管から出てくる 1 次 X 線は，ターゲットの金属の種類に固有な特性 X 線と電子の加速電圧によってスペクトル分布が変化する連続 X 線（白色 X 線）から成り立っている．X 線管だけでなく，電子顕微鏡の中で電子線を試料に照射した際にも，プロトンビームなど荷電粒子ビームを試料に衝突させた場合にも，試料を構成する元素に固有の特性 X 線が生じる．内殻電子の励起を電子やプロトンビームのようにクーロンポテンシャルによって行うのか，X 線の光電効果によって行うのかという違いはあるが，内殻電子が励起された後に特性 X 線を発生して緩和するという点では共通のメカニズムである．1 次 X 線を試料に照射することで生じる蛍光 X 線は，特性 X 線である．電子線やイオンビームではなく，特に X 線を照射した場合に発生する特性 X 線を区別して蛍光 X 線とよんでいる.

　蛍光 X 線発生のメカニズムを図 1.2.2 および図 1.2.3 に示す．内殻電子の軌道はいくつもの離散的なエネルギー準位に分かれており，原子核に近い（相対的に高い

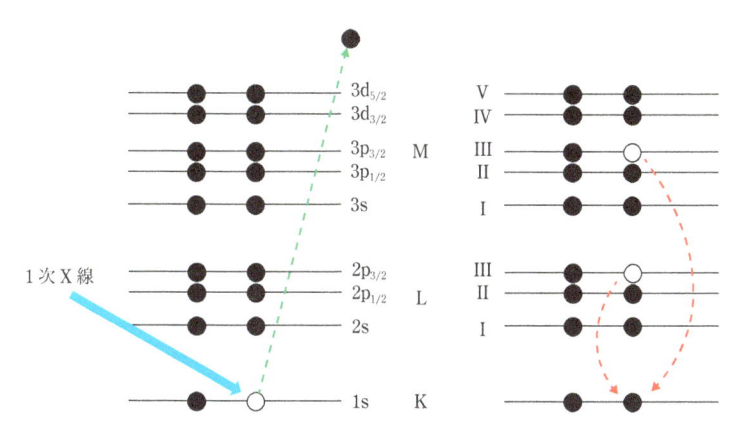

図 1.2.2　蛍光 X 線発生のメカニズム（K 殻励起の場合）
　　　　原子の内殻電子の軌道はいくつもの離散的なエネルギー準位に分かれている．図中の●は電子，○は空孔である．1 次 X 線（左図の太い青矢印）により K 殻の電子がはじき出されて空孔が生じる過程を励起とよぶ（左図）．この空孔へ他の軌道の電子が遷移して埋めると励起状態は緩和する（右図）．遷移にともない，軌道のエネルギー差に等しいエネルギーを外部に放射する．このときにエネルギーが電磁波として放射される場合が蛍光 X 線にあたる．その際，$2p_{1/2}$ 軌道（L_{II} 殻）または $2p_{3/2}$ 軌道（L_{III} 殻）から 1s 軌道（K 殻）に遷移する場合（蛍光 X 線としては $K\alpha_2$ 線，$K\alpha_1$ 線の発生に対応），$3p_{1/2}$ 軌道（M_{II} 殻）または $3p_{3/2}$ 軌道（M_{III} 殻）から 1s 軌道（K 殻）に遷移する場合（蛍光 X 線としては $K\beta_3$ 線，$K\beta_1$ 線の発生に対応）など複数の可能性がある．図では $2p_{3/2}$ 軌道から 1s 軌道，および $3p_{3/2}$ 軌道から 1s 軌道への遷移（右図の赤い点線）を示した.

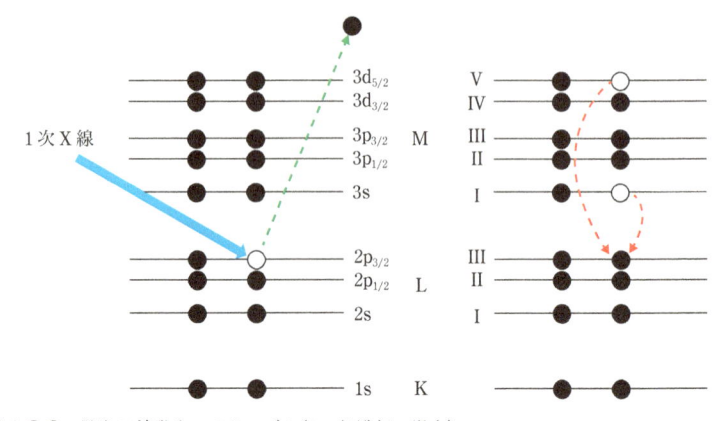

図 1.2.3　蛍光 X 線発生のメカニズム（L_{III} 殻励起の場合）
　　　　　1 次 X 線により L_{III} 殻に空孔が生じ，その空孔を埋めるべく他の軌道の電子が遷移
　　　　　するとき，軌道のエネルギー差に等しいエネルギーが外部に放射される．これが
　　　　　蛍光 X 線である．L 殻には，L_I, L_{II}, L_{III} の 3 つの異なるエネルギー準位があるため，
　　　　　K 殻励起の場合に比較して多数の異なる波長（エネルギー）の蛍光 X 線が発生する．
　　　　　この図では $L\alpha_1$ 線の発生に対応する $3d_{5/2}$ 軌道（M_V 殻）から $2p_{3/2}$ 軌道（L_{III} 殻）およ
　　　　　び $L\ell$ 線に対応する 3s 軌道（M_I 殻）から $2p_{3/2}$ 軌道（L_{III} 殻）への遷移を示した．

エネルギーで束縛されている）側から 1s 軌道（K 殻），2s 軌道（L_I 殻），$2p_{1/2}$ 軌道（L_{II}
殻），$2p_{3/2}$ 軌道（L_{III} 殻），3s 軌道（M_I 殻），$3p_{1/2}$ 軌道（M_{II} 殻），$3p_{3/2}$ 軌道（M_{III} 殻），
…のようになっている．それぞれの軌道の電子の束縛エネルギーよりも高いエネル
ギーの 1 次 X 線が当たると，内殻電子は外部に光電子として放出され，そこに空
孔が生じる．このように内殻電子を外部にたたき出す過程を励起とよぶ．1 次 X 線
のエネルギーが内殻電子を束縛しているエネルギーよりも大きいことが励起の条件
である．内殻励起を起こすために必要な最低エネルギーを吸収端とよぶ．

　図 1.2.4 は，X 線吸収スペクトルとよばれるもので，密度 ρ，厚さ d の試料につ
いて，X 線が透過する配置で，入射 X 線強度 I_0，透過 X 線強度 I を X 線のエネルギー
を変化させて測定し，$I = I_0 \exp(-\mu\rho d)$ の関係式（Lambert–Berr 則ともよばれ，X
線に限らない他の波長領域の吸収スペクトルでもしばしば用いられる）中の μ をプ
ロットしたものである．X 線領域では，この μ は質量減衰係数とよばれる．X 線強
度の減衰に内殻励起による光電吸収の寄与（質量光電吸収係数 τ）と散乱の寄与（質
量散乱係数 σ）を考慮すると，$\mu = \tau + \sigma$ である．散乱には X 線のエネルギー（波長）
が変化しない弾性散乱とエネルギー損失が生じる非弾性散乱があるので，$\sigma = \sigma_{\text{elastic}} + \sigma_{\text{inelastic}}$ のように分けられる．測定技術の歴史上の習慣から，μ は質量吸収係数
とよぶこともかなり多い．その際，名称は吸収であっても，そこに真の吸収（光電

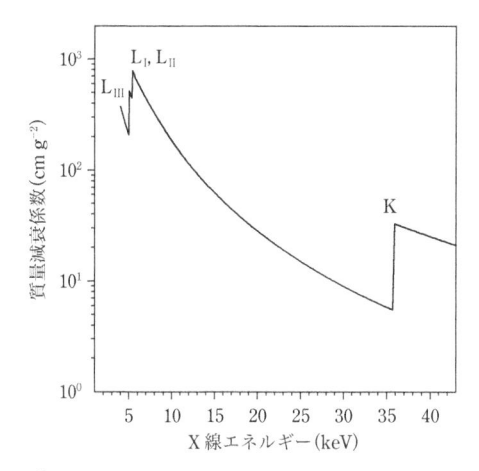

図 1.2.4　X 線吸収スペクトルと吸収端
単色 X 線のエネルギーを掃引しながら透過 X 線強度を測定すると
吸収スペクトルが得られる．質量減衰係数（質量吸収係数とよぶこ
とも多い）は透過強度を入射強度の比の逆数について対数をとり，
密度で割ったものである．図はセシウムについてのものを示してい
る．K 殻および L 殻の吸収端では吸収係数のジャンプが生じる．

吸収）と散乱の両方の寄与があることに注意する．一般的な蛍光 X 線分析が行われ
るエネルギー領域，および偏光や散乱角を考慮した現実的な測定条件の下では，τ
に対する σ の割合はかなり小さい場合が多く，結果として τ は μ に近い値をもつ．
試料を構成する各原子 i の重量濃度比が C_i のとき（$\sum C_i = 1$），試料の質量減衰係数
は各原子の質量減衰係数 μ_i を用いて $\mu = \sum C_i \mu_i$ のように計算される．さて，図 1.2.4
には，不連続なジャンプがみられる．これが先に説明した吸収端である．吸収端を
境界として内殻電子の励起が生じる．

　内殻励起によって生じた空孔は他の軌道の電子が遷移して埋めることで，きわめ
て短い時間のうちに緩和して励起状態から基底状態に戻る．異なるエネルギー準位
からの電子の遷移にともない，そのエネルギー準位の差に等しいエネルギーが外部
に放射される．そのエネルギーが電子に受け渡されて電子が飛び出す場合（オージェ
過程とよばれる）と，電磁波として放射される場合がある．後者が蛍光 X 線である．
このような内訳の比率をそれぞれオージェ収率，蛍光収率とよんでいる．緩和の際
に放出する総エネルギーが低い領域ではオージェ収率が高く，その反対にエネル
ギーが高い領域では蛍光収率が高いことが知られている．同じ殻に空孔が生じた場
合でも緩和過程には複数の可能性があり，1s 軌道（K 殻）を励起する場合，$2p_{3/2}$ 軌

表 1.2.1　蛍光X線の名称と対応する電子軌道の遷移
　ここでは主なものを示している．L殻(L_I, L_{II}, L_{III}殻)の励起によって発生する蛍光X線は，他にも多くあり，この表はその一部を示しているにすぎない．大きい原子番号の元素からはM殻励起による蛍光X線も発生する．

励起される内殻	発生する蛍光X線の名称	対応する電子軌道の遷移
K殻	$K\alpha_1$	$2p_{3/2}(L_{III}殻) \rightarrow 1s(K殻)$
	$K\alpha_2$	$2p_{1/2}(L_{II}殻) \rightarrow 1s(K殻)$
	$K\beta_1$	$3p_{3/2}(M_{III}殻) \rightarrow 1s(K殻)$
	$K\beta_3$	$3p_{1/2}(M_{II}殻) \rightarrow 1s(K殻)$
L_{III}殻	$L\alpha_1$	$3d_{5/2}(M_V殻) \rightarrow 2p_{3/2}(L_{III}殻)$
	$L\alpha_2$	$3d_{3/2}(M_{IV}殻) \rightarrow 2p_{3/2}(L_{III}殻)$
	$L\beta_6$	$4s(N_I殻) \rightarrow 2p_{3/2}(L_{III}殻)$
	$L\beta_{2,15}$	$4d(N_{IV,V}殻) \rightarrow 2p_{3/2}(L_{III}殻)$
	Ll	$3s(M_I殻) \rightarrow 2p_{3/2}(L_{III}殻)$
L_{II}殻	$L\beta_1$	$3d_{3/2}(M_{IV}殻) \rightarrow 2p_{1/2}(L_{II}殻)$
	$L\gamma_1$	$4d_{3/2}(N_{IV}殻) \rightarrow 2p_{1/2}(L_{II}殻)$
	$L\eta$	$3s(M_I殻) \rightarrow 2p_{1/2}(L_{II}殻)$
L_I殻	$L\beta_3$	$3p_{3/2}(M_{III}殻) \rightarrow 2s(L_I殻)$
	$L\beta_4$	$3p_{1/2}(M_{II}殻) \rightarrow 2s(L_I殻)$
	$L\gamma_3$	$4p_{3/2}(N_{III}殻) \rightarrow 2s(L_I殻)$
	$L\gamma_2$	$4p_{1/2}(N_{II}殻) \rightarrow 2s(L_I殻)$

道(L_{III})，$2p_{1/2}$軌道(L_{II})，$3p_{3/2}$軌道(M_{III}殻)，$3p_{1/2}$軌道(M_{II}殻)などから 1s 軌道(K殻)への遷移が生じ，それぞれ $K\alpha_1$ 線，$K\alpha_2$ 線，$K\beta_1$ 線などの名称がある．オージェ過程についても同様である．蛍光X線の名称と遷移の対応を表 1.2.1 に示す．

　このように，蛍光X線の発生は，X線の吸収に付随して生じる 2 次的な現象である．また，同じ電子軌道に空孔が生じた後の緩和過程には複数の可能性があり，エネルギーの異なる複数の蛍光X線が観測される．後述するように，蛍光X線スペクトルの測定には，結晶分光器を使用する波長分散型と，半導体検出器などにより多波長で同時分析を行うエネルギー分散型の 2 通りが用いられている．スペクトルのエネルギー分解能が高いたいていの結晶分光器では $K\alpha_1$ 線と $K\alpha_2$ 線のエネルギーの違いを識別し，独立したピークとして分解することができる．これに対し，半導体検出器などを用いるエネルギー分散型の分析では，重元素のK線など，非常に高いエネルギー領域のX線を除き，両者は分離できずに重なってしまう．こ

表 1.2.2　主な元素の K 殻励起蛍光 X 線と K 吸収端のエネルギー(単位は keV)
　　　　　　ここでは，エネルギー分散型の蛍光 X 線測定を主に念頭におき，Kα_1 線と Kα_2 線は足し
　　　　　　合わされて 1 本の Kα 線として測定される場合を示している.

元素	Kα	Kβ	K 吸収端	元素	Kα	Kβ	K 吸収端	元素	Kα	Kβ	K 吸収端
Na	1.041	1.067	1.072	Ti	4.51	4.93	4.965	As	10.54	11.73	11.868
Mg	1.254	1.297	1.305	V	4.95	5.43	5.465	Se	11.22	12.49	12.658
Al	1.487	1.553	1.560	Cr	5.41	5.95	5.989	Br	11.92	13.29	13.474
Si	1.740	1.832	1.839	Mn	5.90	6.49	6.540	Kr	12.65	14.11	14.322
P	2.015	2.136	2.149	Fe	6.40	7.06	7.112	Rb	13.39	14.96	15.200
S	2.308	2.464	2.472	Co	6.93	7.65	7.709	Sr	14.16	15.83	16.105
Cl	2.622	2.815	2.822	Ni	7.48	8.26	8.333	Y	14.96	16.74	17.080
Ar	2.95	3.19	3.202	Cu	8.04	8.90	8.979	Zr	15.77	17.67	17.998
K	3.31	3.59	3.607	Zn	8.64	9.57	9.659	Nb	16.61	18.62	18.986
Ca	3.69	4.01	4.038	Ga	9.25	10.26	10.367	Mo	17.48	19.61	19.999
Sc	4.09	4.46	4.493	Ge	9.89	10.98	11.104				

のようなことから，両方をあわせて Kα 線と表記することもごく普通に行われてい
る. Kβ 線も同様であるが，Kβ_1 線と Kβ_3 線は多くの場合，結晶分光器でも分離が
難しく，両者が重なったものを単に Kβ 線とよぶことが多い. 他方，強度は弱いも
のの，Kβ 線のメインピークの周囲に化学結合に由来するスペクトルが観測される
こともある. なお，双極子遷移における選択則のために 2s → 1s, 3s → 1s,
3d → 1s のような遷移は原則として生じない. L 殻励起の場合も，ほぼ同じように
考えることができる. 1 次 X 線が L 殻の電子を束縛しているエネルギーよりも高け
れば，励起して光電子として外部に放出し，生じた空孔を他の軌道の電子が遷移し
て埋める緩和過程が生じる. そのエネルギー差に等しいエネルギーが電磁波として
放射される場合，L 殻励起の蛍光 X 線になる. L 殻には 3 つの異なるエネルギー準
位があるため，K 殻励起の場合に比較して多数の異なる波長(エネルギー)の蛍光 X
線が発生する.

　K 殻励起の蛍光 X 線(K 線)のエネルギーは，L 殻励起の蛍光 X 線(L 線)エネル
ギーよりも高い. このため，原子番号が相対的に小さい元素は K 線で測定し，重
元素は K 線でも L 線でも測定することになる. さらに非常に原子番号の大きい元
素は M 線の測定も可能である. 表 1.2.2, 表 1.2.3 に代表的な元素の K 線および L
線のエネルギーの一覧を示す. K 線, L 線とも，原子番号が大きいほどエネルギー
が高くなるが，試料に含まれる元素の組み合わせによっては，ある元素の K 線と

表 1.2.3　主な元素の L 殻励起蛍光 X 線と L 吸収端のエネルギー（単位は keV）
ここでは，エネルギー分散型の蛍光 X 線測定を主に念頭におき，$L\alpha_1$ 線と $L\alpha_2$ 線は足し合わせられて 1 本の $L\alpha$ 線として測定される場合を示している．L 殻では吸収端は L_I, L_{II}, L_{III} の 3 つがある．

	$L\alpha$	$L\beta_1$	$L\beta_2$	$L\gamma$	L_{III} 吸収端	L_{II} 吸収端	L_I 吸収端
Cs	4.29	4.62	4.94	5.28	5.012	5.359	5.712
Ba	4.47	4.83	5.16	5.53	5.247	5.624	5.987
La	4.65	5.04	5.38	5.79	5.483	5.891	6.267
Ce	4.84	5.26	5.61	6.05	5.724	6.165	6.549
Pr	5.03	5.49	5.85	6.32	5.965	6.441	6.835
Nd	5.23	5.72	6.09	6.60	6.208	6.722	7.126
Pm	5.43	5.96	6.34	6.89	6.460	7.013	7.428
Sm	5.64	6.21	6.59	7.18	6.717	7.312	7.737
Eu	5.85	6.46	6.84	7.48	6.977	7.618	8.052
Gd	6.06	6.71	7.10	7.79	7.243	7.931	8.376
Tb	6.28	6.98	7.37	8.10	7.515	8.252	8.708
Ir	9.19	10.71	10.92	12.51	11.215	12.824	13.424
Pt	9.44	11.07	11.25	12.94	11.564	13.273	13.892
Au	9.71	11.44	11.58	13.38	11.918	13.733	14.353
Hg	9.99	11.82	11.92	13.83	12.284	14.209	14.846
Tl	10.27	12.21	12.27	14.30	12.657	14.698	15.344
Pb	10.56	12.61	12.62	14.76	13.035	15.198	15.860
Bi	10.84	13.02	12.98	15.25	13.418	15.708	16.385

別の元素の L 線が非常に近くなり，スペクトルが重なるといったことがよく生じる．

1.2.2　蛍光 X 線スペクトルの測定方法

　X 線のエネルギー E（単位 keV）と波長 λ（単位 nm）の間には $E[\text{keV}] = 1.23981/\lambda$ [nm]の関係がある．例えば，銅（Cu）の Kα 線の波長は 0.154 nm，エネルギーは 8.05 keV である．多くの蛍光 X 線スペクトルの測定は数 keV ～ 30 keV の間で行われている．低いエネルギーの領域を測定するためには大気中での X 線の減衰を抑えるために，真空排気もしくはヘリウムガスなどへの置換が必要になる．

　蛍光 X 線スペクトルを測定する方法には，表 1.2.4 に示すように，結晶分光器を使用する波長分散型（wavelength dispersive X-ray spectroscopy，WDX または WDS）と，半導体検出器により多元素同時分析を行うエネルギー分散型（energy disper-

表 1.2.4 蛍光X線スペクトルを測定する方法

分光結晶によるブラッグ反射を用いるX線の波長を分光する波長分散型(左)と，半導体検出器の中に入射したX線が作り出す電子—正孔対の数をカウントすることによってX線のエネルギーを識別するエネルギー分散型(右)がある．波長分散型では，通常，ガス検出器やシンチレーション検出器のようなエネルギー分解能をもたない検出器が用いられる．エネルギー分散型では半導体検出器の使用は必須である．

	波長分散型	エネルギー分散型
構成		
特徴	・通常，結晶の角度走査を必要とする ・発生した蛍光X線のごくわずかしか検出器に到達させることができない ・スペクトルのエネルギー分解能が高い ・信号対バックグラウンド比が良好である	・装置のどの部分も固定したままで，多元素同時分析ができる ・発生した蛍光X線を比較的効率的に検出器で検出できる ・スペクトルのエネルギー分解能が低い ・散乱X線のバックグラウンドが弱い信号をとらえることを妨害する

sive X-ray spectroscopy, EDX または EDS)の大きく2通りがある．波長分散型では，分光結晶の格子面間隔を d とすると，波長 λ のX線はブラッグの式 $2d\sin\theta = \lambda$ を満足する角度 θ のところにピークを生じるので，角度を走査することによりX線の波長を識別することができる．測定したいX線スペクトルのエネルギー範囲に応じて分光結晶を交換し，測定する角度範囲を決める．これに対し，エネルギー分散型は検出器の中に入射したX線が作り出す電子—正孔対の数をカウントすることによってX線のエネルギーを識別する方法である．電子—正孔対を1つ作り出すのに必要なエネルギーは数 eV であるから，例えば鉄の $K\alpha$ 線(6.4 keV)が入射すれば，数 1000 個の電子—正孔対が生じる．その数を数えることにより，検出器に入射したX線のエネルギーがわかる．

　半導体検出器にもいろいろな種類があるが，20世紀後半までは Si(Li) 検出器が非常によく用いられていた．最近は，シリコン PIN フォトダイオードやシリコンドリフト検出器(silicon drift detector, SDD)が多く用いられている．Si(Li) 検出器は液体窒素による冷却を必要とし，デュワーなどを搭載していたが，これらの新しい検出器は電子冷却によって動作するため，かなりの小型化・軽量化が達成されている．特に SDD は生成した電子—正孔対を収集する電極構造に特色があり，従来

では考えられなかったような大面積のものが開発されている．エネルギー分散型の
測定装置では，得られた電荷量に対応した波高のパルスを増幅回路によって作り出
し，アナログ・デジタル(A/D)変換器によって波高分析を行い，波高ごとのヒス
トグラムを作る．これが，そのまま蛍光 X 線スペクトルになる．最近は，伝統的
なアナログの波形成形の電子回路に代わって，プリアンプの出力をそのままデジタ
ル処理することによりスペクトルまで得られるデジタルスペクトロメータ(DSP)が
普及している．DSP の利点は，高速カウンティングとエネルギー分解能の両立で
ある．

　エネルギー分散型の検出器のエネルギー分解能は主に，その計数誤差によって決
まる．数千もしくは 1 万程度の数を数えるのであれば，1 〜数％の誤差が生まれる
であろう．エネルギー分散型のエネルギー分解能は，Mn Kα 線(5.9 keV)に対して，
およそ 120 〜 150 eV である．これに対し，波長分散型では数 eV 程度まで難なく
到達できる．試料で発生した蛍光 X 線の総量のうち，どれくらいを検出している
かという割合を検出効率とよぶ．波長分散型はきわめて検出効率の低い測定方法で
あるため，それを補うために，かなり強い X 線を試料に照射している．

　波長分散型でもエネルギー分散型でも，いずれの場合にも，X 線管からの 1 次 X
線をまったくそのまま試料に入射させるのではなく，1 次フィルタとよばれる金属
箔を導入することがある．低いエネルギーの X 線はこうした金属箔によって容易
に減衰するが，高いエネルギーの X 線はあまり変化しないので，入射 X 線のスペ
クトル形状が変化することになる．測定したい元素のスペクトルを良いピーク対
バックグラウンド比(P/B 比)で測定するためには，こうした 1 次フィルタの利用
は有効である．このほか，結晶モノクロメータを X 線管と試料の間に配置すれば，
単色 X 線のみを利用することができる．2 次ターゲットとよばれる金属板を置き，
そこから出てくる蛍光 X 線を試料に当てる方法も考えられる．表 1.2.5 に 1 次 X 線
のスペクトル分布の制御方法をまとめた．

　さらに，モノキャピラリやポリキャピラリ，あるいは非球面ミラーなどを用いて，
X 線管からの X 線を集光してから試料に照射することによる微小領域の蛍光 X 線
分析(マイクロ蛍光 X 線分析，μXRF とよぶことも多い)や，その際に試料の位置を
XY 走査して得られる情報を画像化(イメージング)することも行われている．試料
からの蛍光 X 線を検出する検出器には，これまで述べてきたエネルギー分散型の
蛍光 X 線スペクトル分析の場合と同じ半導体検出器が用いられる．図 1.2.5 に示す
ように，21 世紀に入る少し前くらいから，試料の XY 走査を行わずに蛍光 X 線イ
メージングを行おうとする新たな技術の潮流が出現している．この方法は，上述の

表 1.2.5　1次 X 線のスペクトル分布の制御方法

X 線管からの X 線をそのまま試料に照射するのではなく，結晶モノクロメータや1次フィルタ，2次ターゲットを用いると，1次 X 線のスペクトル分布を変化させることができる．試料に含まれる元素からの蛍光 X 線のピーク位置の近傍のバックグラウンドを下げるために，しばしば用いられる．

	なし	結晶モノクロメータ	1次フィルタ	2次ターゲット
1次 X 線スペクトル形状				
素材	なし	単結晶	金属箔	金属板
利用する現象	なし	X 線回折	透過・吸収	蛍光 X 線発生
特色(利点)	試料に強い X 線を照射できる	信号対バックグラウンド比を大きく改良できる	低エネルギー領域の X 線スペクトルのバックグラウンドを低減できる	簡便にバックグラウンドを下げられる

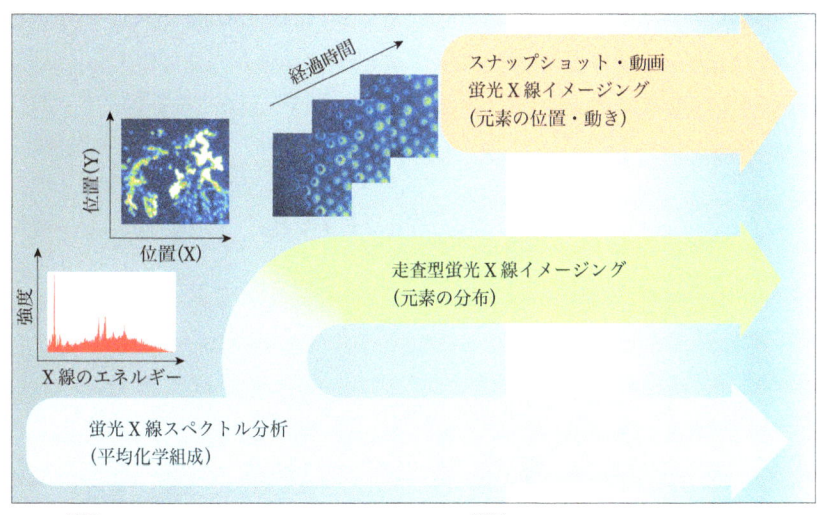

図 1.2.5　蛍光 X 線イメージング技術の進展

20 世紀後半，半導体検出器の登場により多元素同時の蛍光 X 線スペクトル測定(エネルギー分散型蛍光 X 線分析法)が可能になり，さらに集光光学系と試料の XY 走査を組み合わせることによりイメージングも行われるようになった．その後，CCD や CMOS カメラに代表される 2 次元半導体検出器の登場により，XY 走査を行わずにスナップショットや動画の元素イメージングができる技術が出現した．今後いっそうの発展が期待される．

走査型蛍光 X 線イメージングではほぼありえないと思われていたスナップショットおよび動画の元素イメージングが可能になるため，新たな応用分野の拡大が期待されている．この新しいイメージングの方法では，通常の半導体検出器の代わりに，CCD や CMOS カメラ，もしくはその他の 2 次元 X 線検出器を用いる．また，試料と検出器のいずれも静止させたままでイメージングを行うために結像光学系を利用し，試料上の特定位置と検出器の特定ピクセルが 1 対 1 で対応して X 線強度が記録されるようになっている．技術としては，従来の蛍光 X 線分析・イメージングに対して上位互換性を有しているともいえ，試料の蛍光 X 線スペクトルを取得することも，元素別の画像を取得することもできる．

分析技術の応用分野と利用のスタイルを大きく変えたのは，バッテリー駆動型で，X 線管とエネルギー分散型の X 線検出器とコンピュータをオールインワンに内蔵させたハンドヘルド，モバイル型の蛍光 X 線分析装置である．これまでは，工業分析でも環境分析でも，分析を行うための部署と部屋があり，そこに装置が設置され，経験豊富で優れた知識，技術をもつ分析のエキスパートが操作するのが常であった．すでにコンピュータで機器を制御し，得られたデータを自動処理する時代であるから，専門家ではないオペレータが担当することも十分可能であるが，そうであっても分析の専門家の目の届く範囲である．ハンドヘルド型の蛍光 X 線分析装置は，人が手で持ち運び，製品検査や環境アセスメントの現場で使用される．使用される場所が，分析室から大きく外に出たことで，これまで想定されたこともなかったようなまったく新しいアプリケーションの可能性が拓かれつつある．まったく何の経験も背景知識もない一般の作業員の方が操作し，さらに，その結果を集約して管理する方も，おそらく分析のエキスパートではないという状況は，今後増えると予想される．人が手に持って手軽に取り扱うことは非常に便利な場面も多いと思われるが，分析室などで行われる一般の蛍光 X 線分析と必ずしも同等といえるわけではない．測定対象(試料)と装置の幾何学的な位置関係の再現性，対象物の形状(必ずしも平坦とは限らない)など，これまでは問題にならないように対処されていた多くの事項を新たに考慮する必要がある．さらに，現実の多くの測定では，元素の分布が均一ではないケースも多くあるだろう．分析は数値をともない，その数値には十分信頼されるだけの根拠が必要であり，それゆえの責任も生じる．そのような懸念を取り除くために，今後ますます多くの努力が払われるようになるだろう．信頼性の高さは，分析の根幹をなすものであり，本書もその点に強い問題意識をもって執筆されている．技術的によく成熟し，一見完成されたようにも見えることのあった蛍光 X 線分析法であるが，今また新しい時代を迎え，前進を続けている．

1.2.3 蛍光 X 線発見の頃の歴史

元素を X 線領域の色(波長)の違いにより見分ける技術として今では非常に発達した蛍光 X 線分析法であるが，その非常に初期の頃の歴史を振り返ってみたい．19 世紀後半から 20 世紀初頭における X 線に関連する年表を表 1.2.6 にまとめた．

表 1.2.6 蛍光 X 線発見の頃の年表
20 世紀の初頭，世界中の科学者が X 線に関係するさまざまな新発見に沸いた．蛍光 X 線は，X 線回折現象よりも先に発見されている．コンピュータもインターネットもなく，情報伝達も遅い時代ではあったが，そのなかで日本人もよく活躍した．

年	海外	日本国内
1895	X 線の発見(レントゲン)	
1896		日本で初めての X 線写真撮影(島津源蔵)
1901	ノーベル物理学賞：レントゲン「X 線の発見」 蛍光 X 線発見につながる先駆的研究 G. Sagnac, *Ann. Chim. Phys. Paris*, **22**, 493(1901)	
1905	蛍光 X 線の発見 C. G. Barkla, *Nature*, **71**, 440(1905)	
1909		日本で初めての医療用 X 線装置の開発(島津製作所)
1911	多数の元素の K 線と L 線の観測 C. G. Barkla, *Phil. Mag. Ser 6*, **22**, 739(1911)	
1912	X 線回折の発見(ブラッグ父子)	
1913	原子番号と蛍光 X 線の波長の関係(モーズリー則)の発見 H. G. J. Moseley, *Phil. Mag.*, **26**, 1024(1913)	日本で初めての X 線回折実験 T. Terada, *Nature*, **91**, 135 (1913); 213(1913)
1914	第 1 次世界大戦 ノーベル物理学賞：ラウエ「結晶による X 線回折の発見」	
1915	ノーベル物理学賞：ブラッグ父子「X 線による結晶構造の解析への貢献」	東京電気(東芝の前身)X 線管(ガス管)製造販売開始
1916	GE 社 X 線管(Coolidge 管)製造販売開始	東京電気，GE 社 X 線管の輸入専売開始
1917	ノーベル物理学賞：バークラ「元素の特性 X 線の発見」	理化学研究所設立
1919	Philips 社 X 線管製造販売開始	
1923		関東大震災
1924	ノーベル物理学賞：シーグバーン「X 線分光の分野での発見と研究」	

ドイツのレントゲン(Wilhelm Conrad Röntgen)が真空管の中で X 線が発生することを発見したのは 1895 年のことである．よく知られているように第 1 回ノーベル物理学賞はこの X 線の発見に対して授与された．先に説明したとおり，この真空管の中では，陽極の金属の種類に応じ，異なる波長(エネルギー)の X 線が発生しており，まさにその陽極の構成元素からの蛍光 X 線と同じものなのであるが，その時点では，今日でいう蛍光 X 線，つまり X 線を照射することによって元素固有の X 線が発生するという現象は発見されていない．当時の主要な関心事は，X 線のもつ高い物質透過能であった．もちろん，その透過能は使用する X 線の波長(エネルギー)によって大きく変わり，実に波長の 3 乗で変化する．医療応用や非破壊検査などのラジオグラフィーで用いられる高エネルギーの X 線(100 keV 以上)と，環境分析や工業分析の分野での蛍光 X 線のスペクトル取得(およそ 1 〜 30 keV)，あるいは X 線回折パターンの測定(8 keV, 17 keV など)に用いられる X 線では，名前は同じ X 線でも用いられる波長(エネルギー)はかなり違っている．レントゲンによる X 線発見の後，非常に素早く，わが国でも，他の手段にみられない驚異的な透過能に注目し，技術導入や応用が試みられた．日本で初めての X 線写真は 1896 年に島津源蔵(二代目)によって撮影された．島津製作所は 1909 年には初めての X 線医療機器を開発している．X 線管の技術への関心も高く，東京電気(現在の東芝)は 1915 年に独自のデザインのガス封入 X 線管の製造・販売を開始するとともに，翌 1916 年にアメリカの GE 社が現代の X 線管にかなり近い真空 X 線管を開発すると，その専売契約を締結して，日本国内に普及させた．

　蛍光 X 線の発見は 1905 年頃と考えられる．ケンブリッジ大学の J. J. トムソン(Joseph John Thomson：1906 年ノーベル物理学賞受賞)の研究室に若手研究者として従事していたバークラ(Charles Glover Barkla)は，X 線を試料に照射した際の散乱 X 線の強度分布と偏光の関係を調べる実験から派生する研究の過程で，材質の異なる試料から波長(エネルギー)が異なる X 線が得られることに気づいた．1911 年までには同じ元素でも 1 種類の X 線の波長の蛍光 X 線が出るのではなく，Kα 線と Kβ 線が得られること，さらには多数の L 線もあることなどを見出した．原子番号と蛍光 X 線のエネルギーの関係を詳細かつきわめて正確に研究したのはモーズリー(Henry Gwyn Jeffreys Moseley)である．残念ながら，第 1 次世界大戦のため，若くして亡くなってしまったが，蛍光 X 線スペクトルの初期の研究ではバークラと並び，きわめて大きな功績を残した．よく知られているとおり，1914 年，1915 年は，2 年続けて X 線回折の発見に対してノーベル物理学賞が授与され，1917 年には蛍光 X 線の発見に対してバークラにノーベル物理学賞が授与されている．そ

の間の 1916 年は，ノーベル物理学賞は該当者なしになったが，もしモーズリーが当時存命であったならば，あるいは実に 4 年連続で X 線分析にノーベル物理学賞が与えられた可能性も想像される．

　量子力学や相対性理論などで高名なプランク(Max Karl Ernst Ludwig Planck：1918 年ノーベル物理学賞)やアインシュタイン(Albert Einstein：1921 年ノーベル物理学賞)らがノーベル賞受賞などで大きく注目されるよりも前にこうした時代があったことは，いかに X 線が科学と社会にもたらしたインパクトが大きかったかを物語っている．そのような時代にあって，当時の日本人の研究者もよく活躍していた．ラウエ(Max Theodor Felix von Laue) や W. B. ブラッグ(William Henry Bragg)，W. L. ブラッグ(William Lawrence Bragg)らが X 線回折発見に関わる重要研究を行った 1912 年の翌年には，寺田寅彦がわが国初の X 線回折実験を行い，*Nature* 誌に報告している．重要な研究成果はわずかな時間差があっても同時多発的に見出されることが多い．1905 年のバークラによる蛍光 X 線の研究の頃，研究指導者であった J. J. トムソンの下にはフランスからの留学生が滞在しており，当時サニャック(Georges Sagnac)が行っていた関連研究の情報がもたらされたと考えられる．サニャックは 1901 年に蛍光 X 線発見の先駆けとみなせる研究報告を行っている．

1.3 濃度や量の求め方

　蛍光 X 線の波長(エネルギー)を分析すれば，試料にどのような元素が含まれているかはただちに明らかになる．こうした分析は定性分析とよばれ，元素分析ではいわば入口に位置するものである．当然，それぞれの元素がどれくらい含まれているかという定量分析が重要になってくる．量に関する情報は，それぞれの元素の蛍光 X 線の強度に含まれている．

　得られた実測スペクトルから強度(カウント数)を取り出す際には，バックグラウンドの差し引き(図 1.3.1)とピークの重なりの補正(図 1.3.2)が必要である．エネルギー分散型の蛍光 X 線スペクトルの Kα 線は原子番号が 1 つ小さい元素の Kβ 線と重なるので(例えば Fe Kα 線は Mn Kβ 線と，Co Kα 線は Fe Kβ 線と重なる)，何らかの実験的な方法で重なりを見積もるか，得られたスペクトルのピーク分離を行う．こうした処理は通常，コンピュータのソフトウエアでほぼ自動的になされる．着目している特定の元素の特定のピークを切り離して処理する方法以外に，得られた蛍光 X 線スペクトルのプロファイル全体を関数フィッティングする方法もある．各分析線を例えばガウス関数，バックグラウンドを多項式で近似し，非弾性的な効果，さらにはサムピーク(短い時間間隔で検出器に入った異なるエネルギーの X 線光子を区別しきれず，そのエネルギーを足し合わせた 1 個の光子とみなしてしまうことによるピーク)，エスケープピーク(検出器の素子を構成するシリコンなどの元素の

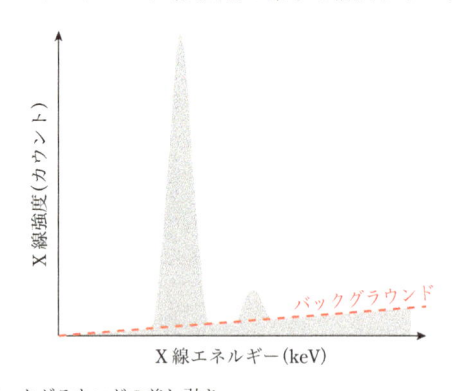

図 1.3.1　バックグラウンドの差し引き
　　　　　元素に対応する蛍光 X 線のピークが現れるべきエネルギーのところに X 線強度が認められたとしても，元素に由来するものではないことがある．こうしたバックグラウンドは直線あるいは 2 次・3 次関数で近似して差し引く．蛍光 X 線の強度には，差し引き後のピーク強度や面積強度を用いる．

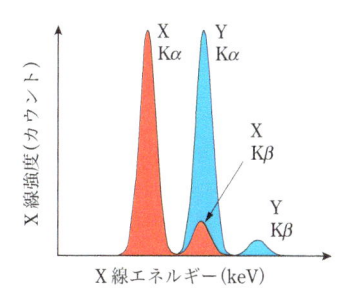

図 1.3.2 複数ピークの重なりの補正
隣接元素の Kα 線と Kβ 線，あるいは軽元素の Kα 線，Kβ 線
と重元素の Lα 線，Lβ 線，Lγ 線などが重なる場合は，その
重なっている部分の強度を見積もり，補正する必要がある．

励起が生じ，その特性 X 線エネルギー分だけ低いエネルギーのところに出現する
ピーク）など，検出器や信号処理に起因するアーティファクトなど，種々の特徴も
考慮に入れ，スペクトル全体をもっともよく説明するパラメータを得て，その結果
を用いて，すべてのピーク強度とバックグラウンドを評価している．

その次がもっとも重要な問題である．蛍光 X 線分析によって知りたい情報は，
化学組成，つまり，そこに含まれている元素の種類とその濃度や絶対量である．生
データである蛍光 X 線の強度（カウント数）から，どのようにすれば元素の濃度や
絶対量がわかるのだろうか．ここで非常に重要な注意事項がある．まったく異なる
タイプの試料，例えば生物試料（炭素，酸素などの軽元素が主成分）と鉱物試料（カ
ルシウム，シリコン，アルミニウム，鉄などの酸化物が主成分）の測定を行い，注
目している元素，例えば銅がどちらにも含まれているとして，しかも銅の蛍光 X
線強度がまったく同じであったとして，それらの試料の中に含まれる銅の濃度は同
じであると考えてよいのだろうか．答えは No である．蛍光 X 線スペクトル測定の
目的は化学組成を知ることにあるが，蛍光 X 線強度は，その元素の濃度や絶対量
だけでなく，他の元素の存在量の影響も受ける．特に主成分の元素の影響は大きい．
こうした影響をマトリックス効果とよぶ．どんな化学分析法でも，取得されるスペ
クトルは，試料の主成分や共存する他の元素の種類と濃度の影響を受ける．マトリッ
クス効果は，それぞれの分析の原理や分光器，測定機器の機構や使用法に深く関わっ
ているが，物理的なメカニズムが単純明快な蛍光 X 線分析では，補正も含めた定
量的な取り扱いが圧倒的に容易である．蛍光 X 線分析におけるマトリックス効果
は，共存元素の濃度や絶対量による蛍光 X 線の強度変化（吸収効果と励起効果）の
ほか，粒子サイズの効果，粒子分布の不均一さの効果，深さ方向の密度分布の効果

なども含めて考慮されることがある．ここでは，蛍光 X 線の強度に影響を与える共存元素による吸収効果と励起効果について説明する．

　吸収効果は，発生した蛍光 X 線が試料中の主に主成分元素によって吸収され，あるいは散乱され，結果として強度が弱められる現象である．大きな吸収効果をもたらすのは多くの場合，原子番号の大きい元素である．その元素の吸収端が注目している蛍光 X 線のエネルギーのすぐ近くにある場合は特に顕著である．このことを感覚としてよく理解するために，簡単な計算をしてみよう．鉄 (Fe) の Kα 線 (6.4 keV) に対し，この強度を 1% にまで減衰させる (99% の強度が失われる) 効果を与えるような試料 (主成分元素) の厚さがどれくらいかを考えてみる．もし炭素 (C) であれば 2.3 mm であるが，金 (Au) ではわずか 6.55 µm であり，およそ 350 倍も違う．また，原子番号は大きくなくても K 吸収端が鉄の Kα 線のエネルギーよりもわずかに大きいクロムでは 13.8 µm で同じ効果をもたらす．クロムと鉄の間の元素であるマンガンでは，鉄の Kα 線よりもマンガンの K 吸収端の方が小さいので 110.3 µm となり，クロムと約 8 倍も違う (換言すれば，吸収効果が小さく抑えられている)．鉄の Kβ 線 (7.06 keV) はマンガンの K 吸収端より大きいため，きわめて強い吸収効果を示す．そのため，マンガンが共存していると，観測される鉄の Kα 線と Kβ 線の強度比が違ってくる．このように，蛍光 X 線を減衰させる効果は元素によって大きな差異がある．試料の主成分の吸収効果を考慮することは重要である．

　励起効果は，共存元素からの蛍光 X 線によって注目している元素が励起され，共存元素がない場合よりも蛍光 X 線強度が強められる現象である．例として，ニッケル (Ni) と鉄とクロムを含む合金を考えてみよう．1 次 X 線によって，ニッケル，鉄，クロムの各元素は励起され，蛍光 X 線が発生する．ニッケルの Kα 線および Kβ 線のエネルギーは，鉄とクロムの K 吸収端よりも大きいので，試料中で発生したニッケルの Kα 線，Kβ 線によって鉄とクロムは励起される．これを 2 次励起とよぶ．また，鉄の Kα 線，Kβ 線のエネルギーはクロムの K 吸収端よりも大きいので，やはり，試料中で発生した鉄の Kα 線，Kβ 線によってクロムは励起される．クロムの励起には，1 次 X 線による直接励起，1 次 X 線により発生したニッケルや鉄の蛍光 X 線による 2 次励起，そして 1 次 X 線により発生したニッケルの 2 次励起によって発生した鉄の蛍光 X 線による 3 次励起の効果が含まれる．

　多くの元素分析法において，定量分析を行うために，検量線法が用いられる (図 1.3.3)．検量線とは，目的元素の濃度や絶対量と蛍光 X 線強度の関係をプロットしたものである．検量線を作成するためには，これから測定しようとする未知試料ときわめて近いマトリックス組成をもちながら，目的元素の濃度や絶対量を系統的に

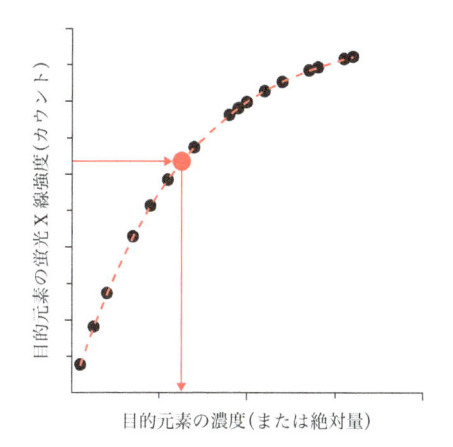

図 1.3.3 検量線
目的元素の濃度や絶対量を系統的に変化させた標準試料を作製して蛍光
X線スペクトルを測定し，それぞれの試料について目的元素の蛍光X線
強度を求め，濃度や絶対値と蛍光X線強度の関係をプロットする．その後，
未知試料を測定し，得られた強度から，この検量線によって元素の濃度
または絶対量を決定する．検量線は必ずしも直線になるわけではない．

変化させた試料群をあらかじめ準備する必要がある．このような試料は，一般的に
標準試料とよばれる．標準試料を測定することにより，元素ごとに，その元素の濃
度や絶対量を横軸に，測定によって得られた蛍光X線強度を縦軸にとって，互いの
の関係を表示したものが検量線である．検量線を完成させた後，未知試料を測定し，
得られた蛍光X線強度から，この検量線によって対応する目的元素の濃度または
絶対量を求める．目的元素の濃度によって(検量線の横軸に沿って)，マトリックス
効果，すなわち試料中の共存元素(主に主成分)による吸収効果や励起効果の寄与は
変化する．そのため，検量線は，必ずしも直線になるわけではない．さらに共存元
素が複数ある場合は，より複雑になる．目的元素以外に，第2，第3，第4元素な
どがあり，目的元素の濃度や絶対量の変化に合わせ，第2，第3，第4の総量が対
応して変化するのみで，第2，第3，第4元素の間の比率が厳密に保存されている
場合は，まだよい．そうでないときは少々注意を要する．もともと，検量線上の1
点と思う地点，つまり目的元素の濃度や絶対量が決まっている場合でさえ，複数の
共存元素の間の比率が違えば，目的元素の蛍光X線強度は変化し，1点になるはず
のものが1点にはならず，縦軸方向に幅をもつことになる．したがって，未知試料
の蛍光X線強度を測定し，検量線によって元素の濃度や絶対量を決定しようとし
ても，共存元素の分析もできていない限り，点と点の対応にはならず，分析値は厳

密に決定できないことになる. 検量線法の本質は, 良い標準試料の準備にあるといっても過言ではない. これから測定しようとする未知試料ときわめて近いマトリックスをもち, 吸収効果や励起効果に敏感に影響する複数の共存元素の比率などにも注意を払った標準試料を準備することが望まれる.

蛍光X線分析法に限らない元素分析一般に共通する現実問題として, 未知試料と完全に同じマトリックスの標準試料が準備されている幸運なケースはそれほど多くない. 未知試料といいながらも, よく素性がわかっており, あくまで特定の元素の濃度や量を厳密に管理することが目的である場合は比較的容易である. 未知試料をガラスビードや加圧成形したペレットのような形で取り扱う場合は, 検量線作成用の標準試料もガラスビードや加圧成形したペレットにし, その中に含まれる元素の濃度や絶対量を系統的に変化させたものを作製する. 市販の化学組成が精密に調べられている標準物質(植物, 土壌, 鉱物, セメント, 鉄鋼, ガラスなどのいろいろなマトリックスのものがある)を使用する場合は, 完全とはいえなくとも, マトリックス組成が未知試料とできるだけ近いものを選ぶことが重要である.

マトリックスを共通にし, 目的元素のみの濃度と絶対量を系統的に変化させて準備した標準試料に対して未知試料に含まれない元素(内標準元素)を等量添加し, その元素の蛍光X線強度で割り算した結果を縦軸にとることでマトリックス効果を補正した検量線を作る方法は内標準法とよばれる. この場合は, 未知試料にも内標準元素を同じ量だけ加えた後に蛍光X線強度を測定する. 内標準元素からの蛍光X線のエネルギーは, 目的元素の蛍光X線にある程度近いことが望ましい. マトリックス効果の影響の受け方が近い方がより良い補正になるためである. 未知試料が十分多量にあり均質とみなせる場合は, その一部を利用して検量線測定用の標準試料群を作製することもできる. 試料を等量秤り取り, 多数のセットを作り, そこに目的元素を含む物質を添加する. このときに, その添加量を変化させたときの蛍光X線強度をプロットして検量線を作る方法は, 標準添加法とよばれる(図 1.3.4). この方法では, 検量線の横軸切片から含有量を求めることができる. そのほか, 蛍光X線強度をわざわざ弱くして犠牲にする方法ではあるが, 試料を希釈すると当然マトリックス効果はきわめて小さくなるので, そのような条件下で検量線を作って定量分析を行うことも考えられる.

以上のように, マトリックス効果が検量線の直線性に影響を与えないようにするための多くの工夫が行われてきた. また, マトリックス効果をどのように考慮して, 検量線法で化学組成を決定するかという点は常に本質的に重要である. まったくマトリックス効果が生じないという仮想的な条件下では, 目的元素 i の蛍光X線強度

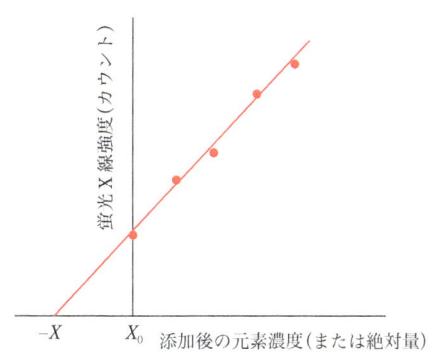

縦軸: 蛍光X線強度(カウント)

横軸: 添加後の元素濃度(または絶対量)

$-X$　　X_0

図 1.3.4　標準添加法における検量線と定量分析
　　　試料をいくつも同条件で分取し，そこに目的元素を系統的に添加する．添加した
　　　後の濃度や絶対量を横軸に，縦軸に測定で得られた蛍光X線強度をプロットする．
　　　図中のX_0は目的元素無添加のときの蛍光X線強度である．検量線を外挿し，横軸
　　　との切片の値を読み取ったときのX_0と$-X$の差が，求めるべき濃度，絶対量になる．

は，その濃度 W_i に比例するであろう．濃度100%のときの蛍光X線強度を1とし
たときの相対強度 R_i は濃度 W_i そのものになる．これに対して，現実のマトリック
ス効果がどう影響するかを考慮する．白岩・藤野の式が登場した同じ1966年に，
次に示すLachance–Trailの補正法[1]が提案されている．

$$R_i = \frac{W_i}{1 + \sum_{j \neq i} \alpha_{i,j} W_j} \tag{1.3.1}$$

式中に α の係数が用いられたことから，α 係数法または α 補正法の名称でも知ら
れている．

　Fe–Cr–Tiのような三元合金系を蛍光X線分析で定量しようとする場合であれ
ば，まず，Fe–Crの二元合金で濃度を系統的に変化させた標準試料によって $\alpha_{\mathrm{Fe, Cr}}$
を決定する．次に，Fe–Tiの二元合金で濃度を系統的に変化させた標準試料によっ
て $\alpha_{\mathrm{Fe, Ti}}$ を決定する．こうして実験的に得られたパラメータ群の α を用いてFeの
濃度が決定される．α 補正法には，もう1つ，別の有用な方式がある．次式は
1973年にde Jonghが提案した補正方法[2]である．

$$R_i = \frac{W_i}{1 + \sum_{j \neq \mathrm{base}} \alpha_{i,j} W_j} \tag{1.3.2}$$

Lachance–Trailの補正法では，分母の α 係数の項のところで，分析元素自身を除
外するのに対し，de Jonghの方法は，分析元素を含める代わりに母相の元素(式中の
base)を除外している．α 係数の物理的な意味は，分析線に対する共存元素による吸
収効果の補正である．Lachance–Trailの補正法を，例えば，Fe–Cr–Ni合金におけ

る Fe の分析のように Ni の蛍光 X 線による励起効果が顕著に表れる系に適用しよう
とする場合は，式(1.3.3)のような拡張版が用いられることもある．1974 年に考案さ
れた Rassberry–Heinrich の式[3)]で，α に加え，もう 1 つ β というパラメータが加わる．

$$R_i = \frac{W_i}{1 + \sum_{j \neq i, j \neq k} \alpha_{i,j} W_j + \sum_{k \neq i, k \neq j} \beta_{i,k} \frac{W_k}{1 + W_i}} \tag{1.3.3}$$

わが国では，Lachance–Trail の補正法を拡張し，鉄鋼分析に応用した d_j 法(JIS G–
1256 で定められたことから JIS 法ともよばれる)がある[4)]．式(1.3.4)は(1.3.1)の α
を d に置き換えたよく似た式であるが，X_i は分析元素 i と Fe の二元合金系の検量
線において読み取った未補正の定量値であり，蛍光 X 線強度との関係を 2 次式で
近似して用いる点が大きな特色である．

$$W_i = X_i \left(1 + \sum_{j \neq i, j \neq Fe} d_{i,j} W_j \right) \tag{1.3.4}$$

1982 年頃，30 系列以上に及ぶ標準試料群(個数にして約 200 個)を開発・測定し，
ラウンドロビンテストなどによって検証された方法である．この補正係数 d_j はほ
ぼ装置に依存しないなど，優れた特徴がある．

　以上のとおり，共存元素間の比率も含めてパラメータの当てはめによって実験的
な補正式を使用する方法もよく研究され，鉄鋼材料のみならず，耐火物やセメント
など多くの素材分野で確立された方法として用いられている[5, 6)]．現在では，次節
で取り上げるファンダメンタル・パラメータ法によって計算される理論強度式を用
い，あるいは実験データと組み合わせて補正を行うこともよく行われている．

[参考文献]

1) G. R. Lachance and R. J. Traill, "A practical solution to the matrix problem in X-ray anal-
ysis", *Can. J. Spectrosc.*, **11**, 43–48 (1966)

2) W. K. de Jongh, "X-ray fluorescence analysis applying theoretical matrixcorrection.
Stainless steel", *X-ray Spectrom.*, **2**, 151–158 (1973)

3) S. D. Rasberry and K. F. J. Heinrich, "Calibration for interelement effects in X-ray fluo-
rescence analysis", *Anal. Chem.*, **46**, 81–89 (1974)

4) 日本鉄鋼協会 共同研究会 鉄鋼分析部会 編，日本鉄鋼業における分析技術，日本鉄鋼
協会(1982)

5) R. Tertian and F. Claisse, *Principle of Quantitative X-Ray Fluorescence Analysis*, Heyden,
London(1982)

6) 大野勝美，川瀬 晃，中村利廣，X 線分析法，共立出版(1987)

1.4 リファレンスフリー蛍光X線分析とは

1.4.1 リファレンスフリー蛍光X線分析とファンダメンタル・パラメータ

蛍光X線分析法を含め，多くの元素分析法では，検量線とよばれる信号強度（蛍光X線強度）と濃度または絶対量の関係を用いて定量分析を行うのが通例である．いわゆるマトリックス効果を考慮する必要があるため，たまたま手元にある検量線1本で，あらゆる試料に適用するというわけにはいかない．検量線を得るためには，測定したい未知試料ときわめて類似した主成分元素からなり，かつ注目元素の濃度や絶対量を系統的に変化させた標準試料群が必要である．標準試料は，分析対象が異なれば，その都度作製する必要がある．これは定量分析に必須の要件であるとこれまで考えられてきた．

本書の主題であるリファレンスフリー分析は，定量分析に際し，実験的な検量線を使用せずに同等の効果を得ようとする新しい分析のスタイルである．分析の目的や対象によっては，検量線を作るための標準試料をあらかじめそろえることが容易ではない場合がある．そのため，現場で良い標準試料を作製することを支援する各種のツールの開発を進める一方で，リファレンスフリー分析の方法を確立し，その信頼性を高めていくことが重要である．リファレンスフリー分析の前提になるのは，測定に関わるすべての物理的な過程と装置の特性がよく理解されており，その大部分を理論式で示すことができ，マトリックス効果も含めたあらゆる効果が十分に予測できることである．現時点でリファレンスフリー分析がもっとも進歩しているのは，蛍光X線分析法である．原理が比較的単純で，60年以上前にすでに理論が作られ，その後コンピュータが発達し，今では誰でも容易に利用できるようになったことが，その背景にある．化学分析法の多くはまだ検量線法の採用を必須とする段階と考えられるが，50年，100年先も見据えたトレンドとしては，リファレンスフリー分析を選択肢に取り入れた定量分析の方向に向かっていると考えてよいだろう．

リファレンスフリー蛍光X線分析では，蛍光X線の理論強度式（Sharmanの式[1]，もしくは白岩・藤野の式[2]とよばれる）と，その式中に使用されるX線の物理定数（しばしばファンダメンタル・パラメータ（fundamental parameter, FP）とよばれる），さらに試料の化学組成のモデルを用いて，マトリックス効果を取り込んだ蛍光X線強度を計算し，得られた蛍光X線スペクトルをもっとも合理的に説明できる化学組成を決定する．現実をよく説明できる理論式を得て，それを効果的に

用いる点がこの方法の本質である．その理論式の計算にあたり，X線の物理定数を用いる点が1つの共通の特色であることから，X線の物理定数を用いて理論式を得る一連の手法は，歴史的にファンダメンタル・パラメータ法(fundamental parameter法，FP法)とよばれる．わが国では，現在もFP法の呼称は比較的広範に用いられている．実際の理論式の扱い方や個々の定量分析での実際的な使用法に差異があっても，あまり区別せずに同じFP法の名称が用いられることも多い．結局のところ，FP法は標準試料を作製して，実験的な検量線を分析に使用する方法(検量線法)に対する対語に位置づけられ，ほぼリファレンスフリー蛍光X線分析の意味で使用されている．無限厚の均一マトリックスの試料モデルにおける理論強度式がSharmanの式もしくは白岩・藤野の式で与えられるのに対し，マトリックスと密度が異なる層を積み重ねた試料モデル(薄膜モデル)ではLaguittonとParrishが提案した式が用いられる．薄膜，コーティングの分析アプリケーションでは，この薄膜モデルが用いられ，特に区別して薄膜FP法とよばれることもある．さらに，散乱X線の実測強度と理論強度式を考慮するように拡張した方法もあり，「散乱X線モニターFP法」や「バックグラウンドFP法」などとよばれる．本書では，海外ですでにリファレンスフリー蛍光X線分析の概念が広く普及している現状に鑑み，以上に列挙した手法と，その関連技術のすべてを含めてリファレンスフリー蛍光X線分析と統一的によんでいる．巷で「○○FP法」とよばれるあらゆる方法は，すべて本書で取り扱うリファレンスフリー蛍光X線分析に含まれると考えていただいてよい．ただし，後章において，例えば，散乱X線を取り入れたバックグラウンドFP法と，ごく一般的なFP法(散乱X線を取り入れていない)との比較検討をテーマとする文脈では，統一的な名称にはこだわっていない．

　詳しく見れば，リファレンスフリー蛍光X線分析のトレンドにもいくつかの方向性が異なるものが含まれている．使用する機器や条件の下での実測データを利用して元素ごとの感度係数を用いて理論強度と実測強度の橋渡しをするもの(わが国のベンチトップ型蛍光X線分析装置の製品では現状主流である)，入射X線のスペクトル形状から検出器の応答関数なども含めた装置に由来するあらゆる効果をすべてモデル計算にゆだねる一方で機器の方を標準化された機器によって絶対値で較正して使用するものなど，将来を見据えた進路に枝分かれがある．未知試料の未知性に歩みより過度にモデルに依存しない，もしくはモデルの自己修正機能を取り込んだ蛍光X線理論強度計算方法，ディープラーニングなど最近のデータ科学の成果を取り入れた定量分析法，試料とは直接関係しないX線管，X線検出器，その他の装置部品の較正を行う支援ツールなどは，現時点ではリファレンスフリー蛍光X

線分析において必ずしも多用されていないが，今後発展する可能性も考えられる．

　蛍光 X 線分析の分野では，スタンダードレス法，半定量分析法という名称もしばしば用いられていた．前者は，海外の比較的古い書籍に登場する．その意味はほぼリファレンスフリー蛍光 X 線分析法である．他方，半定量分析法については，リファレンスフリー蛍光 X 線分析法の技術水準が，かつてはそれほど高くはなかったという歴史の名残を示すものと考えられる．JIS 規格（JIS K0119:2008　蛍光 X 線分析方法通則）では，半定量分析という項目があり，「精確さの低い定量値しか得られない分析又は精確さの高い定量値を必要としない分析は，半定量分析と呼び，定量分析に含めてもよい．測定結果には，半定量分析である旨を記載する」と記されている．精確さの低い定量値を分析値と認めることは，分析化学の立場ではおよそありえない．他の化学分析による分析値が高々数％程度の不確かさの水準で取り扱われているとき，蛍光 X 線分析で適切な標準物質群をそろえて検量線法を採用した場合には，ほぼ同水準に届くとしても，リファレンスフリー蛍光 X 線分析では数 10％もしくはそれ以上の不確かさでしか扱うことができなかった時期があった．現在でも，使われ方次第ではそのような制約も生じうるが，以前はもっと顕著であった．そのような不十分さにもかかわらず，非破壊でかつ迅速に結果を出すことができるリファレンスフリー蛍光 X 線分析の有用性は魅力的であり，スクリーニングなども含めたアプリケーションに採用される機会は急増していた．そのような時代背景を追認する記述であったと考えるのがよいだろう．

　このリファレンスフリー蛍光 X 線分析が特に有用なのは，標準試料群を準備することが技術的に難しい，あるいは業務上省略することが強く望まれる場合である．リファレンスフリー蛍光 X 線分析は，実験的な検量線と同等のマトリックス補正を行うことで，信頼性の高い定量分析が可能である．ただし，蛍光 X 線分析の定量分析の原理は何ひとつ変わらないことには留意していただきたい．前節では，検量線法においてマトリックス効果がいかに現れるかを説明した．標準試料は共存元素の比率も含め，非常によく管理されている必要がある．何よりも未知試料のマトリックスが，標準試料のマトリックスと乖離していれば話にならない．この関係は，リファレンスフリー蛍光 X 線分析の場合も変わらない．明らかに異なる主成分の標準試料に対しての検量線が定量分析に使用できないのと同じく，明らかに異なる化学組成のモデルで，どのような計算を行おうとも正しい分析値は得られない．実際の分析の操作が，コンピュータの画面上のみで行われるとしても，ブラックボックスのマジックでは決してない．蛍光 X 線の強度は共存元素，特に主成分の元素の存在の影響を受け，吸収効果によって減衰し，反対に励起効果によって増強され

る．その効果を把握したうえでなければ，その元素の濃度や絶対量を求めることはできない．くれぐれもご注意願いたい．

1.4.2 リファレンスフリー蛍光X線分析における蛍光X線の理論強度の計算方法

リファレンスフリー蛍光X線分析の根拠になる蛍光X線の理論強度の計算方法を説明する．この項で登場する数式に使用する記号の意味や定義を表1.4.1にまとめて示す．

図1.4.1はもっとも単純な1次励起の場合を示している．1次X線が波長λの単色X線で断面積が$1\,\mathrm{cm}^2$，試料入射直前の強度がI_0であったとしよう．試料表面に対してΦの角度で入射したとすると，深さx_1の地点に至るまでに入射強度は元のI_0に$\exp(-\mu_{\mathrm{S},\lambda}\rho x_1/\sin\Phi)$をかけた強度に減衰する．ここで，$\mu_{\mathrm{S},\lambda}$は波長$\lambda$のX線に対する試料の質量減衰係数(質量吸収係数とよぶこともある)，ρは試料の密度である．注目元素jの試料内での濃度をC_jとすると，深さx_1の地点の厚さ$\mathrm{d}x_1$でX線照射を受ける領域における元素jの質量は$(C_j\rho/\sin\Phi)\mathrm{d}x_1$である．他方，単位重量

表 1.4.1 蛍光X線強度の理論式で使用されるパラメータの記号表
本文中の式に用いられているパラメータの記号とそれぞれの物理的な意味の対応関係を列挙した．

1次励起によって発生する目的元素jの蛍光X線pの強度	$I_1(j,p)$
1次X線の波長(ここでは単色とする)	λ
目的元素jの濃度	C_j
目的元素jの蛍光X線pの波長	$\lambda_{j,p}$
1次X線に対する試料の質量減衰係数(質量吸収係数とよぶこともある)	$\mu_{\mathrm{S},\lambda}$
目的元素jからの蛍光X線p(波長$\lambda_{j,p}$)に対する試料の質量減衰係数(質量吸収係数とよぶこともある)	$\mu_{\mathrm{S},\lambda_{j,p}}$
1次X線(波長λ)に対する目的元素jの質量光電吸収係数(厳密な意味の質量吸収係数)	$\tau_{j,\lambda}$
目的元素jの蛍光X線pの発生の際に励起される殻(K, L$_{\mathrm{III}}$, L$_{\mathrm{II}}$, L$_{\mathrm{I}}$など)の吸収端でのジャンプ比	$R_{j,p}$
目的元素jの蛍光X線pの発生の際の遷移確率(K殻励起を例にとると1sに空孔ができたとき，$2\mathrm{p}_{3/2}, 2_{1/2}, 3\mathrm{p}_{3/2}$などから1sに電子が遷移する確率)	$g_{j,p}$
目的元素jからの蛍光X線pについて，その系列(K, L$_{\mathrm{III}}$, L$_{\mathrm{II}}$, L$_{\mathrm{I}}$など)における蛍光収率	$\omega_{j,p}$
試料の密度	ρ
1次X線と試料表面のなす角度	Φ
目的元素jの蛍光X線が試料から脱出する際の試料表面とのなす角度	Ψ

検出器の見込む立体角	$\Omega/(4\pi)$
2 次励起(別の元素 jj の蛍光 X 線 pp による)によって発生する目的元素 j の蛍光 X 線 p の強度	$I_2(j, p)$
元素 jj の濃度	C_{jj}
2 次励起の第 1 段階に寄与する X 線(1 次 X 線によって発生する別な元素 jj の蛍光 X 線 pp)の波長	$\lambda_{jj, pp}$
2 次励起に寄与する X 線(波長 $\lambda_{jj, pp}$)に対する試料の質量減衰係数(質量吸収係数とよぶこともある)	$\mu_{S, \lambda jj, pp}$
1 次 X 線(波長 λ)に対する元素 jj の質量光電吸収係数(厳密な意味の質量吸収係数)	$\tau_{jj, \lambda}$
元素 jj の蛍光 X 線 pp の発生の際に励起される殻(K, L_{III}, L_{II}, L_I など)の吸収端でのジャンプ比	$R_{jj, pp}$
元素 jj の蛍光 X 線 pp の発生の際の遷移確率(K 殻励起を例にとると 1s に空孔ができたとき,2p から遷移するか,3p から遷移するかの内訳)	$g_{jj, pp}$
元素 jj からの蛍光 X 線 pp について,その系列(K, L_{III}, L_{II}, L_I など)における蛍光収率	$\omega_{jj, pp}$
3 次励起(別の元素 jjj, jj の蛍光 X 線 ppp, pp による)によって発生する目的元素 j の蛍光 X 線 p の強度	$I_3(j, p)$
元素 jjj の濃度	C_{jjj}
3 次励起の第 1 段階に寄与する X 線(1 次 X 線によって発生する別の元素 jjj の蛍光 X 線 ppp)の波長	$\lambda_{jjj, ppp}$
3 次励起の第 1 段階に寄与する X 線(波長 $\lambda_{jjj, ppp}$)に対する試料の質量減衰係数(質量吸収係数とよぶこともある)	$\mu_{S, \lambda jjj, ppp}$
1 次 X 線(波長 λ)に対する元素 jjj の質量光電吸収係数(厳密な意味の質量吸収係数)	$\tau_{jjj, \lambda}$
元素 jjj の蛍光 X 線 ppp の発生の際に励起される殻(K, L_{III}, L_{II}, L_I など)の吸収端でのジャンプ比	$R_{jjj, ppp}$
元素 jjj の蛍光 X 線 ppp の発生の際の遷移確率(K 殻励起を例にとると 1s に空孔ができたとき,2p から遷移するか,3p から遷移するかの内訳)	$g_{jjj, ppp}$
元素 jjj の蛍光収率(蛍光 X 線 ppp に属する殻について)	$\omega_{jjj, ppp}$
1 次 X 線の偏光度	DP
1 次 X 線についての偏光因子(偏光度 DP および散乱角 $\Phi + \Psi$ によって変化する)	P および P_1
試料内で 1 回散乱された X 線についての偏光因子(偏光度 DP および散乱角 $\Phi + \Psi$ によって変化する)	P_2
試料のモル質量	M
アボガドロ数	N_A
試料中に含まれる原子 i の原子数濃度	D_i
試料中に含まれる原子 i の原子散乱因子	f_i
波長 λ,偏光度 DP の 1 次 X 線が非晶質の試料 S によって散乱角 $\Phi + \Psi$ に生じる散乱 X 線の強度	I_S

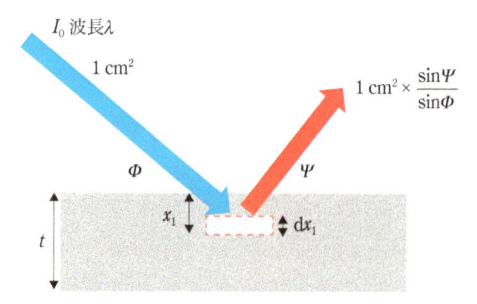

図 1.4.1 蛍光 X 線強度を与えるモデル(1 次励起)
波長 λ の単色の入射 X 線の強度を I_0 とし, 断面積 1 cm² として, 角度 Φ で厚さ t の均一密度, 均一化学組成の試料表面に入射し, 深さ x_1 の地点での厚さ $\mathrm{d}x_1$ の体積で蛍光 X 線が発生し, 角度 Ψ の方向に出射する(取り出す)と想定して, 蛍光 X 線強度を計算する.

あたりの元素 j の蛍光 X 線 p(ここでは Kα₁ 線, Lβ₁ 線などの蛍光 X 線を一般的に p と表記する)の強度は $\tau_{j,\lambda}\left[(r_{j,p}-1)/r_{j,p}\right]g_{j,p}\,\omega_{j,p}$ と書ける. ここで, $\tau_{j,\lambda}$ は元素 j の波長 λ の 1 次 X 線に対する質量光電吸収係数(厳密な意味の質量吸収係数), $(r_{j,p}-1)/r_{j,p}$ は元素 j の複数ある殻(例えば, K, L$_\mathrm{III}$, L$_\mathrm{II}$, L$_\mathrm{I}$ など)のうち蛍光 X 線 p の発生に関わる殻(p が Kα ならば K 殻, Lβ₁ ならば L$_\mathrm{II}$ 殻)が励起される確率, $g_{j,p}$ は元素 j の蛍光 X 線 p の発生に関わる遷移確率(例えば K 殻の空孔を埋めるには 2p → 1s と 3p → 1s の遷移の可能性があるが, p が Kα であれば, そのうち 2p → 1s の遷移が生じる確率), $\omega_{j,p}$ は元素 j の蛍光収率で, 緩和にはオージェ電子の発生と蛍光 X 線の発生の 2 通りあるが, その後者になる確率である. さらに, 発生した蛍光 X 線は, 試料表面に到達するまでに $\exp(-\mu_{\mathrm{S},\lambda}\,\rho x_1/\sin\Psi)$ だけの減衰を受ける. $\mu_{\mathrm{S},\lambda_j}$ は試料 j からの波長 λ_j の蛍光 X 線に対する試料の質量減衰係数である. Ψ は脱出の際の角度である(脱出角とも取り出し角ともよばれる). さらに, 発生した蛍光 X 線のすべてを検出器でとらえられるわけではなく, 一定の立体角 $\mathrm{d}\Omega/(4\pi)$ で検出器に照射された X 線に限られる. 以上のすべてを考慮すると, 試料の厚さが t のとき, 検出される蛍光 X 線の強度 $I_1(j,p)$ は

$$I_1(j,p) = I_0\,\frac{C_j\tau_{j,\lambda}\rho}{\sin\Phi}\,\frac{r_{j,p}-1}{r_{j,p}}\,g_{j,p}\omega_{j,p}\,\frac{\mathrm{d}\Omega}{4\pi}\,\frac{\sin\Phi}{\sin\Psi}\int_0^t \exp\left[-\rho x_1\left(\frac{\mu_{\mathrm{S},\lambda}}{\sin\Phi}+\frac{\mu_{\mathrm{S},\lambda_j}}{\sin\Psi}\right)\right]\mathrm{d}x_1$$

$$= I_0 C_j\tau_{j,\lambda}\rho\,\frac{r_{j,p}-1}{r_{j,p}}\,g_{j,p\alpha}\omega_{j,p}\,\frac{\mathrm{d}\Omega}{4\pi}\,\frac{1}{\sin\Psi}\,\frac{1-\exp\left[-\rho t\left(\dfrac{\mu_{\mathrm{S},\lambda}}{\sin\Phi}+\dfrac{\mu_{\mathrm{S},\lambda_j}}{\sin\Psi}\right)\right]}{\dfrac{\mu_{\mathrm{S},\lambda}}{\sin\Phi}+\dfrac{\mu_{\mathrm{S},\lambda_j}}{\sin\Psi}}$$

$$(1.4.1)$$

のようになる.

　厚さが十分に厚い(無限厚)場合は，$t \to \infty$ とすると，右辺の最後の係数の分子が 1 になり，

$$I_1(j, p) = I_0 C_j \tau_{j,\lambda} \rho \frac{r_{j,p} - 1}{r_{j,p}} g_{j,p} \omega_{j,p} \frac{\mathrm{d}\Omega}{4\pi} \frac{1}{\sin\Psi} \frac{1}{\dfrac{\mu_{\mathrm{S},\lambda}}{\sin\Phi} + \dfrac{\mu_{\mathrm{S},\lambda}}{\sin\Psi}} \tag{1.4.2}$$

のように書ける．反対に，厚さが非常に薄く t が小さい場合は，$t \to 0$ のとき $\mathrm{e}^{-t} = 1-t$，すなわち $1-\mathrm{e}^{-t} = t$ という近似を用いて

$$I_1(j, p) = I_0 C_j \tau_{j,\lambda} \rho \frac{r_{j,p} - 1}{r_{j,p}} g_{j,p} \omega_{j,p} \frac{\mathrm{d}\Omega}{4\pi} \frac{1}{\sin\Psi} \rho t \tag{1.4.3}$$

となる．試料に含まれるすべての元素からのすべての蛍光 X 線について，上の式を用いて強度を計算することができる．説明を簡単にするために，1 次 X 線が波長 λ の単色 X 線である場合を示したが，市販の蛍光 X 線分析装置では異なる波長成分を含む白色 X 線が特性 X 線とともに含まれる．また 1 次フィルタなどを用いると，その分布も変化する．その場合は，上式において入射 X 線強度の波長分布および波長ごとの試料の質量減衰係数を考慮し，波長について積分を行う．

　図 1.4.2 は，試料内で発生した蛍光 X 線が別の元素の励起に関与し，いわゆる励起効果を生じる場合を示している．波長 λ の単色 X 線を 1 次 X 線として用い，試料内の他の元素 jj から蛍光 X 線 pp が発生し，続いてその蛍光 X 線が目的元素 j を励起し，蛍光 X 線 p を発生させたとしよう(蛍光 X 線 pp は目的元素 j の吸収端より高エネルギーであるとする)．図 1.4.1 の 1 次励起の計算と同じように，特定深さの領域からの蛍光 X 線強度を考慮して，深さ方向に積分を行うと，厚さ t の場合，2

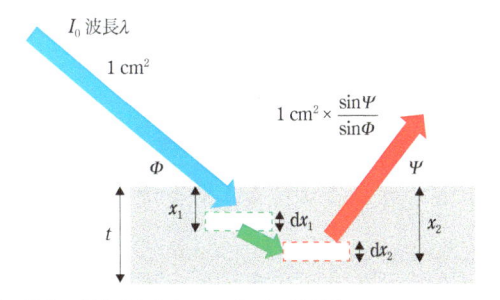

図 1.4.2　蛍光 X 線強度を与えるモデル(2 次励起)
図 1.4.1 と似ているが，1 次 X 線によって試料内部にある別の元素が励起されて発生した蛍光 X 線が，深さ x_2 の地点にある厚さ $\mathrm{d}x_2$ の体積を励起して蛍光 X 線が発生する場合の蛍光 X 線強度を計算する．

次励起の第 1 段階で元素 jj の蛍光 X 線発生領域と目的元素の蛍光 X 線発生領域の幾何学的な角度関係 θ を用い,

$$I_2(j,p) = I_0 \left(C_j \tau_{jj,\lambda} \rho \frac{r_{jj,pp}-1}{r_{jj,pp}} g_{jj,pp}\omega_{jj,pp} \right)\left(C_j \tau_{j,\lambda_{jj}} \rho \frac{r_{j,p}-1}{r_{j,p}} g_{j,p}\omega_{j,p} \right)\frac{\mathrm{d}\Omega}{4\pi}\frac{1}{2\sin\Psi}\times F$$

$$F = \int_0^{\pi/2}\int_{x_2=0}^{t}\int_{x_1=0}^{x_2} \exp\left[-\left(\frac{\mu_{\mathrm{S},\lambda_j}}{\sin\Psi}+\frac{\mu_{\mathrm{S},\lambda_{jj}}}{\cos\theta}\right)\rho x_2\right]\exp\left[-\left(\frac{\mu_{\mathrm{S},\lambda}}{\sin\Phi}-\frac{\mu_{\mathrm{S},\lambda_{jj}}}{\cos\theta}\right)\rho x_1\right]\tan\theta\,\mathrm{d}x_1\,\mathrm{d}x_2\,\mathrm{d}\theta$$

$$+\int_{\pi/2}^{\pi}\int_{x_2=0}^{t}\int_{x_1=x_2}^{t} \exp\left[-\left(\frac{\mu_{\mathrm{S},\lambda_j}}{\sin\Psi}-\frac{\mu_{\mathrm{S},\lambda_{jj}}}{\cos\theta}\right)\rho x_2\right]\exp\left[-\left(\frac{\mu_{\mathrm{S},\lambda}}{\sin\Phi}+\frac{\mu_{\mathrm{S},\lambda_{jj}}}{\cos\theta}\right)\rho x_1\right]\tan\theta\,\mathrm{d}x_1\,\mathrm{d}x_2\,\mathrm{d}\theta$$

$$=\int_0^{\pi/2}\int_{x_2=0}^{t} \exp\left[-\left(\frac{\mu_{\mathrm{S},\lambda_j}}{\sin\Psi}+\frac{\mu_{\mathrm{S},\lambda_{jj}}}{\cos\theta}\right)\rho x_2\right]\frac{1-\exp\left[-\left(\dfrac{\mu_{\mathrm{S},\lambda}}{\sin\Phi}-\dfrac{\mu_{\mathrm{S},\lambda_{jj}}}{\cos\theta}\right)\rho x_2\right]}{\left(\dfrac{\mu_{\mathrm{S},\lambda}}{\sin\Phi}-\dfrac{\mu_{\mathrm{S},\lambda_{jj}}}{\cos\theta}\right)\rho}\tan\theta\,\mathrm{d}x_2\,\mathrm{d}\theta$$

$$+\int_{\pi/2}^{\pi}\int_{x_2=0}^{t} \exp\left[-\left(\frac{\mu_{\mathrm{S},\lambda_j}}{\sin\Psi}-\frac{\mu_{\mathrm{S},\lambda_{jj}}}{\cos\theta}\right)\rho x_2\right]\frac{1-\exp\left[-\left(\dfrac{\mu_{\mathrm{S},\lambda}}{\sin\Phi}+\dfrac{\mu_{\mathrm{S},\lambda_{jj}}}{\cos\theta}\right)\rho x_2\right]}{\left(\dfrac{\mu_{\mathrm{S},\lambda}}{\sin\Phi}+\dfrac{\mu_{\mathrm{S},\lambda_{jj}}}{\cos\theta}\right)\rho}\tan\theta\,\mathrm{d}x_2\,\mathrm{d}\theta$$

$$=\int_0^{\pi/2}\left\{\frac{1-\exp\left[-\left(\dfrac{\mu_{\mathrm{S},\lambda_j}}{\sin\Psi}+\dfrac{\mu_{\mathrm{S},\lambda}}{\cos\theta}\right)\rho t\right]}{\left(\dfrac{\mu_{\mathrm{S},\lambda_j}}{\sin\Psi}+\dfrac{\mu_{\mathrm{S},\lambda_{jj}}}{\cos\theta}\right)\left(\dfrac{\mu_{\mathrm{S},\lambda}}{\sin\Phi}-\dfrac{\mu_{\mathrm{S},\lambda_{jj}}}{\cos\theta}\right)}-\frac{1-\exp\left[-\left(\dfrac{\mu_{\mathrm{S},\lambda}}{\sin\Phi}+\dfrac{\mu_{\mathrm{S},\lambda_j}}{\sin\Psi}\right)\rho t\right]}{\left(\dfrac{\mu_{\mathrm{S},\lambda}}{\sin\Phi}+\dfrac{\mu_{\mathrm{S},\lambda_j}}{\sin\Psi}\right)\left(\dfrac{\mu_{\mathrm{S},\lambda}}{\sin\Phi}-\dfrac{\mu_{\mathrm{S},\lambda_{jj}}}{\cos\theta}\right)}\right\}\tan\theta\,\mathrm{d}\theta$$

$$+\int_{\pi/2}^{\pi}\left\{\frac{\exp\left[-\left(\dfrac{\mu_{\mathrm{S},\lambda}}{\sin\Phi}-\dfrac{\mu_{\mathrm{S},\lambda_{jj}}}{\cos\theta}\right)\rho t\right]-\exp\left[-\left(\dfrac{\mu_{\mathrm{S},\lambda}}{\sin\Phi}+\dfrac{\mu_{\mathrm{S},\lambda_j}}{\sin\Psi}\right)\rho t\right]}{\left(\dfrac{\mu_{\mathrm{S},\lambda_j}}{\sin\Psi}+\dfrac{\mu_{\mathrm{S},\lambda_{jj}}}{\cos\theta}\right)\left(\dfrac{\mu_{\mathrm{S},\lambda}}{\sin\Phi}-\dfrac{\mu_{\mathrm{S},\lambda_{jj}}}{\cos\theta}\right)}\right.$$

$$\left.-\frac{1-\exp\left[-\left(\dfrac{\mu_{\mathrm{S},\lambda}}{\sin\Phi}+\dfrac{\mu_{\mathrm{S},\lambda_j}}{\sin\Psi}\right)\rho t\right]}{\left(\dfrac{\mu_{\mathrm{S},\lambda}}{\sin\Phi}+\dfrac{\mu_{\mathrm{S},\lambda_j}}{\sin\Psi}\right)\left(\dfrac{\mu_{\mathrm{S},\lambda}}{\sin\Phi}-\dfrac{\mu_{\mathrm{S},\lambda_{jj}}}{\cos\theta}\right)}\right\}\tan\theta\,\mathrm{d}\theta$$

$$(1.4.4)$$

が得られる.厚さが十分に厚い(無限厚)場合は,$t \to \infty$ とすると,式中の F の部分の積分項が簡単になり,次式が得られる.

$$I_2(j,p) = I_0 \left(C_{jj} \tau_{jj,\lambda} \rho \frac{r_{jj,pp}-1}{r_{jj,pp}} g_{jj,pp}\omega_{jj,pp} \right)\left(C_j \tau_{j,\lambda_{jj}} \rho \frac{r_{j,p}-1}{r_{j,p}} g_{j,p}\omega_{j,p} \right)\frac{\mathrm{d}\Omega}{4\pi}\frac{1}{2\sin\Psi}\times F$$

$$F = \frac{1}{\dfrac{\mu_{\mathrm{S},\lambda}}{\sin\Phi}+\dfrac{\mu_{\mathrm{S},\lambda_j}}{\sin\Psi}}\left[\frac{\sin\Psi}{\mu_{\mathrm{S},\lambda_j}}\ln\left(1+\frac{\dfrac{\mu_{\mathrm{S},\lambda_j}}{\sin\Psi}}{\mu_{\mathrm{S},\lambda_{jj}}}\right)+\frac{\sin\Phi}{\mu_{\mathrm{S},\lambda}}\ln\left(1+\frac{\dfrac{\mu_{\mathrm{S},\lambda}}{\sin\Phi}}{\mu_{\mathrm{S},\lambda_{jj}}}\right)\right]$$

$$(1.4.5)$$

この式で I_0 の次の係数は波長 λ の 1 次 X 線による元素 jj からの蛍光 X 線発生,そ

の次の係数は元素 jj からの蛍光 X 線による目的元素 j の蛍光 X 線発生に関するものである．試料の質量減衰係数には 3 つの波長，すなわち 1 次 X 線，2 次励起の第 1 段階に寄与する元素 jj からの蛍光 X 線 pp，目的元素 j からの蛍光 X 線 p に関するものを用いており，式中ではそれぞれ $\mu_{S,\lambda}$，$\mu_{S,\lambda jj}$，$\mu_{S,\lambda j}$ である．2 次励起を起こす可能性のある元素は 1 つとは限らない．また，同じ元素でも，エネルギーの異なる複数の蛍光 X 線が 2 次励起を起こす可能性がある．2 次励起が起きるときは，実際に観測される目的元素 j の蛍光 X 線強度は，1 次 X 線によって直接励起される場合の蛍光 X 線強度 $I_1(j, p)$ と 2 次励起の蛍光 X 線強度 $I_2(j, p)$ の和になる．なお，式 (1.4.4) および式 (1.4.5) の上式の右辺において，F の 1 つ手前の項の分母の $\sin\Psi$ に 2 がかかっているが，1955 年に発表された Sherman の論文では，ケアレスミスで 2 が抜けていたことは有名な逸話である．当時は現在とは異なりコンピュータの時代ではなく，誰にとっても検算は簡単ではなかった．1966 年に発表された白岩・藤野の式において初めてこうしたケアレスミスについても言及され，訂正が行われた．蛍光 X 線の強度式はこうして完成された．

図 1.4.3 は 3 次励起の場合を示している．複雑にはなるが，この場合も，基本的には同じ考え方で計算する．波長 λ の 1 次 X 線による元素 jjj からの蛍光 X 線 ppp（波長 λ_{jjj}）が，別の元素 jj を励起して蛍光 X 線 pp（波長 λ_{jj}）が，さらに目的元素 j を励起したときに得られる蛍光 X 線 p の強度は，試料が無限厚の場合には式 (1.4.6) のようになる．式中の u は 3 次にわたる励起を引き起こす際の距離に関係する計算上のパラメータである．

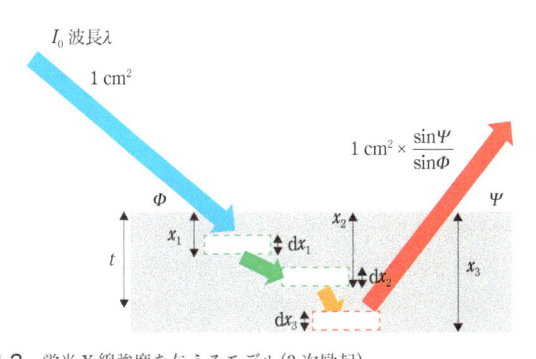

図 1.4.3 蛍光 X 線強度を与えるモデル（3 次励起）
図 1.4.1 や図 1.4.2 と似ているが，試料内部ですでに 2 次励起が起きており，その 2 次励起によって発生した蛍光 X 線が，深さ x_3 の地点での厚さ dx_2 の体積中にある元素を励起して蛍光 X 線が発生する場合の蛍光 X 線強度を計算する．

$$I = I_0 \left(C_{jjj} \tau_{jjj,\lambda} \rho \frac{r_{jjj,ppp} - 1}{r_{jjj,ppp}} g_{jjj,ppp} \omega_{jjj,ppp} \right) \left(C_{jj} \tau_{jj,\lambda_{jji}} \rho \frac{r_{jj,pp} - 1}{r_{jj,pp}} g_{jj,pp} \omega_{jj,pp} \right)$$

$$\times \left(C_j \tau_{j,\lambda_{jj}} \rho \frac{r_{j,p} - 1}{r_{j,p}} g_{j,p} \omega_{j,p} \right) \frac{\mathrm{d}\Omega}{4\pi} \frac{1}{4\sin\Psi} \frac{1}{\dfrac{\mu_{S,\lambda}}{\sin\Phi} + \dfrac{\mu_{S,\lambda_j}}{\sin\Psi}} \times F$$

$$F = \left(\frac{\sin\Phi}{\mu_{S,\lambda}} \right)^2 \ln\left(1 + \frac{\mu_{S,\lambda} / \sin\Phi}{\mu_{S,\lambda_{jji}}} \right) \ln\left(1 + \frac{\mu_{S,\lambda} / \sin\Phi}{\mu_{S,\lambda_j}} \right)$$

$$+ \left(\frac{\sin\Phi}{\mu_{S,\lambda}} \right) \left(\frac{\sin\Psi}{\mu_{S,\lambda_j}} \right) \ln\left(1 + \frac{\mu_{S,\lambda} / \sin\Phi}{\mu_{S,\lambda_{jji}}} \right) \ln\left(1 + \frac{\mu_{S,\lambda_j} / \sin\Psi}{\mu_{S,\lambda_{jj}}} \right)$$

$$+ \left(\frac{\sin\Psi}{\mu_{S,\lambda_j}} \right)^2 \ln\left(1 + \frac{\mu_{S,\lambda_j} / \sin\Psi}{\mu_{S,\lambda_{jji}}} \right) \ln\left(1 + \frac{\mu_{S,\lambda_j} / \sin\Psi}{\mu_{S,\lambda_{jj}}} \right) \tag{1.4.6}$$

$$+ \left(\frac{\sin\Phi}{\mu_{S,\lambda}} + \frac{\sin\Psi}{\mu_{S,\lambda_j}} \right) \left\{ \frac{1}{\mu_{S,\lambda_j}} \ln\left(1 + \frac{\mu_{S,\lambda_{jj}}}{\mu_{S,\lambda_{jji}}} \right) + \frac{1}{\mu_{S,\lambda_{jj}}} \ln\left(1 + \frac{\mu_{S,\lambda_{jji}}}{\mu_{S,\lambda_{jj}}} \right) \right\}$$

$$- \frac{\sin\Phi}{\mu_{S,\lambda}} \int_0^{\mu_{S,\lambda_{jji}}/\mu_{S,\lambda_{jj}}} \left\{ \frac{1}{(\mu_{S,\lambda} u / \sin\Phi) + \mu_{S,\lambda_{jji}}} \ln\left(\frac{1+u}{u} \right) \right\} \mathrm{d}u$$

$$- \frac{\sin\Psi}{\mu_{S,\lambda_j}} \int_0^{\mu_{S,\lambda_{jj}}/\mu_{S,\lambda_{jji}}} \left\{ \frac{1}{(\mu_{S,\lambda_j} u / \sin\Psi) + \mu_{S,\lambda_{jji}}} \ln\left(\frac{1+u}{u} \right) \right\} \mathrm{d}u$$

2 次励起，3 次励起を起こす可能性のある元素の組み合わせは 1 通りとは限らず，それぞれの元素について，エネルギーの異なる複数の蛍光 X 線が関与する可能性がある．3 次励起が起きるときは，実際に観測される目的元素 j の蛍光 X 線強度は，1 次 X 線によって直接励起される場合の蛍光 X 線強度 $I_1(j, p)$ と 2 次励起の蛍光 X 線強度 $I_2(j, p)$，3 次励起の蛍光 X 線強度 $I_3(j, p)$ の総和になる．3 次励起の全蛍光 X 線強度の占める寄与は，ケースバイケースではあるが，数 % 以内程度と考えられる．非常に大きな寄与ではないが，無視できないことがあるので注意を要する．

　ここまでの計算は，面内方向にも深さ方向にも均一な化学組成の場合である．応用上で重要なのは，積層構造になっている薄膜もしくは厚膜の場合である．図 1.4.4 および図 1.4.5 にその例を示す．図 1.4.4 のように同一の層内での 2 次励起では，先の図 1.4.2 についての計算式(1.4.5)をそれぞれの層ごとに計算して足し合わせればよい．もし上層ではなく，下層であれば，上層による吸収効果を加味する．多数の層があっても，そのすべてについて，同じ方法で計算することができる．

　現実の分析では図 1.4.5 のように，下層で発生した蛍光 X 線が上層の元素を 2 次励起する場合の蛍光 X 線強度を考慮することが重要である．上層の厚さを t_1，その密度を ρ_1，下層の厚さを t_2，その密度を ρ_2 とし，それぞれ別々の質量減衰係数を使

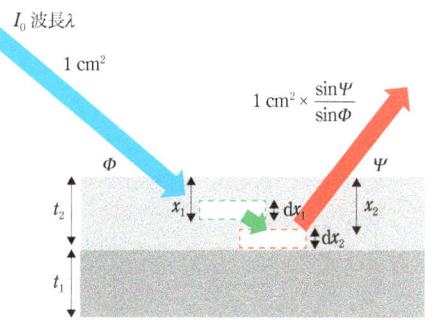

図 1.4.4 多層膜の蛍光 X 線強度を与えるモデル（同一層内での 2 次励起）
多層膜のように異なるマトリックスが層状に重なっている場合の 2 次
励起を計算するモデルである．1 層しかない場合の式(1.4.5)をそれぞ
れの層に対して適用すればよい．

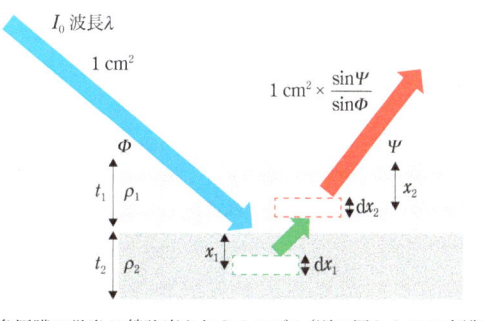

図 1.4.5 多層膜の蛍光 X 線強度を与えるモデル（別の層からの 2 次励起）
多層膜のように異なるマトリックスが層状に重なっている場合の 2 次
励起を計算するモデルであるが，下層で発生した蛍光 X 線が上層の元
素を 2 次励起する場合の蛍光 X 線強度を計算する．

用し，式(1.4.4)を参考にすると，次式を得ることができる．

$$I = I_0 \left(C_j \tau_{j,\lambda} \rho_2 \frac{r_{j,\mathrm{K}} - 1}{r_{j,\mathrm{K}}} g_{j,\mathrm{K}\alpha} \omega_{j,\mathrm{K}} \right) \left(C_{jj} \tau_{jj,\lambda} \rho_1 \frac{r_{jj,\mathrm{K}} - 1}{r_{jj,\mathrm{K}}} g_{jj,\mathrm{K}\alpha} \omega_{jj,\mathrm{K}} \right) \frac{\mathrm{d}\Omega}{4\pi} \frac{\exp\left(-\dfrac{\mu_{\mathrm{S_1},\lambda} \rho_1 t_1}{\sin\Phi} \right)}{2\sin\Psi} \times F$$

$$F = \int_0^{\pi/2} \exp\left(-\frac{\mu_{\mathrm{S_1},\lambda} \rho_1 t_1}{\cos\theta} \right)$$

$$\times \frac{\left\{ 1 - \exp\left[-\left(\dfrac{\mu_{\mathrm{S_2},\lambda}}{\sin\Phi} + \dfrac{\mu_{\mathrm{S_2},\lambda_j}}{\cos\theta} \right) \rho_2 t_2 \right] \right\} \left\{ 1 - \exp\left[-\left(\dfrac{\mu_{\mathrm{S_1},\lambda_{jj}}}{\sin\Psi} - \dfrac{\mu_{\mathrm{S_1},\lambda_j}}{\cos\theta} \right) \rho_1 t_1 \right] \right\}}{\left(\dfrac{\mu_{\mathrm{S_2},\lambda}}{\sin\Phi} + \dfrac{\mu_{\mathrm{S_2},\lambda_j}}{\cos\theta} \right) \left(\dfrac{\mu_{\mathrm{S_1},\lambda_{jj}}}{\sin\Psi} - \dfrac{\mu_{\mathrm{S_1},\lambda_j}}{\cos\theta} \right)} \tan\theta \, \mathrm{d}\theta$$

$$(1.4.7)$$

　上記は単純な 2 層膜であるが，もっと層数が多い場合も，層数と各層の厚さ，マトリックス組成を想定すれば，上記とほとんど同じ方法で，特定の層の特定元素の蛍光 X 線強度を計算することができる．ただし，計算はできるとしても，実際の測定試料の構造が本当にそうなっているかどうかはまた話が別である．実際に急峻な界面できれいに分離したような積層構造をもっているのかどうか，吟味したうえで，計算結果との対比を行う必要があるだろう．

　ここまでの説明で示した式は，主に白岩・藤野の論文[2]，薄膜については Laguitton と Parrish の論文[3]を参考にし，記号などを適宜置き換えて表記した．面内方向に均一ではなく，未知の分布がある試料については，上記の計算式では単純に取り扱うことができない．図 1.4.1 〜図 1.4.5 は，目的の元素はもちろん，マトリックス自体が面内に分布をもたず，均一であることを前提とするモデルである．すなわち，そのようなモデルを前提とした理論強度式ということになる．他方，実験技術としては，微小ビームを用いて不均一な試料の各点での蛍光 X 線スペクトルを収集することができるようになってきている．そのため，蛍光 X 線の強度分布から元素分布を高い信頼性で得るための新たな定式化も望まれるところであるが，現状では，測定地点 1 点の範囲内では均一性が保証されているようなケースを前提とした上述の式に基づく検討にとどまっている．

　リファレンスフリー蛍光 X 線分析では，試料の化学組成によって生じるマトリックス効果をすべて取り入れ，試料中に含まれるすべての元素についての蛍光 X 線強度を計算する．他方，実際に測定で全元素の蛍光 X 線スペクトルが取得できるとは限らない．特に軽元素の蛍光 X 線は低エネルギー領域であり，容易に減衰するため，真空容器の中での測定が必要であり，検出器などの窓材も十分に薄い必要がある．波長分散型の結晶分光器による測定の場合，もしくは，エネルギー分散型でも窒化ケイ素薄膜やポリマー超薄膜の窓材を使用している場合などに限られる．また，仮に測定データが得られていても，軽元素のスペクトルは分析深さが表面近傍にとどまり，表面特有の問題，例えば，コンタミネーション(汚染，特に測定環境からの)の影響や，試料の表面近傍と内部での密度の違いなど，誤差を生む要因が多い．蛍光 X 線はマトリックスによる吸収効果を受け，強度が減衰するが，主成分の化学組成(例えば，H, B, C, N, O が主成分だとして，それぞれの比率)がよくわからないということは，その試料に含まれる金属の分析を行う場合には，その見積もりに誤差を生じることになる．現状は，このようにマトリックスの詳しい化学組成を確認できないまま，測定されている元素の蛍光 X 線強度と整合するように最適化を進め，測定されていない元素(残分あるいはバランス成分とよばれる)につ

いても濃度や絶対量を決定することになる．化学分析の常識からすれば，許容しにくい解釈である．

　試料中に多量に含まれているにもかかわらず，実測の蛍光X線スペクトルにはピークとして取得されていない元素に関する情報を補う1つの方法に，散乱X線の強度を利用するものがある．ここまで述べてきた通常のリファレンスフリー蛍光X線分析の中に取り入れた解析も行われている．散乱X線の強度としては，白色X線による励起の場合は，蛍光X線のピーク強度を求めるときに差し引く対象であるバックグラウンドをそのまま用いることができる．つまり，もともと取得しているデータの中に常に含まれている情報を利用する．散乱X線には弾性散乱（レイリー散乱ともよばれる）と非弾性散乱（主たるものとしてコンプトン散乱が知られている）がある．それらの強度の計算は，図1.4.1とほぼ同じモデルに基づき，ほぼすべてのX線回折の入門書に出ている簡単な式で取り扱うことができる[5〜7]．モル質量M（多くの場合，分子量に対応），試料1モルあたりの原子iの相対原子数比をD_i（$\sum D_i = 1$），アボガドロ数をN_A（$= 6.02214076 \times 10^{23}$）として，図中の単位体積$\mathrm{d}x_1$に含まれる原子$i$の総数は$N_A D_i \rho \mathrm{d}x_1 / M$個である．他方，1個の電子に対するX線の散乱はトムソン散乱とよばれ（トムソンは1.2.3項で述べた蛍光X線発見者のバークラの指導者であるJ.J.トムソンの名に由来している），単位立体角あたりの強度は古典電子半径r_e（$= 2.8179403227(19) \times 10^{-15}$ m）と偏光因子$P_{DP, \Phi + \Psi}$を用い，r_eの2乗と偏光因子の単純な積で表される[4, 7]．偏光因子は1次X線の偏光度DPと散乱角$\Phi + \Psi$に依存して変化する．無偏光の場合は$P_{DP, \Phi + \Psi} = [1 + \cos^2(\Phi + \Psi)] / 2$であるが，水平偏光の場合は，$\Phi + \Psi = 90°$のとき$P_{DP, \Phi + \Psi} = 0$になる．ここで，試料はいわゆる非晶質であり，結晶の周期構造による回折を生じないと仮定すると，原子iの弾性散乱（レイリー散乱）は上記の電子1個からのトムソン散乱に原子散乱因子f_iの2乗をかけ，原子の個数分だけの和をとったものになる．1次X線の吸収，散乱X線の脱出過程での吸収を考慮し，深さ方向に積分して式(1.4.1)に似たスタイルで書き下すと式(1.4.8)のようになる．

$$I_S = I_0 \frac{r_e^2 P_{DP, \Phi + \Psi} N_A \rho \sum D_i f_i^2(\lambda, \Phi + \Psi)}{M \sin \Phi} \mathrm{d}\Omega \frac{\sin \Phi}{\sin \Psi} \int_0^t \exp\left[-\rho x_1 \left(\frac{\mu_{S, \lambda}}{\sin \Phi} + \frac{\mu_{S, \lambda}}{\sin \Psi} \right) \right] \mathrm{d}x_1$$

$$= I_0 \frac{r_e^2 P_{DP, \Phi + \Psi} N_A \rho \sum D_i f_i^2(\lambda, \Phi + \Psi)}{M \sin \Psi} \frac{1 - \exp\left[-\rho \mu_{S, \lambda} t \left(\frac{1}{\sin \Phi} + \frac{1}{\sin \Psi} \right) \right]}{\mu_{S, \lambda} \left(\frac{1}{\sin \Phi} + \frac{1}{\sin \Psi} \right)} \mathrm{d}\Omega$$

$$(1.4.8)$$

厚さが十分に厚い（無限厚）場合は，$t \to \infty$とすると，右辺の分子の指数関数の部

分が 0 になり，

$$I_\mathrm{S} = I_0 \frac{r_\mathrm{e}^2 P_{DP,\Phi+\Psi} N_\mathrm{A} \rho \sum D_i f_i^2(\lambda, \Phi+\Psi)}{M \sin\Psi} \frac{1}{\mu_{\mathrm{S},\lambda}\left(\dfrac{1}{\sin\Phi} + \dfrac{1}{\sin\Psi}\right)} \mathrm{d}\Omega \tag{1.4.9}$$

のように書ける．反対に，厚さが非常に薄く t が小さい場合は，$t \to 0$ のとき $\mathrm{e}^{-t} = 1-t$，すなわち $1-\mathrm{e}^{-t} = t$ という近似を用いて

$$I_\mathrm{S} = I_0 \frac{r_\mathrm{e}^2 P_{DP,\Phi+\Psi} N_\mathrm{A} \rho^2 t \sum D_i f_i^2(\lambda, \Phi+\Psi)}{M \sin\Psi} \mathrm{d}\Omega \tag{1.4.10}$$

となる．

　原子散乱因子は，$\sin\theta/\lambda$ の関数（図 1.4.1 では $\theta = (\Phi + \Psi)/2$）である．Hartree－Fock の方法などの量子力学計算によって得られた数値の一覧がテーブルとして提供されている．$\theta = 0$ のとき，原子散乱因子は原子番号そのものになり，$\sin\theta/\lambda$ が大きくなるにつれて減少する．換言すると弾性散乱は前方散乱が強い．さらに詳しくいえば，原子散乱因子には異常分散項があり，吸収端の近傍では実数部，虚数部ともに大きく変化する．

　非弾性散乱（コンプトン散乱）の場合は，1 次 X 線に比べエネルギーが低く（波長が長く）なる．この変化量は，コンプトン波長（$2.4263102367(11) \times 10^{-12}$ m）に $1-\cos(\Phi + \Psi)$ をかけたものである．1 個の電子からの単位立体角あたりのコンプトン散乱の強度 I_Compton の微分断面積は，Klein－仁科の式で与えられる[4, 8]．すなわち，1 次 X 線が無偏光でエネルギーが E であるとし，$\Phi + \Psi$ の散乱角で散乱された結果，エネルギーが ΔE だけ小さくなったとして，

$$\frac{\mathrm{d}I_\mathrm{Compton}}{\mathrm{d}\Omega} = \frac{1}{2} r_\mathrm{e}^2 \left(\frac{E - \Delta E}{E}\right)^2 \left[\frac{E}{E - \Delta E} + \frac{E - \Delta E}{E} - \sin^2(\Phi+\Psi)\right] \tag{1.4.11}$$

で与えられる．h はプランク定数（$= 6.62607015 \times 10^{-34}$ J s）である．なお，X 線のエネルギー変化量 ΔE は散乱角（ここでは $\Phi + \Psi$）に依存し，$1 - \cos(\Phi + \Psi)$ に比例する．これを式（1.4.11）に入れ，また，ΔE が非常に小さい場合（エネルギーが低い長波長領域ではそうなるであろう）を考えると，先述のトムソン散乱の式と完全に一致する．

　弾性散乱の式（1.4.8），（1.4.9），（1.4.10）中の f_i^2 を別の係数 G_i に置き換え，偏光因子と脱出過程の吸収の影響のわずかな違いを考慮するとほぼ同じような方法で計算できる．コンプトン散乱の係数 G_i も Thomas－Fermi 法などの量子力学計算によって得られる数値の一覧表を利用する．弾性散乱とは異なり，前方散乱は弱く後方散乱が強い．さらに先述のとおり，エネルギー（波長）は散乱角によって変化する．1

次 X 線に白色 X 線を用いている実験では，得られたスペクトル中で弾性散乱と非弾性散乱は重なっているのが通例である．その場合でも，1 次 X 線に含まれる特性 X 線に注目すれば，異なるエネルギーの位置に非弾性散乱のピークが現れるので，そのエネルギーと強度から寄与を評価することができる．

　蛍光 X 線の強度を取り扱う場合との大きな違いは，偏光因子があることである．偏光度が変わる場合(例えば結晶モノクロメータを使用したとき)は散乱 X 線強度にも顕著な違いが生じる．また偏光因子も，原子散乱因子も，コンプトン散乱の係数も，散乱角 $\Phi + \Psi$ に対する依存性があり，原則として等方的な放射分布になる蛍光 X 線とは実験上も異なる点は留意しておく必要があるだろう．さらに詳しくいえば，立体角を考慮した積分でも蛍光 X 線の場合とは明確に異なり，検出器までの距離，検出器の大きさ，その中心軸のずれなどの及ぼす効果には違いがある．

　厚い試料では，弾性散乱，非弾性散乱ともに，試料内で複数回散乱が起きる現象(二重散乱，三重散乱とよばれる)の寄与を考慮する．図 1.4.2 とほぼ同じようなモデルを考え，簡単のために $\Phi = \Psi = \theta$ として，1 次 X 線の進行方向に対し 2θ 方向の散乱 X 線強度を 1 回散乱 $I_1(2\theta)$ と 2 回散乱 $I_2(2\theta)$ について計算すると，Warren によれば

$$I_1(2\theta) = I_0 r_e^2 \frac{n \sin\theta}{2\mu_{S,\lambda}} J(2\theta) P_1 \mathrm{d}\Omega$$

$$I_2(2\theta) = I_0 r_e^4 \frac{n^2 \sin\theta}{2\mu_{S,\lambda}{}^2} \mathrm{d}\Omega \int_{-\pi}^{\pi} \int_{-\pi/2}^{\pi/2} \frac{J(2s_1) J(2s_2) P_2 \cos\varepsilon}{\sin\theta + |\sin\varepsilon|} \mathrm{d}\varepsilon \, \mathrm{d}\phi$$

(1.4.12)

のように書ける[9]．ここで，n は単原子であれば単位体積あたりの原子数，複数原子の場合は分子数などに相当するものである．P_1, P_2 はそれぞれ 1 次 X 線および 1 次 X 線が 1 回散乱された X 線についての偏光因子である．偏光因子は X 線の偏光度と散乱角によって変化する．P_1 は式 (1.4.8)，(1.4.9)，(1.4.10) における $P_{DP,\Phi+\Psi}$ で $\Phi = \Psi = \theta$ としたものと等価で，$I_1(2\theta)$ は実質的に式 (1.4.9) そのものである．ε, ϕ は 1 回目の散乱が生じる地点と 2 回目の散乱が生じる地点の座標の間で決まる角度で，P_2 はこの ε, ϕ にも依存して変化する．式中の s_1, s_2 は

$$s_1 = \cos 2\theta_1 = \cos\theta \cos\phi \cos\varepsilon - \sin\theta \sin\varepsilon$$

$$s_2 = \cos 2\theta_2 = \cos\theta \cos\phi \cos\varepsilon + \sin\theta \sin\varepsilon$$

である．また，J は散乱係数(レイリー散乱であれば $\sum f_i^2$ で決まり，コンプトン散乱では $\sum G_i$ で決まる)である．石英ガラスの Rh Kα 線に対する式 (1.4.12) を用いた検討結果によれば，1 次 X 線が無偏光の場合でも，二重散乱の影響は約 8 % に及ぶ[7] 非常に吸収が強い場合を例外として，二重散乱の寄与は無視できない．試料

内での 2 度目の散乱では，1 次 X 線の偏光条件は失われるため，完全な直線偏光で 90° 方向に検出器がある場合などは，さらに大きな影響がある．ここまでの説明で示した散乱 X 線の強度式は，X 線回折の教科書[5, 6, 7]および Warren の論文[9]に出ているものを参考にし，図 1.4.1 で使用されている記号などに合わせ置き換えて表記した．最新のリファレンスフリー蛍光 X 線分析では，実験データとして得られる蛍光 X 線スペクトルの全体（弾性散乱，非弾性散乱も含めて）を取り扱い，理論的なスペクトルと実測のスペクトルを対比して検討することも行われるようになってきている．もともとはいわゆる FP 法に従い，試料中の各元素の蛍光 X 線強度を理論的に計算する点を主要な特色としていたが，現在では，散乱 X 線の利用などの新規要素を取り入れつつさらに発展を遂げている．

　リファレンスフリー蛍光 X 線分析では，計算される蛍光 X 線強度が実際に測定で得られる蛍光 X 線強度と整合するように化学組成を最適化する．その際，計算の主要部は試料内で生じるマトリックス効果の補正に関わるものであるが，実際には蛍光 X 線強度は，その他の機器の条件によっても変化する．1 次 X 線の強度やスペクトル分布，試料容器内の環境（真空，大気，ガス），1 次フィルタやスリット，また検出器の面積，窓材の種類と厚さ，検出器と試料の距離などは実験上の重要なパラメータである．これらのすべてを完全に管理し，いわば機器の構成要素の全部を絶対値で較正することにより，実験的に得られる蛍光 X 線のカウント数に対応する値まで計算することもできる．実際にそのような方法が採られている事例もあるが，多様な測定条件で広い分析対象をカバーし，柔軟性もあり，簡便かつ信頼性の高い分析を行いたい場合も少なくない．そのため，機器の条件にあたる部分は，あらかじめ濃度既知の試料を実際の測定条件と同一条件で測定し，その際に得られた強度を利用して較正する方法がよく採用されている．このようにして得られた係数を感度係数とよび，計算によって得られた蛍光 X 線強度と，その装置のその条件で測定された蛍光 X 線強度を関連づけることができる．この際，実際に使用する測定条件に対応するすべての元素の感度係数を取得しておく必要がある．市販されているベンチトップ型蛍光 X 線分析装置の多くは，測定にかかる全元素についてあらかじめ取得された感度係数がデータベースとして登録されており，それらを利用して実際の分析を行う．

[参考文献]

1) J. Sherman, "The theoretical derivation of fluorescent X-ray intensities from mixtures", *Spectrochim. Acta*, **7**, 283-306(1955)

2) T. Shiraiwa and N. Fujino, "Theoretical calculation of fluorescent X-ray intensities in fluorescent X-ray spectrochemical analysis", *Jpn. J. Appl. Phys.*, **5**, 886-899(1966)

3) D. Laguitton and W. Parrish, "Simultaneous determination of composition and mass thickness of thin films by quantitative X-ray fluorescence analysis", *Anal. Chem.*, **49**, 1152-1156(1977)

4) R. Tertian and F. Claisse, *Principle of Quantitative X-Ray Fluorescence Analysis*, Heyden, London(1982)

5) B. D. Cullity, *Elements of X-ray Diffraction*, Addison-Wesley Publishing, Reading, Massachusetts(1956)

6) 三宅静雄, X線の回折, 朝倉書店(1969)

7) B. E. Warren, *X-ray Diffraction*, Addison-Wesley Publishing, Reading, Massachusetts (1969)

8) O. Klein and Y. Nishina, "Über die Streuung von Strahlung durch freie Elektronen nach der neuen relativistischen Quantendynamik von Dirac", *Z. Phys.*, **52**, 853-869(1929)

9) B. E. Warren and R. L. Mozzi, "Multiple scattering of X-rays by amorphous samples", *Acta Cryst.*, **21**, 459-461(1966)

1.5　リファレンスフリー蛍光 X 線分析の発展

　リファレンスフリー蛍光 X 線分析には，今日までに 60 年を超える伝統と歴史がある．その発展の歴史を振り返ると，表 1.5.1 に示すように，大きく 5 つの時期に分けることができる．換言すれば，きわめて重要なエポッククメーキングな年がこれまでに 5 回あった．それは，1955 年，1966 年，1977 年，1985 年，そして 2008 年である．順に見ていこう．

　第 1 の重要な年は 1955 年である．今日から見れば，その 3 年前の 1952 年に萌芽として重要な報告[1]も出ているのであるが，ほぼ完全といってよい蛍光 X 線の理論強度式をアメリカ海軍研究所の Jacob Sherman が発表したのは 1955 年である[2]．Sherman は，その後も重要論文を続けて発表している[3,4]．この頃，アメリカでは，X 線分析の専門家会議として有名な Denver X-ray Conference（http://www.dxcicdd.com/）がすでに始まっており，その論文集 *Advances in X-ray Analysis* が創刊されていた．その創刊号に Sherman の論文が出ている[3]．当時，日本人研究者の中で Sherman の研究にいち早く注目したのは，東北大学の広川吉之助であった[5]．

　第 2 の重要な年は 1966 年である．大阪大学の白岩俊男，藤野允克による論文が発表された[6]．Sherman の論文中における 2 次励起の場合の強度式に 1/2 の係数が抜けている点を正確に訂正したことでも知られる．今日，蛍光 X 線の理論強度式は，Sherman の式もしくは白岩・藤野の式とよばれることが多い．白岩，藤野の論文は翌 1967 年にも続編が発表されている[7]．さらに次の 1968 年にはアメリカ海軍研究所の Criss，Birks が，理論強度式を用いた定量分析，いわゆるファンダメンタル・パラメータ（FP）法についての議論を開始した[8]．もし FP 法元年とよぶべき年があるとすれば，Criss, Birks 論文の出た 1968 年であろう．第 2 の時期では，第 1 の時期に Sherman によって見出された蛍光 X 線理論強度式が，白岩，藤野によって完成され，さらに Criss, Birks によって今日のリファレンスフリー蛍光 X 線分析への先鞭をつけられたといえよう．この時期の後半，わが国では，金属材料技術研究所（金材研，現在の物質・材料研究機構）の大野勝美が，1976 年に日本語では初となる FP 法も含めた蛍光 X 線の強度補正に関するレビューを発表している[9]．

　第 3 の重要な年は 1977 年である．コンピュータの時代が始まった背景もあり，アメリカの海軍研究所は世界初の蛍光 X 線の計算ソフトウエア NRLXRF を発表した（NRL は Naval Research Laboratory（海軍研究所）の略称）．FORTRAN 言語で書かれたもので，大型計算機上で稼働する[10]．まったく同じ年に，Laguitton, Man-

表 1.5.1 リファレンスフリー蛍光X線分析法の発展の歴史
60年を越える歴史を振り返ると，特徴ある発展が5回ほどあったことに気づく．1955年，1966年，1977年，1985年，2008年がエポックメーキングな節目の年であった．

		海外	国内
	1952	Giliam and Heal[1]	
	1955	Sherman[2]（Sherman の式）	
①	1958	Sherman[3]	
	1959	Sherman[4]	
	1961		広川[5]
	1966		白岩，藤野[6]（白岩・藤野の式）
	1967		白岩，藤野[7]
②	1968	Criss and Birks[8] （無限厚試料モデルのFP法）	
	1976		大野[9]
	1977	NRLXRF(Criss)［10］ （世界初のFP法定量解析ソフトウエア） LAMA I(Laguitton and Mantler)［11］ Laguitton and Parrish[12] （薄膜モデルのFP法）	
	1978	Criss, Birks and Gilfrich[13]	大野[14]
③	1979	Lachance[15] XRF-11(Criss)［17］ （世界初の実用的なオフラインのFP法定量解析ソフトウエア）	大野，藤原，森本[16]
	1980	Mantler and Ebel[18] Sparks, Jr.[20] （シンクトロン放射光の利用）	大野，藤原，森本[19]
	1983	FPT(Jacobus)［21］	
	1985	NBSGSC[22] Vrebos and Helsen[23]	Rigaku SYS.3370 （蛍光X線スペクトル取得と結合したオンラインのFP法定量解析システム）
	1986	Tertian[24]	
④	1987		大野，山崎[25] 大野，川瀬，中村『X線分析法』（共立出版）出版[26]
	1988	Vrebos and Pella[27]	河野，村田，片岡，新井[28] 越智，岡下[29] 伊藤，佐藤，髙橋，大河内[30]

		海外	国内
	1989		片岡[31] 吉富, 中濱, 長沼, 大黒[32]
	1992		河野, 荒木, 片岡, 村田[33]
④	1994		越智, 塩田, 西埜[34] (散乱 X 線を考慮した FP 法の新しい拡張) 白岩[35]（追想）
	1995		表, 河野, 戸田[36]
	1999		越智, 中村, 西埜[37]
	2004	Xraylib[38]	
	2008	FP international initiative 活動開始[39] （信頼性の高い物理定数データの再取得, データベースの構築）	
	2011	新 Xraylib[40]	
	2012	XMI-MSIM[41]	
⑤	2013		第 6 回 FP 国際ワークショップの日本開催 (高信頼性のリファレンスフリー分析に資するオールジャパンの活動)
	2016		ラウンドロビンテスト実施[42, 43]
	2017		リファレンスフリー X 線分析研究会定例開催
	2019		『リファレンスフリー蛍光 X 線分析入門』(講談社)出版 片岡[44]

tler のソフトウエア LAMA I(LA, MA はそれぞれ著者である Laguitton, Mantler の頭 2 文字)も発表された[11]. さらに, これも同じ年, Laguitton, Parrish は, 今日でいうところの薄膜 FP 法に関する発表を行っている[12]. 薄膜 FP 法元年は 1977 年である. 翌 1978 年は, NRLXRF ソフトウエアを紹介する論文が *Analytical Chemistry* 誌に掲載された[13]. そのさらに次の 1979 年に, Criss は DEC 社の PDP-11 などのミニコンピュータで動くソフトウエア XRF-11 を発表した[17]. このようなソフトウエアの登場により, 蛍光 X 線分析の実用性は著しく高まり, 世界中に広がった. ほぼ同じ頃, Gedcke, Byars, Jacobus がソフトウエア FPT を発表している[21]. 多くの研究者が, 新しい方法や改良法を提案した時期でもある. これには, Lachance[15], Mantler, Ebel[18]らが積極的に貢献している. この頃, シンクロトロン放射光の利用も始まった. 加速器といえば高エネルギー物理学の粒子衝突実験とばかり考えられ

ていたのが，光源加速器というまったく新しいコンセプトが登場する．アメリカの
ブルックヘブン国立研究所のキャンパス内で NSLS(National Synchrotorn Light
Source)が運転を開始したのは 1982 年である．その 1 年後にはわが国でも茨城県つ
くば市の高エネルギー加速器研究機構でフォトン・ファクトリーが動き始める．シ
ンクトロン放射光を利用した蛍光 X 線分析が本格的に始まろうという，まさにそ
の時期，1980 年に Sparks, Jr. はきわめて先駆的な解説を書籍に掲載した[20]．そこ
には，蛍光 X 線も散乱 X 線も，あらゆる他のバックグラウンドも起源別に理論式と，
実際の計算例が詳細に示されている．その目的は，究極的な超微量分析を X 線に
よって行うことであり，そのような問題意識で計算が行われ，したがって検出限界
などが主に議論されている．だが，実は，そのまったく同じ式と，そこでなされて
いる検討内容を今日のリファレンスフリー蛍光 X 線分析に応用することができる．
自由自在に単色 X 線のエネルギーを変化できるシンクトロン放射光は，精確な定
量分析という観点でも貴重である．実際，後にヨーロッパで物理定数のプロジェク
トが行われるのであるが，その重要ツールがシンクトロン放射光であった．第 3 の
時期では，第 2 の時期に始まったリファレンスフリー蛍光 X 線分析への道筋が，
具体的なソフトウエアという形で現れるとともに薄膜の場合の理論式が初めて示さ
れ，後の発展につながる重要な布石となった．この時期の技術開発は，依然，海外
主導である．わが国では，当時，鉄鋼業をはじめとする製造業において分析技術者
が X 線分析の高精度化に取り組んでいる．白岩は住友金属(当時)において指導的
な役割を果たし，後に当時を回想している[35]．また，金材研の大野は海外に遅れ
をとることなく FP 法に関連する研究を進めていた[14,16,19]．大野らの薄膜モデルの
FP 法の応用[14]は 1978 年であるから，海外の先駆的な報告とわずか 1 年しか違わな
い．大野が主に活動したのは，日本分析化学会・X 線分析研究懇談会であった．1
年に一度開催される X 線分析討論会や，出版物の『X 線分析の進歩』を通じて，わが
国の研究者，技術者の間で情報が共有された．日本分析化学会・X 線分析研究懇談
会の当時の委員長は武内次夫である．その後，1979 年に浅田栄一，1987 年に池田
重良，1995 年に合志陽一，2004 年に脇田久伸，2015 年に辻 幸一に引き継がれた．

　第 4 の重要な年は 1985 年である．特に，わが国にとってきわめて重要な節目の
年である．FP 法の計算と蛍光 X 線スペクトルの取得をオンライン結合させた国産
のシステムの供給がわが国の企業によって世界に先駆けて開始された．無限厚試料
モデルの FP 法計算，薄膜モデルの FP 法計算，理論マトリックス補正係数計算，
およびリファレンスフリー定量分析の機能を備えた蛍光 X 線分析装置が登場した．
波長分散型の蛍光 X 線分析装置としては世界初であり，これまでずっと海外を中

心に推移していた流れに変化が生じる最初の年になった．もちろん，海外でもソフトウエアの開発は続いていた．NRLXRF や XRF-11 と類似した思想のソフトウエアがアメリカの NBS とカナダの地質調査所の共同で開発され，公開された (NBSGSC)[22]．Vrebos ら[23, 27]，Tertian[24] らも貢献している．また国内では，金材研の大野により，FP 法に関する日本語のレビュー[25]や日本語の書籍[26]も出版された．リガクの技術者らが測定と解析をオンラインで一貫させる技術に関する詳しい重要な報告を行った[28, 29, 31]．リガクの片岡由行は後に総合報告を発表している[44]．当時日本の研究者が海外製の XRF-11 を使った分析の報告[30]を行う状況はまだ続いてはいたが，転換期を迎えつつあったことは確実である[32]．事実，この頃から応用色の強い一般試料の分析でも国産ソフトウエアが用いられ始めている[33, 36]．また，1990 年代に入り，島津製作所の越智寛友らが，軽元素マトリックスの試料などを主な対象とし，散乱 X 線強度の実測と計算を FP 法に取り入れ，拡張する方法を提案した[34]．当時は海外ではほとんど検討されておらず，わが国の企業が世界に先駆けて独自の開発と実用化に成功したものである[36]．現在では，散乱 X 線を考慮した新しい方法は多くの対象への応用が進み，いっそうの改良の努力も継続されている．21 世紀に入ってからは，蛍光 X 線の強度計算を行うための物理定数なども含めたツールボックス xraylib の公開[38]など重要な進展もあった．第 4 の時期では，わが国の企業が独自のソフトウエアを確立し，機器と一体化してオンラインで使用する製品を提供できる体制を整えたこと，散乱 X 線を考慮したリファレンスフリー蛍光 X 線分析の高信頼性化など，海外にはない独自の取り組みが行われた．

　第 5 の重要な年は 2008 年である．ドイツの PTB（Physikalisch-Technische Bundesanstalt）とフランスの LNE-LNHB（Laboratoire national de metrologie et d'essais, Laboratoire National Henri Becquerel）が協力して，欧州連合（EU）のプロジェクトとして，FP international initiative（International initiative on X-ray fundamental parameters）を開始した[39]．このプロジェクトでは，シンクロトロン放射光施設などを用いた精密実験による物理定数の再取得，正確さの高いデータベースの構築，さらに量子力学計算などによる物理定数の議論なども行おうとしており，毎年研究ワークショップを連続して開催している．わが国からは京都大学の河合 潤らが初期の頃から参加していた．リファレンスフリー蛍光 X 線分析をゴールと見立てた場合，その入口にあたる部分には，図 1.5.1 に模式的に示すように，単に FP だけがあるのではなく，もう 1 つ重要な要素として試料のモデルがある．現実の分析では，精確な FP の数値情報を採用できるかどうかだけでなく，採用する試料モデルの妥当性や試料の不均一さなどの複雑な効果をどこまで考慮に入れられるかもかな

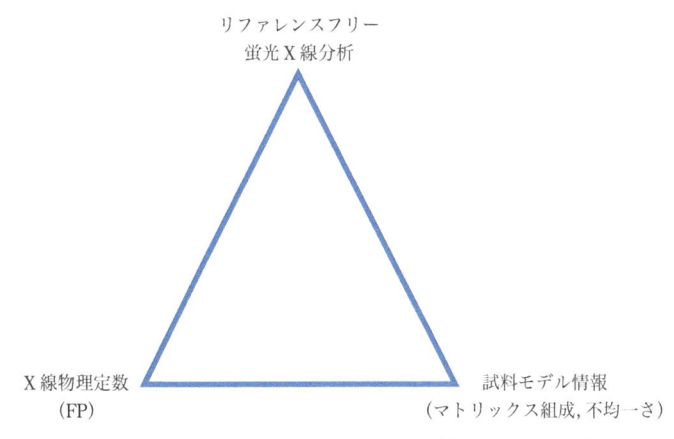

図 1.5.1　FP の精確さとリファレンスフリー蛍光 X 線分析の信頼性の関係
現実の試料のリファレンスフリー蛍光 X 線分析における信頼性は，FP の精確さとともに，採用する試料モデルの妥当性や不均一さも含めた現実的な複雑さをどこまで考慮することができているかにも依存する．

り重要である．欧州を中心とするプロジェクトでは，ひとまず，FP 自身の精確さの問題に集中することを選択し，そこにブレークスルーを見出そうとしているようにみえる．EU 域外との交流も行っており，2011 年はアメリカの NIST(National Institute of Standards and Technologies, アメリカ国立標準技術研究所)，2013 年は物質・材料研究機構(茨城県つくば市)で国際ワークショップが開催された．わが国にとっては，2013 年は非常に重要な節目の年であったといえる．この国際ワークショップを準備する活動を通し，日本国内に拠点をもつ X 線分析企業，ユーザー企業，国立研究機関からなるアライアンスを結成し，リファレンスフリー蛍光 X 線分析の高信頼性化のための共同活動を開始した．本書の執筆者の全員が，この活動の担い手でもある．

　FP international initiative を主導しているのは，ドイツの PTB とフランスの LNE–LNHB であるが，アメリカの標準計量の機関である NIST も協力し，さらに Technical University Vienna, N.C.S.R. Demokritos, Technical University Berlin, Universidade Nova de Lisboa, そしてわが国からは物質・材料研究機構が参画している．さらに，各国の X 線分析企業も協力を行っている．また，データベース利用ツールや計算ツールは，ヨーロッパの他のグループでも熱心に開発されている [40, 41]．第 5 の時期では，ヨーロッパを中心に国際的な枠組みの下で，X 線の物理定数に関する基盤整備と再構築が進展し，わが国にも波及した．しばしば指摘されることとし

て，わが国ではスマートフォンが全世界で用いられるよりもずっと前に高機能の携帯電話が普及した時代がありながら，結果として国際的な大きな流れに飲み込まれた経験がある．これは，どのような技術分野でも生じうることであり，国際動向を見据えたうえで，協調と競争，そして独自の展開軸を描いていく必要がある．リファレンスフリー蛍光X線分析に関しては，いっそう高い信頼性を得るために認証標準物質の開発なども含めたオールジャパンの活動が展開されるようになった[42,43]．

リファレンスフリー蛍光X線分析は，非破壊性，迅速性，定量分析の簡便さなどの利点を生かし，多岐にわたる本格的な応用展開への道を歩みつつ，基本に立ち返って高い信頼性を確保するための取り組みが熱心に行われている．第2章以降では，具体的な応用事例を交え，さらに詳しくリファレンスフリー蛍光X線分析について解説する．

［参考文献］

1) E. Giliam and H. T. Heal, "Some problems in the analysis of steels by X-ray fluorescence", *Brit. J. Appl. Phys.*, **3**, 353–358(1952)

2) J. Sherman, "The theoretical derivation of fluorescent X-ray intensities from mixtures", *Spectrochim. Acta*, **7**, 283–306(1955)

3) J. Sherman, "A theoretical derivation of the composition of mixable specimens from fluorescent X-ray intensities", *Adv. X-ray Anal.*, **1**, 231–250(1958)

4) J. Sherman, "Simplification of a formula in the correction of fluorescent X-ray intensities from mixtures", *Spectrochim. Acta*, **11**, 466–470(1959)

5) K. Hirokawa and H. Goto, "Analysis of alloys by fluorescent X-ray spectroscopy – Non-destructive-addition method", *Z. Anal. Chem.*, **185**, 124–135(1962)

6) T. Shiraiwa and N. Fujino, "Theoretical calculation of fluorescent X-ray intensities in fluorescent X-ray spectrochemical analysis", *Jpn. J. Appl. Phys.*, **5**, 886–899(1966)

7) T. Shiraiwa and N. Fujino, "Theoretical calculation of fluorescent X-ray intensities of nickel-iron-chromium ternary alloy", *Bull. Chem. Soc. Jpn.*, **40**, 2289–2296(1967)

8) J. W. Criss and L. S. Birks, "Calculation methods for fluorescent X-ray spectrometry – Empirical coefficients vs. fundamental parameters", *Anal. Chem.*, **40**, 1080–1086(1968)

9) 大野勝美，「けい光X線分析における補正法の最近の展望」，X線分析の進歩，**8**，91–99(1976)

10) L. S. Birks, J. V. Gilfrich, and J. W. Criss, "NRLXRF, A FORTRAN program for X-ray fluorescence analysis : Users guide"(1977) https://www.nist.gov/sites/default/files/documents/mml/csd/inorganic/user_guide.pdf

11) D. Laguitton and M. Mantler, "LAMA I — A general FOTRAN program for quantitative X-ray fluorescence analysis", *Adv. X-ray Anal.*, **20**, 515–528(1977)

12) D. Laguitton and W. Parrish, "Simultaneous determination of composition and mass thickness of thin films by quantitative X-ray fluorescence analysis", *Anal. Chem.*, **49**, 1152-1156(1977)

13) J. W. Criss, L. S. Birks, and J. V. Gilfrich, "Verstaile X-ray analysis program combining fundamental parameters and empirical coefficients", *Anal. Chem.*, **50**, 33-37(1978)

14) K. Ohno, "Standardless thickness measurement of steel coating by X-ray fluorescence spectrometery", *Adv. X-ray Anal.*, **21**, 89-92(1978)

15) G. R. Lachance, "The family of Alpha coefficients in X-ray fluorescence analysis", *X-ray Spectrom.*, **8**, 190-195(1979)

16) K. Ohno, J. Fujiwara and I. Morimoto, "Determination without standards of small amounts of metal compounds on microfilters by X-ray fluorescence spectroscopy", *X-ray Spectrom.*, **8**, 76-78(1979)

17) J. W. Criss, "Fundamental-parameters calculations on a laboratory microcomputer", *Adv. X-ray Anal.*, **23**, 93-97(1980)

18) M. Mantler and H. Ebel, "X-ray fluorescence analysis without standards", *X-ray Spectrom.*, **9**, 146-149(1980)

19) K. Ohno, J. Fujiwara, and I. Morimoto, "X-ray fluorescence analysis without standards of small particles extracted from super-alloys", *X-ray Spectrom.*, **9**, 138-142(1980)

20) C. J. Sparks, Jr. (H. Winick and S. Doniach eds.), *Synchrotron Radiation Research*, Plenum Press, New York(1980), Chapter 14 X-ray fluorescence microprobe for chemical analysis

21) D. A. Gedcke, L. G. Byars, and N. C. Jacobus, "FPT: An integrated fundamental parameters program for broadband EDXRF analysis without a set if similar standards", *Adv. X-ray Anal.*, **26**, 355-368(1983)

22) G. Y Tao, P. A. Pella, and R. M. Rousseau, "NBSGSC—A FORTRAN program for quantitative X-ray fluorescence analysis", NBS Tech. Note 1213, NIST, Gaithersburg, USA (1985) NBSGCS

23) B. Vrebos and J. A. Helsen, "Inverse formulation of the Sherman equation for X-ray spectrometry", *X-ray Spectrom.*, **14**, 27-35(1985)

24) R. Tertian, "Mathematical matrix correction procedures for X-ray fluorescence analysis. A critical survey", *X-ray Spectrom.*, **15**, 177-190(1986)

25) 大野勝美, 山崎道夫, 「ファンダメンタル・パラメータ法による蛍光X線分析値の正確度」, X線分析の進歩, **18**, 81-91(1987)

26) 大野勝美, 川瀬 晃, 中村利廣, X線分析法, 共立出版(1987)

27) B. A. R. Vrebos and P. A. Pella, "Uncertainties in mass absorption coefficients in fundamental parameter X-ray fluorescence analysis", *X-ray Spectrom.*, **17**, 3-12(1988)

28) 河野久征, 村田 守, 片岡由行, 新井智也, 「蛍光X線分析の自動化」, X線分析の進歩, **19**, 307-328(1988)

29) 越智寛友，岡下英男，「ファンダメンタルパラメータ法による新素材の蛍光 X 線分析――ニッケル，コバルト，チタン合金の分析」，島津評論，**45**，51-60(1988)

30) 伊藤真二，佐藤幸一，高橋順次，大河内春乃，「ファンダメンタル・パラメータ法によるチタン合金の蛍光 X 線分析」，日本金属学会誌，**52**，797-802(1988)

31) Y. Kataoka, "Standardless X-ray fluorescence spectrometry (Fundamental parameter method using sensitivity library)", *The Rigaku Journal*, **6**, 33-40(1989)

32) 吉富純子，中濱佐代美，長沼 仁，大黒 紘，「ファンダメンタルパラメータ法による磁性薄膜の蛍光 X 線分析」，分析化学，**38**，160-163(1989)

33) 河野久征，荒木庸一，片岡由行，村田 守，「蛍光 X 線分析法による薄膜および多層薄膜の濃度・膜厚測定」，X 線分析の進歩，**23**，189-204(1992)

34) 越智寛友，塩田忠弘，西埜 誠，「ロジウム $K\alpha$ X 線のコンプトン散乱 X 線の理論強度を用いる樹脂薄膜の膜厚測定」，分析化学，**43**，371-376(1994)

35) 白岩俊男，「X 線分光研究の思い出(EXAFS と FP 法の初期)と企業での研究」，ぶんせき，(7)，567-570(1994)

36) 表 寿一，河野久征，戸田勝久，「ファンダメンタル・パラメータ法を利用した蛍光 X 線分析法による植物の元素分析とその有効性」，日本生態学会誌，**45**，9-18(1995)

37) 越智寛友，中村秀樹，西埜 誠，「散乱と重なりを考慮した蛍光 X 線強度の理論計算および定量分析への応用」，X 線分析の進歩，**30**，55-71(1999)

38) A. Brunetti, M. Sanchez del Rio, B. Golosio, A. Simionovici, and A. Somogyi, "A library for X-ray–matter interaction cross sections for X-ray fluorescence applications", *Spectrochim. Acta B*, **59**, 1725-1731(2004)

39) FP international initiative (International initiative on X-ray fundamental parameters) 活動開始(2008) https://www.exsa.hu/news/?page_id=13

40) T. Schoonjans, A. Brunetti, B. Golosio, M. S. del Rio, V. A. Solé, C. Ferrero, and L. Vincze, "The xraylib library for X-ray–matter interactions. Recent developments", *Spectrochim. Acta B*, **66**, 776-784(2011)

41) T. Schoonjans, L. Vincze, V. A. Solé, M. S. del Rio, P. Brondeel, G. Silversmit, K. Appel, and C. Ferrero, "A general Monte Carlo simulation of energy dispersive X-ray fluorescence spectrometers—Part 5 Polarized radiation, stratified samples, cascade effects, M-lines", *Spectrochim. Acta B*, **70**, 10-23(2012)

42) 桜井健次，水平 学，青山朋樹，松永大輔，山田康治郎，池田 智，大森崇史，西埜 誠，中村秀樹，沖 充浩，深井隆行，大柿真毅，衣笠元気，小沼雅敬，野間 敬，山路 功，「リファレンスフリー蛍光 X 線分析における標準物質の使用について――金属多層膜の認証標準物質 NMIJ CRM 5208-a での経験を中心に」，X 線分析の進歩，**49**，77-82(2018)

43) K. Sakurai and A. Kurokawa, "Round Robin Layer-Thickness Determination : Towards reliable reference-free X-ray spectrometry", *X-ray Spectrom.*, **48**, 3-7(2019)

44) 片岡由行，「蛍光 X 線分析におけるファンダメンタルパラメータ法とその応用」，X 線分析の進歩，**50**，33-48(2019)

2

リファレンスフリー
蛍光 X 線分析の適用事例

2.1 電気・電子製品の環境規制対応分析

2.1.1 環境規制対応分析の重要性

　環境問題に対する意識の高まりとともに，電気・電子製品も環境に配慮した製品の開発が求められている．2006 年 7 月には EU において，電気・電子機器に含まれる特定有害物質の使用制限に関する RoHS（Restriction of the use of certain Hazardous Substances）指令が施行された[1]．さらに，化学物質について安全性評価を企業に義務付ける新化学品規制である REACH（Registration, Evaluation, Authorization and restriction of CHemicals）規則が 2007 年 6 月に発効した．RoHS 指令では，鉛・水銀・カドミウム・六価クロム・ポリ臭化ビフェニル・ポリ臭化ジフェニルエーテルの使用が制限されており，さらに改正 RoHS 指令（2019 年 7 月）では新たにフタル酸エステル類 4 物質（フタル酸ジエチルヘキシル・フタル酸ブチルベンジル・フタル酸ジブチル・フタル酸ジイソブチル）が禁止物質に追加された．一方，REACH 規則では，SVHC（Substances of Very High Concern）とよばれる高懸念物質を対象とした管理が求められている（表 2.1.1, 表 2.1.2）．こうした製品中の化学物質に関する環境規制は，EU だけでなく全世界に広がりつつある．アメリカでは，州レベルで有害物質規制に関する法律が制定されており，カリフォルニア州では欧州 RoHS 指令の対象である重金属の使用が制限されている．また，中国でも欧州 RoHS 指令に準拠する形で有害物質の使用が制限されている．

　これらの環境規制により，製品を構成する材料や部品に含まれる化学物質の管理が非常に重要となっている．しかし，すべての部品，部材を測定することは，莫大な時間やコストがかかるうえに現実的ではない．このため，計測技術を含めた効率

表 2.1.1 欧州 RoHS 指令の規制対象物質
　　　　　上から 6 物質群は 2006 年 7 月から規制されており，2019 年 7 月から
　　　　　4 種類のフタル酸エステル類が新たに規制対象物質として追加された．

規制物質名	規制濃度(閾値)
鉛	0.1 wt%
水銀	0.1 wt%
六価クロム	0.1 wt%
カドミウム	0.01 wt%
ポリ臭化ビフェニル(PBB)	0.1 wt%
ポリ臭化ジフェニルエーテル(PBDE)	0.1 wt%
フタル酸ジ−2−エチルヘキシル(DEHP)	0.1 wt%
フタル酸ブチルベンジル(BBP)	0.1 wt%
フタル酸ジブチル(DBP)	0.1 wt%
フタル酸ジイソブチル(DIBP)	0.1 wt%

表 2.1.2 欧州 REACH 規則における高懸念物質(SVHC)の例
　　　　　2008 年に第一次 SVHC が発表されて以来，2019 年 1 月時点で計 197 物質が高懸念物質
　　　　　としてリストアップされている．

物質名	CAS No.
4,4′−ジアミノジフェニルメタン(MDA)	101−77−9
2,4,6−トリニトロ−5−*tert*−ブチル−1,3−キシレン (ムスクキシレン)	81−15−2
短鎖塩素化パラフィン	85535−84−8
アントラセン	120−12−7
ビス(トリブチルスズ)オキシド(TBTO)	56−35−9
塩化コバルト(II)	7646−79−9
五酸化二ヒ素	1303−28−2
三酸化二ヒ素	1327−53−3
ヘキサブロモシクロデカン(HBCDD)	134237−52−8, 134237−51−7, 25637−99−4, 3194−55−6, 134237−50−6
ヒ酸トリエチル	15606−95−8

的かつ信頼性の高い有害物質管理技術の構築が非常に重要である．RoHS 指令対象
物質の検査を行う場合，まず蛍光 X 線分析装置による非破壊のスクリーニング分
析を行った後に，精密化学分析を行う二段方式が一般的である．蛍光 X 線分析装
置によるスクリーニング分析では，多数の試料を非破壊でかつ短時間に検査を行う
ことが可能であり，RoHS 対応検査においては必須の装置となっている．RoHS 指

令における閾値はカドミウム(Cd)を除き 0.1 wt％ となっており(Cd は 0.01 wt％)，蛍光 X 線分析により一定量の対象元素が検出された場合に，誘導結合プラズマ発光分光分析(ICP-AES)やガスクロマトグラフィー—質量分析(GC-MS)といった精密化学分析を行うことになる．したがって，蛍光 X 線分析では定性分析だけでなく定量分析が求められており，高精度な分析が可能になれば，精密分析を行う試料を減らすことも可能になる．しかし，電気電子部品は多種多様な材料から構成されており，試料に合わせた検量線作成用の標準試料を準備することは困難である．そこで，リファレンスフリー蛍光 X 線分析が非常に有効となる．本節では電子部品の端子のめっきに含まれる鉛や，封止樹脂に含まれる臭素および塩素の測定事例について紹介する．

2.1.2　環境規制対応分析の例

2.1.2.1　電子部品の端子中の鉛の分析

まず，電子部品の端子のはんだめっきに含まれる鉛(Pb)の分析事例について紹介する．RoHS 指令対象物質の中でも，はんだに含まれる鉛はもっとも注意すべきものの1つである．はんだは，電子部品の端子を接合する目的だけでなく，端子のめっきにも使用される場合がある．はんだは鉛の有害性から鉛フリー化が進められているが，従来の Sn-Pb 系共晶はんだの誤使用や，めっき浴の汚染の可能性があることから適切な管理および検査が必要である．

分析に用いた試料の写真を図 2.1.1 に示す．本部品の端子の材質は銅(Cu)であり，表面ははんだでめっきされている．このような層構造をもつ試料を蛍光 X 線分析により定量する際には，層構造の把握が非常に重要である．RoHS 指令では，均質

図 2.1.1　試料である電子部品の端子の写真
　　　　　Cu の端子に Sn-Ag-Cu 系のはんだでめっきされており，リード幅は 0.25 mm.

物質ごとの濃度管理が求められており，例えばめっき試料の場合は，試料全体を分母とした濃度ではなく，めっき層中に含まれる有害物質の濃度を求める必要がある．端子断面の電子顕微鏡写真を図 2.1.2 に示す．端子全体にはんだめっき層が構成されているが，めっき厚は端子全体で 1 〜 100 μm と大きく異なることがわかる．しかし，図中の□部についてはめっき厚の変動が小さく，約 20 μm の薄膜として取り扱えることから，この部分を測定することとした．試料サイズが小さいため，分析には微小ビームを用いた蛍光X線分析装置を使用した．測定時の試料像を図 2.1.3 に示す．装置の感度係数を補完するために，あらかじめ精密化学分析により値付けしたはんだのバルク材(Sn：98.71%，Ag：0.30%，Cu：0.70%，Pb：0.029%)を準備して測定した．ロットの異なる 3 種類の試料(ロット A, B, C)を測定し，はんだめっき層中に含まれる鉛濃度を算出するために，薄膜モデルを用いるリファレンス

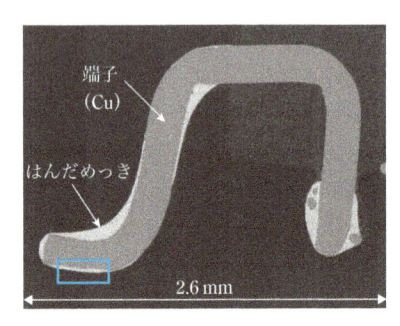

図 2.1.2 端子断面の電子顕微鏡写真
Cu の端子全体にはんだめっきが施されているが，めっき厚は 1 〜 100 μm の範囲でばらつきがある．

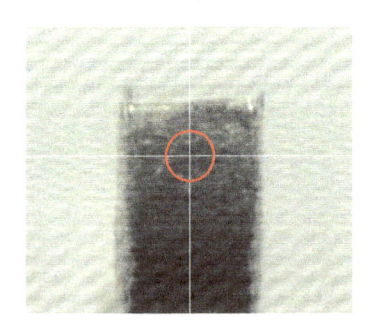

図 2.1.3 測定時の試料像
照射径(コリメータ径)は 0.1 mmφ であり，図中の○部に X 線が照射されている．

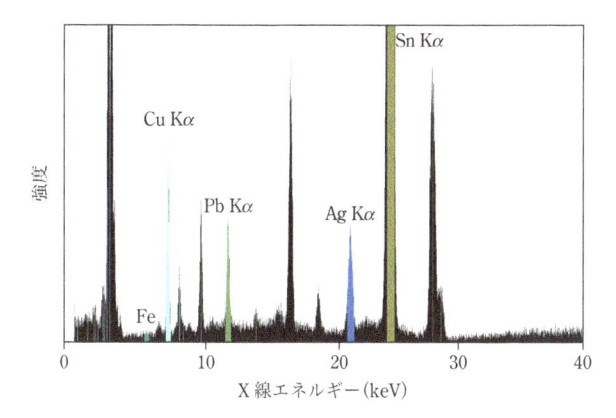

図 2.1.4 ロット B 試料の蛍光 X 線スペクトル
母材由来の Cu, はんだ由来の Sn, Ag, Pb が検出されており, Pb 濃度は 0.40 wt%
と算出された. Pb の蛍光 X 線強度がロット B の結果よりも大きいが, ロット
A も類似したスペクトルであった. 測定には日立ハイテクサイエンス社製
SEA5120 を使用した. 測定条件は, X 線管ターゲット：Mo, 管電圧：50 kV,
管電流：1 mA, 1 次フィルタ：OFF, 照射径(コリメータ径)：0.1 mmφ.

フリー分析による定量計算を行った. 図 2.1.4 にロット B 試料の蛍光 X 線スペクト
ルを示す. ロット A, B からは, それぞれ 1.32 wt%, 0.40 wt% の Pb が検出され,
RoHS 指令の閾値(0.1 wt%)を超えていたが, ロット C からは Pb は検出されなかっ
た. また, 定量精度を確認するために, 測定後の試料を酸で逐次的に溶解し, はん
だめっき層中に含まれる Pb 濃度を ICP-MS により定量したところ, ロット A で
は 1.75 wt%, ロット B では 0.52 wt% となり, スクリーニング法として十分な精度
があることを確認できた. Pb が検出されなかったロットもあることから, めっき
浴をしっかりと管理して鉛フリーはんだを使用すれば, はんだめっき層中への Pb
の混入を防ぐことは可能であると考えられる. 本事例の測定条件において, はんだ
めっき層中の Pb の検出下限値は約 0.04% となり, RoHS 指令に対応するための検
査手法として有効であることが確認できた.

2.1.2.2 封止樹脂中の臭素の分析

半導体製品用の封止樹脂には, 難燃性を確保するために従来は臭素系難燃剤が添
加されてきたが, 環境影響低減のためにハロゲンフリー化が進められている. ハロ
ゲンフリーの定義は企業により異なる場合があるが, 臭素および塩素をいずれも
0.09% を超えて含有せず, かつ, 臭素と塩素の合計が 0.15% を超えないこと, と定

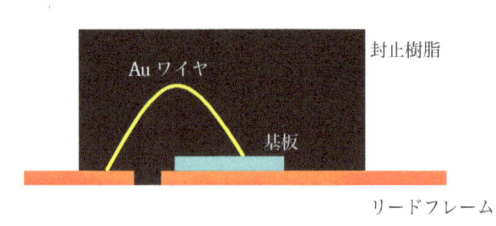

図 2.1.5 半導体製品の構成例
封止樹脂の内部では基板からリードフレームに
Au ワイヤ（ボンディングワイヤ）が接続された
構造となっている．

義している場合が多い．半導体製品の製造工程において，ハロゲンフリー品と従来
品を並行して製造する場合も考えられることから，前項の鉛フリーはんだ中の鉛を
検査する必要があるように，ハロゲンフリー製品中の封止樹脂に含まれる臭素・塩
素を検査する必要がある．ここでは，検査において検出される可能性の高い臭素の
分析事例について紹介する．

　単純な樹脂中の臭素を蛍光X線分析により測定することはそれほど困難ではな
く，検量線作成のための標準試料もいくつか入手可能である．しかし，半導体製品
には図 2.1.5 に示すように，封止樹脂のほかにリードフレームやボンディングワイ
ヤなどの金属材料も多く含まれており，蛍光X線分析により封止樹脂中の臭素濃
度を求めることは容易ではない．封止樹脂だけを見ても，通常の樹脂製品と異なり
フィラーが多く含まれており，このような試料に適用可能な標準試料の入手は不可
能である．また，電子機器の小型化にともない特にディスクリート半導体製品のサ
イズも非常に小さくなっており（製品によっては 1 mm 未満），精度良く測定するた
めには多数の試料をサンプルカップに詰めるなどして，蛍光X線のカウントを稼
ぐことが有効である．しかし，ボンディングワイヤには Au が用いられることが多
く，蛍光X線分析においては，Au Lβ 線と Br Kα 線が隣接することから，臭素濃
度を測定する際に両者が重なって，正の誤差を与えてしまう懸念がある．そのため，
測定の際になるべく Au を検出しないように工夫する必要があり，図 2.1.5 のよう
な構造の場合，下側がX線照射面になるように試料ステージに設置し，さらにカ
ウントを稼ぐために，照射面いっぱいに試料を並べることが有効である．試料の内
部構造が不明な場合は，まず 1 つの試料に対して複数の方向から測定を行い，Au
の蛍光X線強度が小さくなる方向を見つけ，その面をそろえて複数の試料を並べ
て本測定に移ればよい．

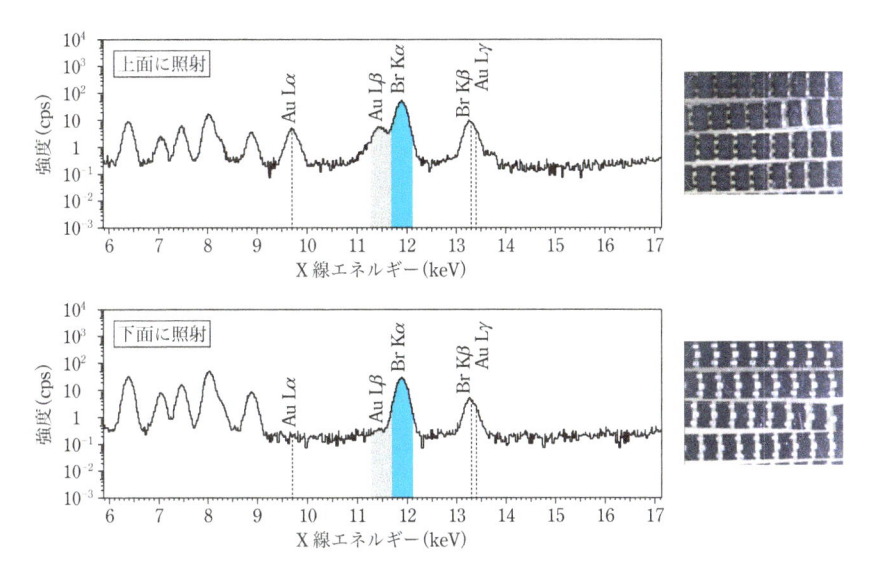

図 2.1.6　臭素含有ディスクリート半導体製品の測定例と測定時の試料像
上面に照射した場合にはボンディングワイヤ由来の Au Lβ 線が Br Kα 線に重なる
が，下面に照射した場合には Au はほとんど検出されず，Br の測定への影響が小
さい．また，照射径に対して試料が小さい場合は，多数の試料を並べることでカ
ウントを稼ぐことができる．測定には日立ハイテクサイエンス社製 SEA2210A を
使用した．測定条件は，X 線管ターゲット：Rh，管電圧：50 kV，管電流：1 mA，
1 次フィルタ：Pb 用フィルタ，照射径(コリメータ径)：10 mmϕ.

図 2.1.6 にディスクリート半導体製品の測定例を示す．わかりやすくするために，
ここではハロゲンフリー製品ではなく臭素が含まれる製品の結果を示している．樹
脂部への照射面積の違いの影響をなくすために，散乱線による補正を行い，Br 濃
度を定量したところ，上面から測定した場合は 0.90%，下面から測定した場合には
0.79%となり，上面に照射した場合には，Au の蛍光 X 線と重なるため，定量値が
大きくなった．本試料に含まれる Br 濃度を，燃焼管分解―イオンクロマトグラ
フィーを用いた精密化学分析により求めたところ 0.74%であった．このことからも
Au の影響を可能な限り抑えることで，精度の良い分析が可能であることがわかる．

2.1.2.3　封止樹脂中の塩素の分析

臭素と異なり封止樹脂中に塩素が意図的に使用されることはほとんどないが，不
純物レベルでは含まれていることがあり，前項に記載したとおりハロゲンフリーを
うたうためには塩素が含まれていないことも示す必要がある．ただし，塩素の蛍光

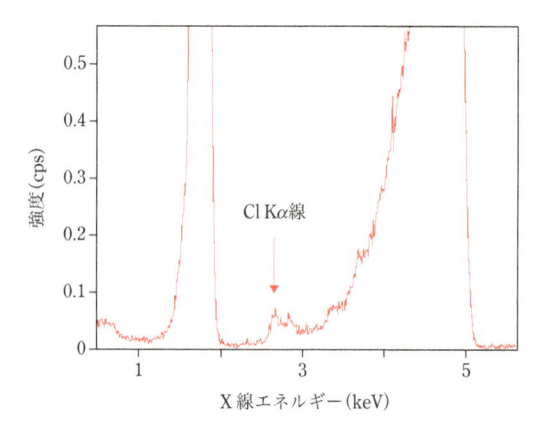

図 2.1.7　塩素 50 ppm 含有テストサンプルの蛍光 X 線スペクトル
Cl Kα 線は 2.6 keV とエネルギーが低いが，真空もしく
はヘリウム置換対応の装置を用いることで 50 ppm レベ
ルの塩素も検出可能である．測定には日本電子社製
JSX–3000 を使用した．測定条件は，X 線管ターゲット：
Rh，管電圧：15 kV，管電流：1 mA，1 次フィルタ：Cr
用フィルタ，照射径(コリメータ径)：7 mmφ．

X 線エネルギーは約 2.6 keV と低いため，試料室内を真空引きできる装置もしくは
ヘリウム置換できる装置の使用が必須である．また，フィラーが多く含まれるよう
な試料では検出深さが数十 μm 程度にまで制限されることにも注意が必要である．
燃焼管分解—イオンクロマトグラフィーを用いた精密化学分析により 160 ppm の塩
素が検出された封止樹脂試料について，蛍光 X 線による定量測定(散乱線補正あり)
を行ったところ 170 ppm となり，精度の高い分析が可能であることがわかった．
また，塩素濃度が 50 ppm となるように作製したテストサンプルについて蛍光 X 線
分析による測定を行ったところ，図 2.1.7 に示すスペクトルが得られ，検出可能で
あることを確認できた．このように，蛍光 X 線分析法は精度および感度の面でも
十分ハロゲンフリー化に対応できる分析手法であるといえる．

2.1.3 環境規制対応分析のまとめ

欧州 RoHS 指令などの環境規制に対応するための検査工程では，スループットが重要であり，蛍光 X 線分析は非常に有効である．閾値に対しても十分な感度があり，製造現場での活用が進んでいる．今後も規制対象の物質が増えると予想され，蛍光 X 線分析の適用範囲も拡大すると考えられる．樹脂材料に関しては標準試料のラインナップも多く，検量線法による分析を比較的容易に行うことができる．一方，金属材料に関しては，組成を合わせた標準試料を入手することが必ずしも可能ではないため，リファレンスフリー蛍光 X 線分析がきわめて有用である．ただし，RoHS 指令では均質物質ごとの濃度管理が求められているため，表面にめっきが施された試料など，複雑な構成の試料の場合には注意が必要である．めっき試料の場合には，バルク材とみなしてリファレンスフリー分析を行うと，実際の濃度よりも低く見積もってしまうことになるため，試料の構造を把握したうえで，薄膜モデルを用いたリファレンスフリー分析による定量計算を行う必要がある．

［参考文献］

1) Directive 2002/95/EC of the European Parliament and of the Council of 27 January 2003 on the Restriction of the Use of Certain Hazardous Substances in Electrical and Electronic Equipment

2.2　バリアメタル薄膜の軽元素分析

2.2.1　バリアメタル薄膜における軽元素分析の課題

　前節でも述べたように，2006年7月にEUにおいて電子・電気機器中の特定有害物質を規制するRoHS指令が施行された．これにより，特にエネルギー分散型蛍光X線分析(EDX)装置によるスクリーニング分析が盛んに行われるようになり，関連技術も発展した．最近では，2次ターゲットと偏光を組み合わせた光学系によりバックグラウンドが軽減された微量分析に有効な装置もある．しかし，EDXは合金試料の組成や短時間の定性分析に有効であるが，軽元素(主にB, C, N, O)の分析ができないものがほとんどであり，軽元素を含む化合物の組成分析には適さない面もある．

　一方，波長分散型蛍光X線分析(WDX)装置は，ホウ素(B)，炭素(C)，窒素(N)，酸素(O)といった軽元素の測定が可能であり，分解能にも優れている．試料の大きさ，表面粗さなどの試料形状を適切にコントロールできれば，精度，正確さも十分期待できる．金属，セラミックスからなるバルク試料のみならず，薄膜試料においても波長分散型蛍光X線分析装置は，厚みや膜の量(本節では付着量と表現する)，組成分析も可能である．

　本節では，半導体工業の分野でバリアメタル薄膜として知られる窒化物薄膜を対象として，WDXにより取得された蛍光X線スペクトルにリファレンスフリー分析を適用した事例を紹介する．

2.2.2　バリアメタル薄膜における軽元素分析の例

2.2.2.1　半導体用窒化物薄膜の役割および分析方法

　半導体デバイスの高集積化にともない，回路全体の動作速度は，トランジスタの応答速度よりも配線抵抗の増大による遅延で律速されるようになってきている．これにともない，半導体の配線材料として，従来のAl合金に対して約2/3の抵抗率でかつ電流密度の増大に対応できるCuが使用されるようになった．CuはSi中に拡散した場合に再結合中心として働くため，キャリアの寿命を著しく低下させ，デバイス特性の劣化を招く[1,2]．Cuを配線材料としてシリコンプロセスに導入するためには，バリアメタルとよばれる金属層をSi基板とCu配線の間に挟み，Cuの拡散を防止すると同時に両者の反応を抑制する必要がある(図2.2.1)．バリアメタル

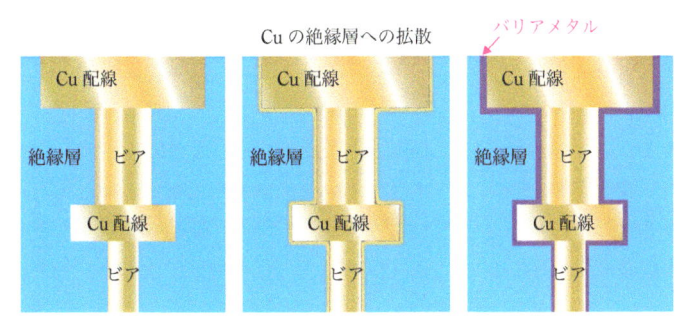

図 2.2.1　バリアメタルの断面図

には，バリア性のみならず，酸化膜や Cu との密着性，Cu の酸化防止，メッキ特性，電気特性など総合的な特性を満たす材料を使用しなければならない．これらの特性に対しては組成の変動が大きく影響するため，高精度な組成評価法が必須である．窒化チタン膜(以下 TiN 膜と略記)や窒化タンタル膜(以下 TaN 膜と略記)は，バリア特性において総合的に優れ，Cu との反応性がない金属窒化膜であり，これらの組成比を高精度に定量することが求められている．

　これら窒化物薄膜材料の組成分析をする場合には，化学分析が適している．窒化物の化学分析方法として，JIS 規格では JIS R1603【ファインセラミックス用窒化けい素(SiN)微粉末の化学分析方法】，JIS R1675【ファインセラミックス用窒化アルミニウム(AlN)微粉末の化学分析方法】が整備されている．これらの規格化された方法を見てみると，試料の分解には加圧酸分解，アルカリ融解などが用いられ，それぞれ主成分の定量については，SiN の Si は重量法，AlN の Al は容量法などの一次基準測定法(国際単位系に直接つながり，標準物質を参照せずに絶対測定が可能な方法)により高精度で定量できる．また，SiN, AlN の窒素は容量法や標準物質を参照して検量線により定量値を求める参照分析法である「不活性ガス融解—熱伝導度法」で定量可能である．窒化物は基本的に難分解性物質であるため溶液化が非常に難しく，目的成分の絶対量の評価は非常に難度が高い．加えて近年，要求される分析精度は厳しくなっており，作業する分析技術者の熟練度に分析結果の信頼性が依存する面もある．このように難度の高い窒化物の組成分析を蛍光 X 線分析法で置き換えることができれば非常に有用である．

　窒化物薄膜の組成分析の規格を見てみると，TaN, TiN ともに化学分析法も見当たらず，世界的にも規格化された方法がないため，これらの化学分析法を確立するだけでも，相当の時間，労力，技術が必要であり，開発要素が多い状況である．

　規格化された方法は存在しないものの，窒化物薄膜の組成分析法としては，すでに小沼らが組成分析方法を確立している[3]．この場合の試料は Si 基板上に成膜された TaN 膜を想定している．この試料を Si 基板ごと加圧酸分解にて溶液化し，Ta を誘導結合プラズマ発光分光分析装置(ICP-OES)で定量し，N をネスラー吸光光度法により定量する方法である．この分解には特殊な加圧分解容器が必要であり，完全分解するまでに長時間を要する．定量操作についても N は蒸留操作を行いアンモニア性窒素とした後に，吸光光度法を用いるなど煩雑で熟練を要する手法であるため，熟練度の高い分析者でないと正確な値が出せない．そのため，短時間に大量の試料の組成分析を行うことは困難である．TiN 膜も難分解性物質であるが，化学分析を用いた組成分析は可能である．しかし，TaN 膜と同様に時間と熟練を要する分析方法である．

2.2.2.2　蛍光 X 線分析による窒化物薄膜分析時の問題

　化学分析法による組成分析には，特に前処理が非常に難しく，かつ時間を要し，熟練度が高いものが多いことは前述したとおりである．化学分析法の精度，正確さに加え，短時間で測定が可能な方法が求められており，非破壊，短時間測定が可能な蛍光 X 線分析が注目されている．特に短時間で結果のアウトプットが必要な場合には非常に有効である．

　正確な値を出すうえで大事なポイントは，やはり標準物質を用いることである．くどいようであるが，蛍光 X 線分析は標準試料がなくても定量結果が得られるという点が市場に大きく広まった理由の 1 つでもある[4]．しかし，結果が正しいか判断する基準となるものはやはり標準物質である．

　蛍光 X 線分析用の標準試料もいくつか存在している．これらはいずれも，鉄鋼，セラミックスなどの塊や粉体状のものであり，残念ながら今回のような窒化物(薄膜)の標準物質は存在しない．蛍光 X 線分析で窒化物薄膜の組成分析を行うには，まずこの大きなハードルをクリアしなければならない．

　次に大事なポイントは試料調製である．試料調製方法は，蛍光 X 線分析で正確な値を得るために，標準試料と同様に重要なファクタである．その理由は蛍光 X 線分析がいわゆる表面分析であることである．表面分析であるために，表面状態が粗かったり，細かかったりと試料によってまちまちであると，X 線強度が変化してしまい，分析値に大きく影響してしまう．そのため，蛍光 X 線分析法の分析誤差の大半を試料状態やその処理方法が占めてしまうといっても過言ではない．金属試料を例にすれば，試料状態には(1)試料内偏析，(2)組織の差の誤差，(3)試料表面

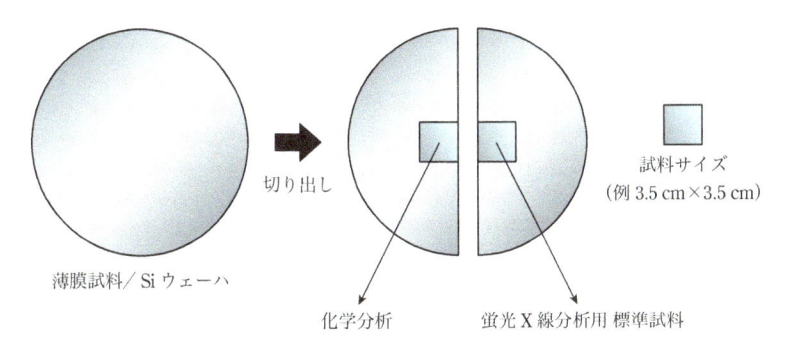

薄膜試料／Si ウェーハ

切り出し

試料サイズ
(例 3.5 cm×3.5 cm)

化学分析　　　蛍光 X 線分析用 標準試料

図 2.2.2　薄膜試料の標準試料作製例

の汚染や粗さ，(4)試料表面の変質(酸化)があげられ，未知試料と標準試料の試料状態が異なれば誤差要因も異なる．良好な精度，正確さを求めるには同一の試料状態をもつ標準物質であることが好ましい．表面粗さに関しては，表面の粗い方が蛍光 X 線強度は弱くなり，特に軽元素ほど表面の粗さの影響を受けやすい．

このように，表面状態を考慮した窒化物薄膜の標準試料としては，Si 基板上に成膜された膜であれば表面粗さはほぼ均一であるため，表面粗さの影響は問題なく，軽元素である N も含まれているので良好な標準試料として期待できる．組成値に関しては，化学分析によって値付けしたものを用いることができるので，分析試料自体を標準試料として用いることが可能になる．理想的な標準試料の作製法は下記のとおりである(図 2.2.2)．

(1)面内分布のばらつきがない試料を用意する．

(2)薄膜試料を半分に割断後，片方から例えば 3.5 cm 角で切り出し，化学分析であらかじめ測定して組成と付着量を求める(この試料はなくなる)．

(3)蛍光 X 線分析用として，(2)で切り出したもう片方の試料から，対照部分を同面積切り出す．

これで組成と付着量が既知の標準試料が得られる．なお，薄膜標準試料の作製には，強制汚染法などを用いる方法もあるので参考にされたい[5]．

2.2.2.3　分析例[6]

このように作製した標準試料を用いて，リファレンスフリー分析により TaN 膜，TiN 膜の定量を行った結果を示す．この方法では含有率を仮定し，吸収と励起効果を考慮した理論蛍光 X 線強度を計算し，実測した強度と対比を行い，含有率を決定する．薄膜試料の場合，バルク試料とは異なり共存成分の影響が現れないため，

表 2.2.1 リファレンスフリー分析での TaN 膜の定量結果例(単位:mol%)
標準試料を用いず,装置の感度係数から定量値を算出した結果.

試料	化学分析値		リファレンスフリー分析	
	Ta	N	Ta	N
TaN_1	75.2	24.8	91.0	9.0
TaN_2	56.3	43.7	98.4	1.6

表 2.2.2 リファレンスフリー分析での TiN 膜の定量結果例(単位:mol%)
標準試料を用いず,装置の感度係数から定量値を算出した結果.

試料	化学分析値		リファレンスフリー分析	
	Ti	N	Ti	N
TiN_1	50.4	49.6	98.9	1.1
TiN_2	50.5	49.5	98.6	1.4

バルク試料分析時に必要な共存元素の補正をせずに測定ができる.比較のため,作製した薄膜標準試料の化学分析値と,リファレンスフリー分析で測定した結果の例を表 2.2.1, 表 2.2.2 に示す.今回測定した TaN 膜および TiN 膜は,組成および膜厚を変化させた試料である.この結果より,TaN 膜および TiN 膜の窒素量に大きな差があることが確認できた.これは N 自体の X 線強度が非常に弱いことが大きな要因と思われる.特に軽元素である N のような元素を含む場合,その誤差は化学分析値と比較すると大きく,このような試料をリファレンスフリー分析で測定する場合は特段の注意が必要である.

化学分析で求めた結果から作成した感度係数の較正の結果を図 2.2.3, 図 2.2.4 に,それぞれのスペクトルを図 2.2.5, 図 2.2.6 に示す.これらから定量した結果を表 2.2.3 に示すが,化学分析値と遜色のない結果が得られることがわかった.さらに,注目すべき点は測定時間の短さである.化学分析の場合は非常に時間がかかってしまう(一連の操作で約 8 〜 10 時間)が,蛍光 X 線分析はその 1/20 以下まで短縮することができ,迅速に定量可能である.この迅速性を生かして薄膜試料などで問題となる面内ばらつきなどの工程管理に活用することができる.

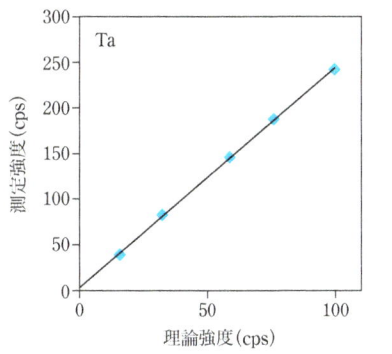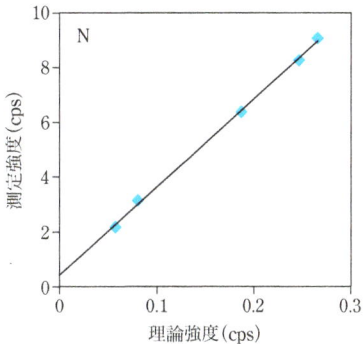

図2.2.3 TaN 膜の感度係数の較正
測定にはリガク社製 ZSX Primus II を使用した．測定条件は，X線管ターゲット：Rh，Ta は管電圧：50 kV，管電流：60 mA，1次フィルタ：OFF，スリット：S2，分光結晶：LiF1，照射径(コリメータ径)：30 mmϕ，N は管電圧：40 kV，管電流：70 mA，1次フィルタ：OFF，スリット：S4，分光結晶：RX45，照射径(コリメータ径)：30 mmϕ.

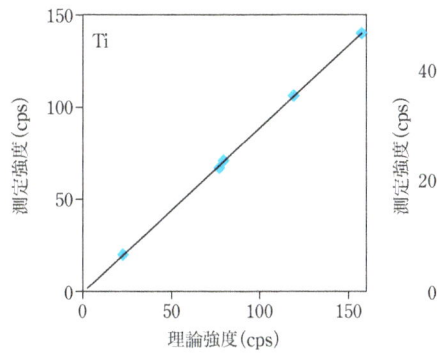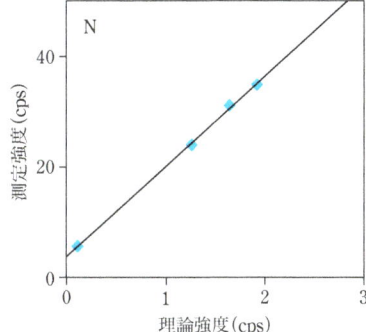

図2.2.4 TiN 膜の感度係数の較正
測定にはリガク社製 ZSX Primus II を使用した．測定条件は，X線管ターゲット：Rh，Ti は管電圧：40 kV，管電流：70 mA，1次フィルタ：OFF，スリット：S2，分光結晶：LiF1，照射径(コリメータ径)：30 mmϕ，N は管電圧：30 kV，管電流：100 mA，1次フィルタ：OFF，スリット：S4，分光結晶：RX45，照射径(コリメータ径)：30 mmϕ.

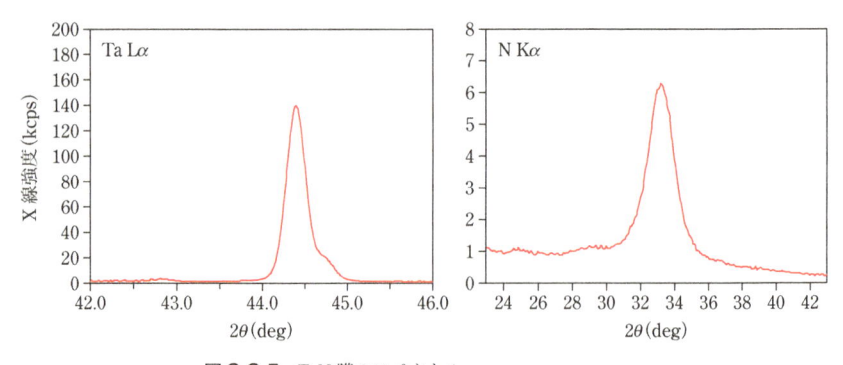

図 2.2.5　TaN 膜のスペクトル
Ta は Ta Lα 線を，N は N Kα 線を使用した．

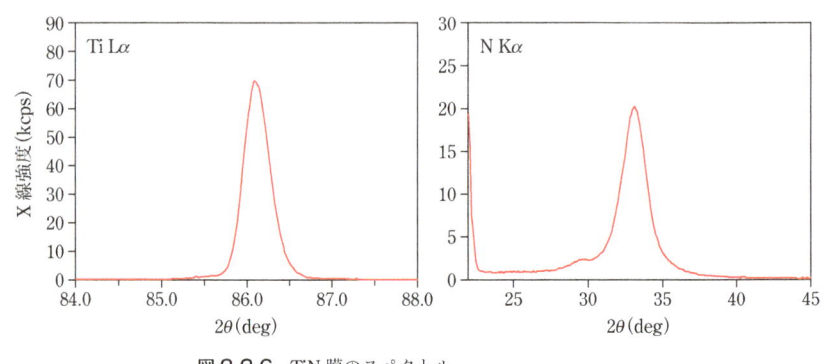

図 2.2.6　TiN 膜のスペクトル
Ti は Ti Kα 線を，N は N Kα 線を使用した．

表 2.2.3　図 2.2.3，図 2.2.4 の検量線を用いた分析結果例（単位：mol%）
上段が化学分析で値付けした試料であり，下段はこれを標準試料とし，未知の TaN 膜，
TiN 膜の組成分析を行った結果．

分析方法	試料 A（TiN）		試料 B（TiN）		試料 C（TaN）		測定時間 (h)
	Ti	N	Ti	N	Ta	N	
化学分析値	82.5	17.5	52.3	47.7	70.0	30.0	5
リファレンスフリー分析	82.4	17.6	52.4	47.6	69.7	30.3	0.2

2.2.3 バリアメタル薄膜の軽元素分析のまとめ

本節で述べた半導体用窒化物薄膜(TaN, TiN など)は，優れた特性を維持するために N と Ta, Ti などの組成コントロールが重要である．その分析評価において，高度な技術を要する化学分析を採用すると結果が分析者に依存するおそれがあり，その点で，安定した結果が得られる蛍光 X 線分析は非常に有効である．特にリファレンスフリー蛍光 X 線分析は標準試料も必要なく測定できる優れた手法であり，材料の種類や目的元素によっては良い結果が得られることが多い．他方，これまでのところ，酸素，窒素，炭素などの軽元素の定量分析は必ずしもうまくいっていない場合が少なくなかった．特に窒素の定量分析は難易度が高いと考えられる．そこで，化学分析値や他の機器分析値と同等の信頼性を得るためには，標準物質を有効に利用することが望まれる．これにより蛍光 X 線分析の大きな特徴である非破壊，迅速測定というメリットを大いに生かしつつ正確な値を導き出すことも可能になる．対象試料と同じ標準物質は販売されていない場合も少なくないが，そのような場合は化学分析のデータを代用することも可能である．このようにすれば蛍光 X 線分析法による定量結果の正確さが向上し，高度化する半導体用材料の組成分析にも応用できる．装置自体は，ボタン 1 つで扱えるほどに進化してきているが，上記のような点も含め，データの慎重な吟味や検証が重要である．

[参考文献]

1) Directive 20032/95/EC of the European Parliament and of the Council of 27 January 2003 on the restriction of the use of certain hazardous substances in electrical and electric equipment, EUROPEAN COMMISSION
2) 守山実希，村上正紀，「Cu 多層配線用バリア技術」，応用物理，**68**，1247-1251(1991)
3) 小沼雅敬，竹中みゆき，矢吹元央，林 勝，「誘導結合プラズマ発光分光法による半導体銅配線用窒化タンタル膜の高精度組成定量法及び蛍光 X 線分析法への応用」，分析化学，**52**，475-480(2003)
4) 河野久征，蛍光 X 線分析―基礎と応用，株式会社リガク(2011)
5) 上蓑義則，「ミニファイル　試料分解・調製法　セラミックス」，ぶんせき，**7**，313-314(2006)
6) 東芝ナノアナリシス(株) 強制汚染ウェーハ提供サービス：https://www.nanoanalysis.co.jp/business/case_example_48.html

2.3 軽金属の分析

2.3.1 軽金属分析の必要性

　軽金属とは，金属のうち比重が 4 ないし 5 以下のものを指し，主にチタン，アルミニウム，マグネシウムが分析の対象となることが多い．マグネシウムやアルミニウムは，銅や鉄に比べて非常に歴史が浅く，商用生産が始まってからまだ 150 年も経過していない．しかし，アルミニウムは，鉄に次ぐ消費量になっており，非鉄金属の代表的な材料になっている．

　昨今では，アルミニウムは軽量性・高強度性から燃料消費の改善のために航空機や車両などの筐体に使用されている．リサイクルしやすいために飲料缶などにも使用されており，アルミニウムは環境にも貢献している材料である．マグネシウムもリサイクルしやすく，アルミニウムより軽量な金属である．高分子の代替などに期待されている材料で今後も消費量が増えていくことが予測されている．

　軽金属の分析に蛍光 X 線分析が利用される場面としては，電子機器メーカーの受入検査があげられる．電子機器メーカーでは，RoHS 規制に対応するために多くの企業で蛍光 X 線分析装置が導入されており，軽金属の分析でも受入検査時における鋼種番号の判別などに利用されている．

　また，研究分野では，アルミニウムやマグネシウムに他の金属を混ぜて，より使いやすい材料の研究をしており，その組成分析にも蛍光 X 線分析が利用されている．表 2.3.1 は，アルミニウム合金の種類と特徴である．国際アルミニウム合金名により 1000 番台から 7000 番台の 7 種類に大きく分かれ，その中でも組成の違いにより，複数に分かれる．

表 2.3.1　アルミニウム合金の種類と特徴

種類	特徴
1000 番系	純アルミ：導電性・熱伝導性に優れ，耐食性の良い材料
2000 番系	Al–Cu 系：強度の高いジュラルミンとよばれる材料
3000 番系	Al–Mn 系：耐食性を保ちながら強度を向上させた材料
4000 番系	Al–Si 系：耐熱・耐摩耗性を向上
5000 番系	Al–Mg 系：耐食性・強度を向上させた材料
6000 番系	Al–Mg–Si 系：耐食性・強度を向上させた材料
7000 番系	Al–Zn–Mg 系：熱処理を行うことで，もっとも強度の高くなる材料

アルミニウムは毒性がないことや高反射・高伝導率であることから，成膜材料にも多く使用されており，膜厚の分析には蛍光X線分析が利用されている．

本節では，リファレンスフリー分析によって定量分析を行った事例を紹介する．納入された材料が正しい材料であるかを確認するための受入検査や膜厚の測定のために，高頻度で利用されている．

2.3.2 軽金属分析の例

2.3.2.1 アルミニウム合金番号の判別

蛍光X線分析装置は，アルミニウム合金番号の判別に利用されている．アルミニウムの番号の判別の際には，マグネシウムの定量が問題となるケースが多いが，アルミニウム中のマグネシウムを分析する場合には，マグネシウムの蛍光X線が低エネルギーであるため，真空下で測定する必要がある．また，アルミニウムとマグネシウムの蛍光X線のピークは近接しているため，マグネシウムのピークがアルミニウムのピークの裾に掛かってしまい測定精度が低下する傾向がある．そのため，分解能の高い装置を利用することが望ましい．

図2.3.1は，アルミニウム中のマグネシウムを測定した例である．この測定では，真空排気を利用している．また，最近の蛍光X線分析装置は検出器にシリコンドリフト検出器を用いており，分解能が高くマンガンのピークの分解能で130 eV程度あり，この点もマグネシウムを分析する際には有利に働いている．この分析結果を見ると0.45%程度のマグネシウムも検出できていることがわかる．

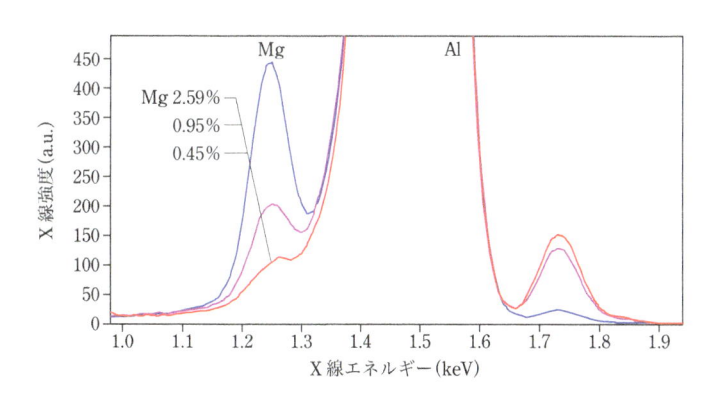

図2.3.1 アルミニウム中のマグネシウムのスペクトル
MgのピークがAlのピークと分離して検出できている．測定には日本電子社製JSX-1000Sを用いた．測定条件は，1次フィルタ：OFF，測定雰囲気：真空排気．

表 **2.3.2**　アルミニウム合金材料の蛍光 X 線分析結果
マグネシウムの定量が行えており，規格値内に収まっている．

合金番号		Mg	Cr	Mn	Fe	Cu	Zn
A2014	認証値	0.45	0.04	0.77	0.48	4.51	0.05
	蛍光 X 線分析値	0.48	0.04	0.74	0.49	3.93	0.04
	規格値	0.2〜0.8	< 0.1	0.4〜1.2	< 0.7	3.9〜5.0	< 0.25
A2024	認証値	1.65	0.02	0.65	0.25	4.66	0.02
	蛍光 X 線分析値	1.44	0.01	0.67	0.22	4.18	0.01
	規格値	1.2〜1.8	0.1	0.3〜0.9	< 0.5	3.8〜4.9	0.25
A5052	認証値	2.59	0.20	0.07	0.32	0.05	0.04
	蛍光 X 線分析値	2.68	0.18	0.07	0.30	0.08	0.04
	規格値	2.2〜2.8	0.15〜0.35	< 0.1	< 0.4	< 0.1	
A6061	認証値	0.95	0.18	0.05	0.32	0.28	0.05
	蛍光 X 線分析値	1.01	0.16	0.05	0.30	0.27	0.05
	規格値	0.8〜1.2	0.04〜0.35	< 0.15	< 0.7	0.15〜0.4	< 0.25
A7075	認証値	2.75	0.21	0.05	0.87	1.73	5.76
	蛍光 X 線分析値	2.28	0.18	0.07	0.84	1.51	5.10
	規格値	2.1〜2.9	0.18〜0.28	< 0.3	< 0.5	1.2〜2.0	5.1〜6.1

　表 2.3.2 にアルミニウム合金の蛍光 X 線分析による分析結果を示す．マグネシウムも精度良く定量できていることがわかる．

2.3.2.2　アルミニウム中の微量元素の分析

　蛍光 X 線分析装置では，1 次フィルタを使用することで，より微量成分の分析も行うことができる．

　図 2.3.2 はフィルタを使用したときのスペクトルの比較である．フィルタを使用することにより，カルシウム，ガリウム，ストロンチウム，ジルコニウム，鉛，ビスマスの微小なピークが検出できることがわかる．

　また，このスペクトルから定量計算をすると表 2.3.3 のような結果になり，フィルタなしでは検出されなかった 0.01% 以下の微量なカルシウム，ガリウム，ストロンチウム，ジルコニウム，鉛，ビスマスの定量分析ができていることがわかる．

　図 2.3.3 に参考として，マグネシウム，鉄，銅の定量結果と認証値の整合性を検証した結果を記載する．1000〜7000 番台の種類があるが，どの鋼種でも概ね良好な相関が得られている．

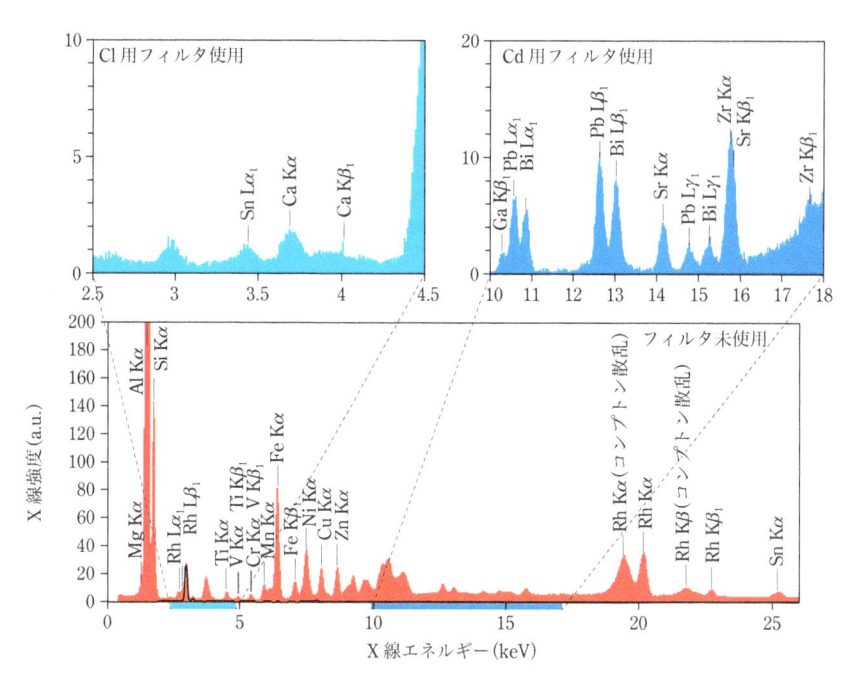

図 2.3.2 1次フィルタを使用して分析をしたときのアルミニウム合金(Al–Si 系)のスペクトル
フィルタを使用することにより，フィルタ未使用の際に検出できなかった微量成分
のピークが検出できる．

表 2.3.3 フィルタを使用したときの蛍光 X 線分析の結果(単位：mass%)
フィルタを使用することで，アルミニウム合金に含まれる数十 ppm 以下の微量な元素
も定量できている．この測定では，フィルタなし・Cl 用・Cr 用・Cu 用・Pb 用・Cd 用
フィルタを用い，6 回測定で 1 つの結果を出力している．

	Mg	Al	Si	Ca	Ti	V	Cr	Mn	Fe
認証値	0.05	93.97	5.21	0.006	0.046	0.02	0.027	0.05	0.34
フィルタなし	0.05	93.35	5.97		0.049	0.01	0.020	0.04	0.31
フィルタあり	0.05	93.26	5.98	0.007	0.044	0.01	0.022	0.05	0.31
使用したフィルタ				Cl 用		Cr 用			Cu 用

	Ni	Cu	Zn	Ga	Sr	Zr	Pb	Bi	Sn
認証値	0.06	0.05	0.05	0.03		0.007	0.029	0.023	0.029
フィルタなし	0.08	0.05	0.05						0.028
フィルタあり	0.05	0.05	0.05	0.03	0.003	0.006	0.029	0.020	0.032
使用したフィルタ		Cu 用				Pb 用			Cd 用

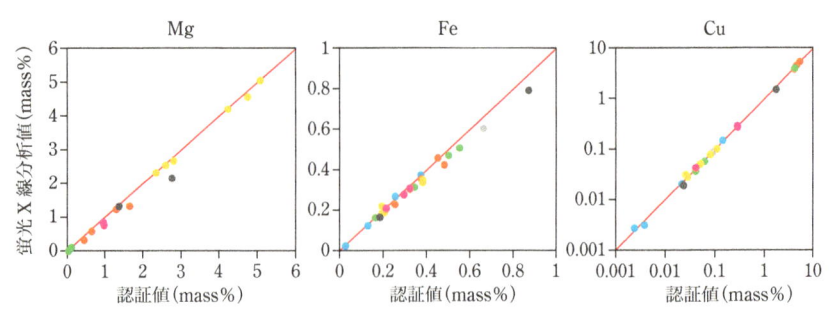

図 2.3.3 1 次フィルタを使用して分析をしたときのアルミニウム合金の分析値
●：1000 系，●：2000 系，●：3000 系，●：4000 系，●：5000 系，●：6000 系，
●：7000 系．X 線分析結果と認証値の相関が取れており，精度良く定量できていることがわかる．

2.3.2.3　マグネシウムの分析

　マグネシウムは，比重が軽い金属で利用価値が高いが，一方で腐食性などの課題ももっている．このため，マグネシウムの分析では，蛍光 X 線分析は微量な金属成分の確認に利用される．マグネシウムの分析の場合もアルミニウムと同様に 1 次フィルタを利用することで，微量成分まで分析することができる．

　図 2.3.4 は，マグネシウム合金を測定した例である．1 次フィルタを使用することにより，微量のニッケル，鉄，銀，カドミウムを検出できていることがわかる．

　また，このスペクトルから定量計算をすると，表 2.3.4 のような結果になり，フィルタなしで検出されなかった 0.01％以下の微量なカルシウム，鉄，ニッケル，水銀，銀，カドミウムの定量もできていることがわかる．

　微量成分で検出された鉄やニッケルは，腐食性の要因になるため低濃度の管理が必要な元素である．1 次フィルタを使用した分析を行うことで 0.01％以下の微量な鉄やニッケルを検出し定量がすることができる．このように，蛍光 X 線分析はマグネシウム合金の分析に有効である．

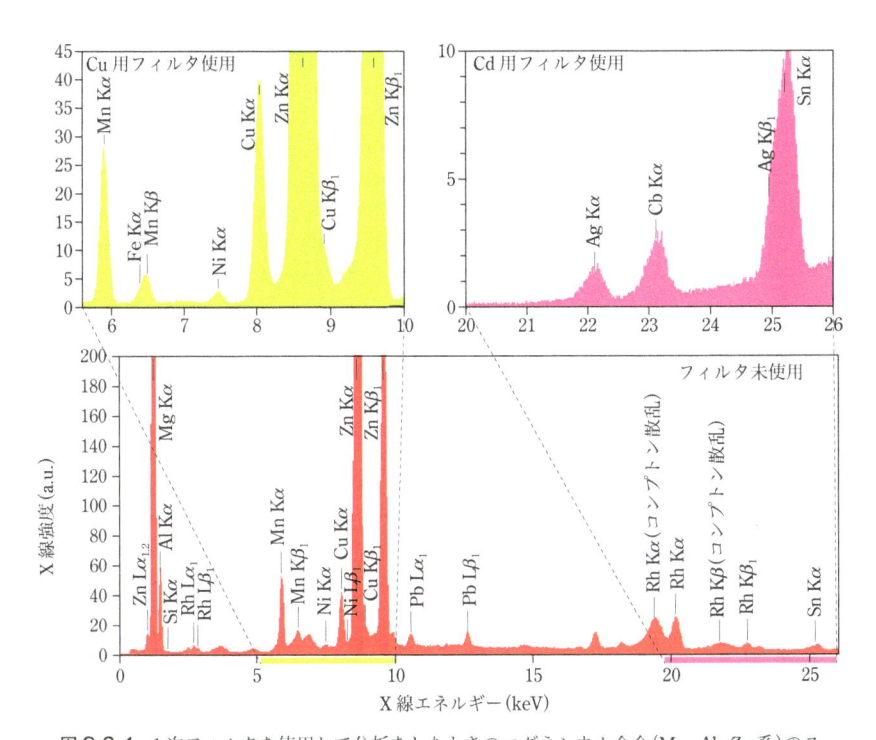

図 2.3.4 1次フィルタを使用して分析をしたときのマグネシウム合金（Mg-Al-Zn 系）のスペクトル
フィルタを使用することにより，フィルタ未使用の際に検出できなかった微量成分のピークが検出できる．

表 2.3.4 フィルタを使用したときの蛍光 X 線分析の結果（単位：mass%）
フィルタを使用することで，マグネシウム合金に含まれる数十 ppm 以下の微量な元素も定量できている．

	Mg	Al	Si	Ca	Mn	Fe	Ni
認証値		6.78	0.023	0.0024	0.271		0.0057
フィルタなし	89.4	6.57	0.032		0.236		
フィルタあり	89.3	6.52	0.031	0.0020	0.250	0.0085	0.0061
使用したフィルタ				Cl 用		Cu 用	

	Cu	Zn	Hg	Pb	Ag	Cd	Sn
認証値	0.099	4.03	0.005	0.050	0.0035	0.0066	0.028
フィルタなし	0.093	3.62		0.050			0.031
フィルタあり	0.090	3.74	0.004	0.052	0.0038	0.0071	0.034
使用したフィルタ	Cu 用		Pb 用		Cd 用		

2.3.3　軽金属分析のまとめ

　アルミニウムは，すでに市場に受け入れられており，生産量も非常に増えている．このため，蛍光X線分析は鋼種番号の判別や生産段階での組成管理に利用されることが多い．また，マグネシウムは生産量がまだ少なく，これから普及していく金属である．蛍光X線分析は研究開発段階での組成の確認に利用されることが多い．

　軽合金についても，装置の分解能の向上により，アルミニウム中のマグネシウムの検出下限が向上し，より精度の高い鋼種番号の判別が行えるようになった．さらに，装置の高感度化により微量成分まで精度良く定量が行え，研究用途でも簡便に利用ができるため，軽合金の分析においてもより利用しやすいツールになっている．

［参考文献］

1）JIS H 4000-2014 アルミニウム及びアルミニウム合金の板及び条

2.4 ソフトマテリアルの分析

2.4.1 ソフトマテリアル分析の必要性と課題

ソフトマテリアルは，プラスチックやゴム，液晶などの高分子の素材をまとめた総称である．ソフトマテリアルの定義は幅広く，生物や食品までも含まれる．本節では，樹脂材料の測定例や測定の注意点を取り上げているが，測定の注意点はソフトマテリアル全般に共通する内容となっている．

ソフトマテリアルは，身の回りでよく利用されている．スマートフォンを例にとっても，文字を表示する液晶，ボタンの材料のゴム，配線の絶縁材料，衝撃を吸収するケース，指紋の付着を防止するフィルム，電池の素材など，多様な用途に利用されている．近年大きく活躍の場を広げており，さらなる発展も見込まれている．図2.4.1は機能性樹脂の世界市場であるが，1,000万トンを超えており，非常に大きな産業である．今後は自動車分野での軽量化や電装を中心にさらに需要が増加していくことが予想されている．

樹脂材料は単独で使用されることはあまりなく，添加剤や着色剤などを加えることで機能の向上させている．この添加剤や着色剤などの管理に蛍光X線分析法が利用されている．

例えば，安定剤だけでもカルシウム・亜鉛系，バリウム・亜鉛系，スズ系，鉛系

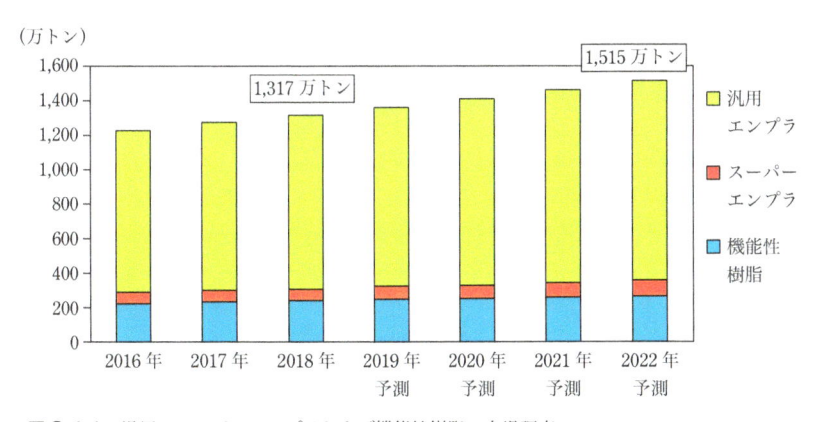

図 2.4.1 汎用・スーパーエンプラおよび機能性樹脂の市場調査
近年では携帯電話などのエレクトロニクス分野などで増加し，今後は自動の軽量化や電装を中心に需要の増加が見込まれている．［富士経済より改変して引用］

などがあり，蛍光X線分析法は安定剤の種類や定量に使われている．また，樹脂材料は触媒を利用した重合により製造されるが，ポリエチレンテレフタレート(PET)の場合では，アンチモンやゲルマニウム，最近ではチタン系の触媒が利用されている．重合後に触媒を取り除くプロセスがあるが，蛍光X線分析法は残留触媒の確認にも利用できる．さらに，重金属や有機スズなどの有害成分の管理にも利用されている．樹脂材料は衣服や装飾品や子供用玩具にも利用されており，人が触れ，乳幼児が口に入れるものもあるため，蛍光X線分析法が安全性の確保のための検査に利用される．

　しかし，ソフトマテリアルは，蛍光X線分析法で元素分析をする際には，注意が必要な素材である．炭素(C)，水素(H)，窒素(N)，酸素(O)などの軽元素で構成されているが，蛍光X線分析法は軽元素の感度が低く，主成分の分析が困難であるためである．

　リファレンスフリー蛍光X線分析では，蛍光X線の励起や吸収の影響に対して理論的に計算を行うため，構成されている元素すべての情報が必要であるが，蛍光X線分析法では軽元素成分が分析できないため，残分(バランス成分)として化学式をユーザーが入力できる機能がある．この入力を行うことで，ソフトウエアは見えていない残分があることを認識して計算を行う(図2.4.2)．

　測定においては，試料の厚さも大きく影響する．ソフトマテリアルは軽元素で構成されており，X線が透過しやすいため，照射した1次X線が試料裏側に透過し，蛍光X線の強度が低くなる．この透過の影響は，蛍光X線のエネルギーが高い元素ほど大きく，分析をする際には試料の厚さの影響を考慮することが必要となる．

　このように，ソフトマテリアルの分析では，材質の影響と試料の厚みの影響を考

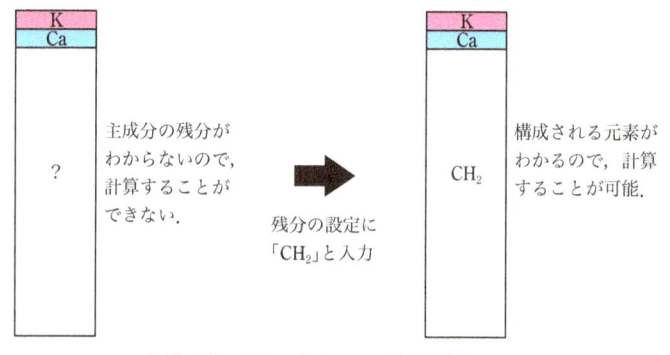

図 2.4.2 残分の設定による軽元素成分の分析

慮することが必要である．本節では特にポリエチレン樹脂を例に，分析上の注意点と分析手法について解説するが，樹脂に限らず，食品やオイルなど有機化合物全般に当てはまる．

2.4.2 ソフトマテリアル分析の例

2.4.2.1 材質の影響および軽い元素の分析方法

蛍光X線の強度は，主成分の違いにより変化する．ソフトマテリアルの分析では，主成分をどのように設定するのかが重要になる．

表 2.4.1 は，ポリエチレン樹脂の分析の際に，残分をポリエチレン（PE）に設定した場合の測定結果と，誤ってABS（アクリロニトリル・ブタジエン・スチレン共重合体）やポリエステル，ポリテトラフルオロエチレン（PTFE）に設定した場合の分析値の比較である．硫黄（S）・塩素（Cl）などの蛍光X線のエネルギーが低い元素ほど，残分の誤設定による変化が大きくなる．このことからも，軽い元素の分析では正しい残分を設定する必要性があることがわかる．

また，表 2.4.1 の結果から正しい残分（CH$_2$）を設定することで，S, Cl, Cr などの軽い元素の分析値は基準値に近くなっているが，Zn 以上の重い金属では差があることがわかる．この差は，試料の厚さ方向と蛍光X線の脱出深さが影響している．この影響については次項で説明する．

2.4.2.2 重い元素の分析方法

これまでにも述べたように，ソフトマテリアルを分析する際は，試料の厚さに注意する必要がある．表 2.4.2 および図 2.4.3 は，厚さの異なるポリエチレン試料を測

表 2.4.1 残分の誤設定による定量値の変化（単位：ppm）
測定試料はポリエチレンであるため，CH$_2$ が正しい設定であるが，残分をABS，PET，PTFE など異なる樹脂材で設定した場合，軽い元素ほど定量値が大きく変化して，基準値から離れてしまう．蛍光X線エネルギーは，S：2.3 keV，Cl：2.6 keV，Cr：5.4 keV，Zn：8.6 keV，Br：12 keV，Cd：23 keV，Sn：25 keV，Sb：26 keV．

残分の設定	S	Cl	Cr	Zn	Br	Cd	Sn	Sb
PE（CH$_2$）	591	849	94	816	278	20	11	14
ABS（C$_{15}$H$_{17}$N）	660	948	105	901	300	20	11	13
C$_{10}$H$_8$O$_4$	974	1409	163	1370	432	23	13	15
CF$_2$	1773	2591	318	2722	842	35	18	22
基準値	630	800	100	1250	770	137	86	99

定した例である．厚さが変化すると，分析値が変化することがわかる．厚さが大きくなるほど，分析値が基準値へ近づく．これは，試料の厚さが小さいと，照射した1次X線が試料裏側に透過し，抜けてしまうためである．加えて，励起された蛍光X線が試料から脱出する深さが蛍光X線のエネルギー，すなわち元素により変化することにも注意が必要である．

　蛍光X線の試料からの脱出深さを計算式から求めると図2.4.4のようになる．この図から，脱出深さを考慮し，十分な厚さがあるかを検討しながら定量を行う必要があることがわかる．例えば，検出される元素がTi(4.5 keV)のエネルギー以下の元素であれば，1 mmもあれば十分な膜厚であり，厚みを考慮しなくてもよい．

表2.4.2　ポリエチレン試料の厚さによる定量値の変化(単位：ppm)
　　　　　測定試料の厚さを変化させたときの分析値の変化，エネルギーの高い元素ほど，厚さの影響を受けている．

試料の厚さ	S	Cl	Cr	Zn	Br	Cd	Sn	Sb
0.35 mm	647	856	49	204	54	4	2	2
0.5 mm	639	866	67	312	86	5	4	4
1 mm	614	870	91	569	173	12	7	8
2 mm	591	849	94	816	278	20	11	14
4 mm	595	839	98	1090	441	34	21	23
6 mm	637	833	108	1168	506	44	26	27
基準値	630	800	100	1250	770	137	86	99

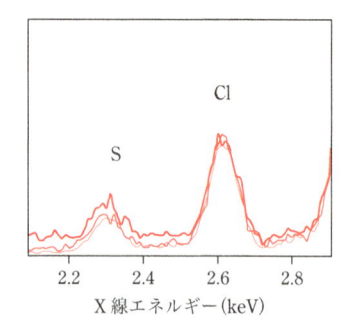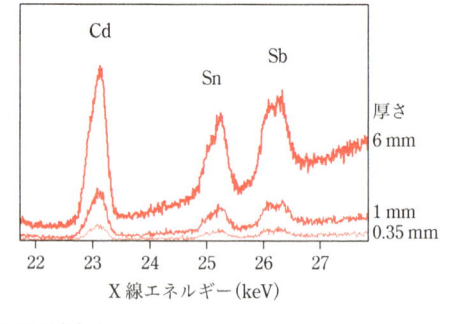

図2.4.3　樹脂材料で厚さが異なる試料のスペクトル
　　　　　蛍光X線エネルギーの低い硫黄(S)・塩素(Cl)の蛍光X線強度は変化がない．蛍光X線エネルギーの高いカドミウム(Cd)，スズ(Sn)，アンチモン(Sb)の蛍光X線強度は変化が大きい．

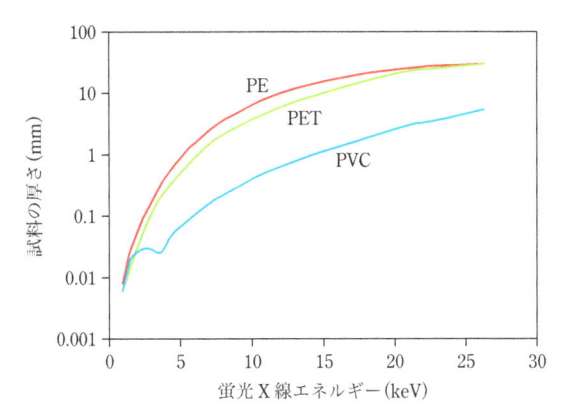

図 2.4.4 材質・蛍光 X 線エネルギーの違いによる蛍光 X 線の脱出深さの変化
蛍光 X 線エネルギーが高い元素で平均原子量が軽い材質の方が深い領域
まで分析されるため，蛍光 X 線エネルギーの高い試料ほど，試料の厚さ
を考慮する必要がある．

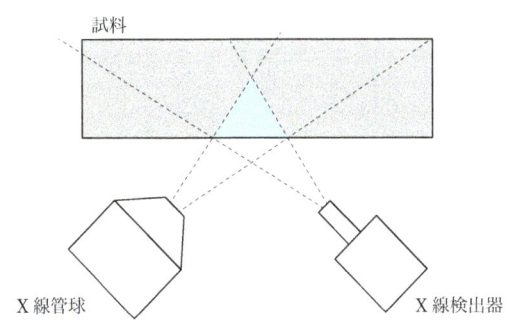

図 2.4.5 ジオメトリー効果の模式図
試料の測定範囲は，X 線管球と X 線検出器の交差する部分の
みであるため，この領域より深い部分は分析できていない．

また，ソフトマテリアルの分析を行う際は，光学的な制限も考慮する必要がある．
図 2.4.4 をもう一度見てみると，蛍光 X 線エネルギーが高い元素の場合，分析対象
の深さが数 cm にも達する場合がある．しかし，市販されている蛍光 X 線分析装置
では，光学的な制限(ジオメトリー効果，図 2.4.5)があるために，この数 cm の厚
さまで分析ができていないことがある．

試料の厚さの補正には，薄膜モデルを用いたリファレンスフリー分析による計算
を利用すればよい．試料の厚さを入力し，これにより分析値を真値に近づけること

表2.4.3 薄膜モデルを用いたリファレンスフリー分析による計算法で厚さの補正を行ったときの定量値
厚さの補正を行うことで，定量値の正確度が向上する．4 mm 以上の厚い試料の重い元素(Sn, Sb)ではジオメトリー効果により分析値が小さくなっている．

試料の厚さ	S	Cl	Cr	Zn	As	Br	Cd	Sn	Sb
0.35 mm	660	878	90	1116	18	633	121	76	84
0.5 mm	652	885	100	1242	18	705	130	89	107
1 mm	625	886	104	1294	20	741	136	93	99
2 mm	598	859	98	1196	20	661	121	73	90
4 mm	598	844	99	1221	19	652	110	71	78
6 mm	639	836	109	1218	27	619	101	64	68
基準値	630	800	100	1250	41	770	137	86	99

ができる．しかし，Cd, Sn, Sb のように蛍光X線エネルギーの高い元素は，試料が厚いときに，ジオメトリー効果により分析値が小さく算出される(表2.4.3)．この場合は，装置のジオメトリー効果による実効的な見込み厚さを入力することでさらに測定精度が向上することも期待できる．保有している装置におけるジオメトリー効果の影響も理解しておくと，より精度良く測定ができる．

2.4.2.3　散乱線を利用した分析方法

最近の分析方法として，散乱線(バックグラウンド)を利用して蛍光X線分析を行う手法がある．散乱線は，1次X線から生じる散乱X線で，蛍光X線ではない．散乱X線は，試料の厚さの違いにより強度が変化する．また材質の違いにより，強度だけでなく散乱線の形状も大きく変化するため，散乱X線を解析することにより，材質や試料の厚みを推定することができる．材質や厚みの影響がわかれば，前項のように補正することが可能になる．補正は比較的新しい技術であるため，メーカー各社が独自の補正を行っている．

図2.4.6，図2.4.7，表2.4.4 は，散乱X線を利用した測定事例である．散乱線の形状や強度から，試料の厚みや材質を推測することができる．試料の厚みや材質がわかれば，測定元素の厚さや材質による影響を補正することができる．補正は自動的に行われるため，簡便により精度の高い結果が得られる．

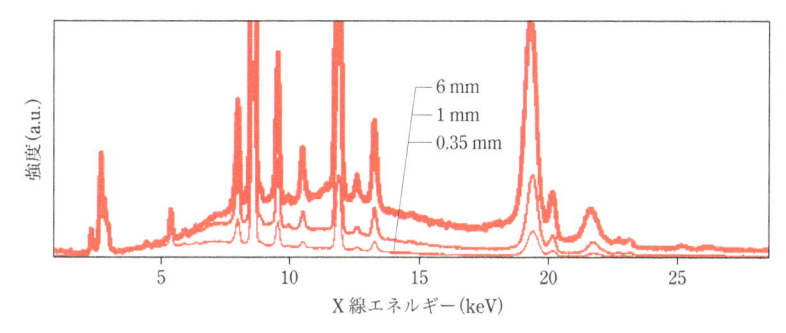

図 2.4.6　厚さの異なるポリエチレン試料のスペクトル
厚さによって，散乱線の強度が変化する．

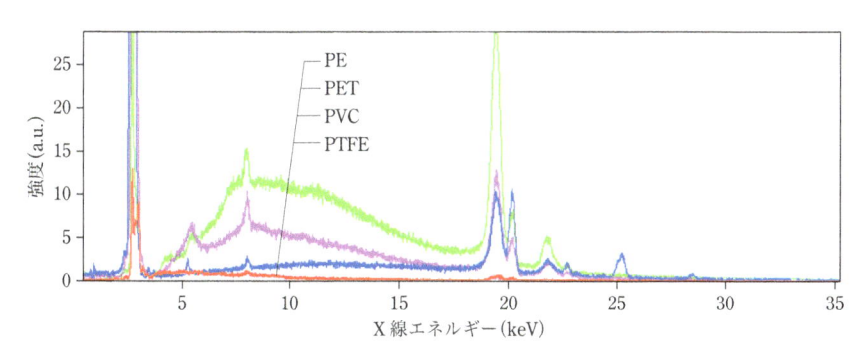

図 2.4.7　材質の異なる樹脂材料のスペクトル
材質が異なる場合は，散乱線の強度だけでなく，散乱線の形状も変化する．

表 2.4.4　散乱線で補正を行ったときの定量値
散乱線で補正をすると，厚さの影響だけでなく，表 2.4.3 で影響していたジオメトリー
効果も補正できる．測定には日本電子社製 JSX-1000S を使用した．

試料の厚さ	S	Cl	Cr	Zn	Br	Cd	Sn	Sb
0.35 mm	630	838	93	1199	685	130	82	92
0.5 mm	622	843	96	1221	696	128	88	107
1 mm	596	843	99	1234	709	130	89	95
2 mm	571	819	94	1260	728	137	82	103
4 mm	572	805	95	1287	758	139	89	100
6 mm	611	798	104	1289	766	148	94	102
基準値	630	800	100	1250	770	137	86	99

2.4.3 ソフトマテリアル分析のまとめ

ソフトマテリアルは，蛍光 X 線分析法で定量分析は難しいと考えられていたため，リファレンスフリー分析は定性分析のみに使用して，定量分析は検量線法で使用されることが多かった．しかし，ソフトマテリアルでは，新素材の開発や素材の多様化が進んでおり，分析の機会も増加し，測定対象元素も多様化している．このため，標準試料を必要とする検量線法で分析することが難しいケースも増えている．今回紹介したような補正方法は，このような要望に合致しており，より簡便に分析できる手法として利用することができる．

2.5 医薬品および食品の分析

2.5.1 医薬品および食品の元素分析の必要性

製薬業界では，元素不純物分析に対する新規の管理ガイドラインが導入されつつある．2015年9月30日に日米EU医薬品規制調和国際会議(ICH)において，医薬品の元素不純物ガイドライン(ICH Q3D)[1]が承認され，ICHの各地域・国の規制当局においてガイドラインに基づく対策が実施された．日本では，厚生労働省から「医薬品の元素不純物ガイドラインについて」(薬食審査発0930号第4号)が発出され，2017年4月1日以降に承認申請される新医薬品(新製剤)が適用対象となった．承認申請される新薬について，対象元素の含有量が閾値未満であることが要求される．ICH Q3D医薬品元素不純物ガイドラインには，毒性が懸念される元素不純物24元素について，1日の許容暴露量(permitted daily exposure, PDE)が設定されており，ビッグ4とよばれるPb(鉛)，Cd(カドミウム)，Hg(水銀)，As(ヒ素)や，原薬合成において意図的に添加される残留触媒金属などが含まれている．表2.5.1にICH Q3Dのガイドラインを示す．元素不純物の許容暴露量はPDE値として設定されている．製剤またはその構成成分中の元素不純物を評価する際には，PDE値を濃度へ変換する必要があり，その計算方法にはオプション1(1日摂取量が10gを超えない製剤のための，製剤構成成分全般の元素不純物の許容共通濃度限度値)，オプション2(1日摂取量が規定されている製剤のための，製剤構成成分全般の元素不純物の許容濃度限度値)，オプション3(最終製剤で測定した各元素の濃度)がある．製剤が元素不純物のPDE値に適合することが保証されるのであれば，いずれの方法も選択することができる．オプション3の例として，1日摂取量2.5gの製剤に対してPbは$2\,\mu g/g$，Asは$6\,\mu g/g$，Pdは$40\,\mu g/g$，Niは$80\,\mu g/g$の最大許容濃度が設定されている．各元素濃度の分析においては管理閾値(PDE値の30%)を精度良く分析することが求められており，医薬品中の元素不純物管理として米国薬局方(USP)の232章に限度値，233章にICP-OES，ICP-MSを用いた管理分析手法が2018年1月に収録された．2015年5月には先行してUSPの735章に一般分析法として蛍光X線分析法が収録されており，医薬品関連の分析で使用する際の要求(特異性，正確性，精度，定量下限値のバリデーション検証行うこと)が記載されている．これを受けて，医薬品および食品業界では，蛍光X線分析の利用に対する期待が高まっている．特にエネルギー分散型蛍光X線分析(EDX)法は試料の化

表 2.5.1 元素不純物の許容1日曝露量
クラス1：非常に有害，クラス2：投与経路により程度の差があるが有毒；クラス2A：
すべての場合にアセスメントが必要，クラス2B：工程で意図的に添加される場合にの
みアセスメントが必要，クラス3：経口投与での毒性が低い．
［厚生労働省「医薬品の元素不純物ガイドラインについて」］

クラス	元素	経口 PDE 値(μg/day)	注射 PDE 値(μg/day)	吸入 PDE 値(μg/day)
1	Cd	5	2	2
	Pb	5	5	5
	As	15	15	2
	Hg	30	3	1
2A	Co	50	5	3
	V	100	10	1
	Ni	200	20	5
2B	Tl	8	8	8
	Au	100	100	1
	Pd	100	10	1
	Ir	100	10	1
	Os	100	10	1
	Rh	100	10	1
	Ru	100	10	1
	Se	150	80	130
	Ag	150	10	7
	Pt	100	10	1
3	Li	550	250	25
	Sb	1200	90	20
	Ba	1400	700	300
	Mo	3000	1500	10
	Cu	3000	300	30
	Sn	6000	600	60
	Cr	11000	1100	3

学的前処理が不要で非破壊分析であるため，分析に試料前処理がともなう ICP 法
と比べ簡便に分析することができる．

　一般に蛍光X線分析を用いる場合，対象元素・主成分ごとに分析濃度範囲内で
いくつかの水準に調製された標準試料を用いた検量線法が用いられるが，医薬品・
食品試料の分析では市販の標準試料がないだけでなく，主成分が多岐にわたるため
主成分ごとに多種の標準試料と検量線を準備しなければならない．また規定値の厳
しい医薬品・食品の分析では数 μg/g 程度の低濃度領域での試料作製が必要となる
ため，標準試料の調製には細心の注意を払う必要が生じる．

　また，医薬品・食品などの有機物試料の蛍光X線分析を行う場合，特に EDX 法

での分析においては主成分元素である炭素，水素，酸素，窒素などの軽元素からの蛍光 X 線は十分な強度が得られないため，主成分の定量はできない．ファンダメンタル・パラメータ法(FP 法)で，主成分の組成を CH_2 や CH_2O などと仮定し，残分(バランス成分)として定量を行う．このとき，仮定した組成と実際の組成が異なることがあるため，吸収効果の影響により対象元素の定量誤差が大きくなる．また医薬品・食品などの有機物試料が不定形あるいは少量である場合は，FP 法では X 線強度が元素濃度と試料量の関数となるため，正確な定量が困難になる．

　そのため，これらの問題を解決するための方法が求められている．主成分の蛍光 X 線は観測されないが，主成分の組成情報が散乱 X 線に反映される．従来の FP 法では目的元素の蛍光 X 線のみで計算しているが，実測の散乱 X 線強度に加えて，理論強度計算した散乱 X 線も考慮するとよい．散乱線理論強度を利用したバックグラウンド FP 法は，軽元素マトリックスの試料に対して有効である．

　本節では，最初に最適補正散乱 X 線エネルギー値の検討を行った結果を示す．次にさまざまな試料マトリックスの代表例として，セルロース，タルク，トシル酸トスフロキサシンおよびセルロース混合物(セルロース：70％＋タルク：20％＋TiO_2：10％)を用意し，重要な 12 元素(Cd, Pb, As, Hg, V, Co, Ni, Ir, Pt, Ru, Rh, Pd)を対象に，正確な定量値が得られることを示す．なお，セルロースは医薬品の賦形剤として幅広く使用されている．トシル酸トスフロキサシンは抗菌薬の有効成分である．タルクは錠剤の製造をスムースにする滑沢剤として使われる．一方，セルロース混合物は賦形剤，滑沢剤，光沢化剤(TiO_2)で構成された製剤の想定例である．

2.5.2　医薬品および食品の分析例

2.5.2.1　異なる主成分をもつ医薬品・食品の分析
(i)標準試料

図 2.5.1 および図 2.5.2 に Pb($3\,\mu g/g$)，Cd($3\,\mu g/g$)，Hg($20\,\mu g/g$)，As($9\,\mu g/g$)などを添加したセルロースおよびタルクの蛍光 X 線スペクトルを示す．測定対象元素は Cd, Pb, As, Hg, V, Co, Ni, Ir, Pt, Ru, Rh, Pd の 12 元素とした．

　標準試料には市販の ICP-MS，ICP-AES 分析用混合標準液を用い，希釈により原液濃度の 1/2，1/5，1/10 倍の濃度に調整し，原液とブランク試料としての純水を含む計 5 段階の標準液を準備した．このうち，検量線法では 5 つすべての標準液を用いて検量線を作成し，原液の標準液 1 点で感度曲線を求めた．試料としてはセルロース，トシル酸トスフロキサシン，セルロース混合物(セルロース：70％＋タルク：20％＋TiO_2：10％)，タルクの各粉末を準備し，単体標準液を作製して滴

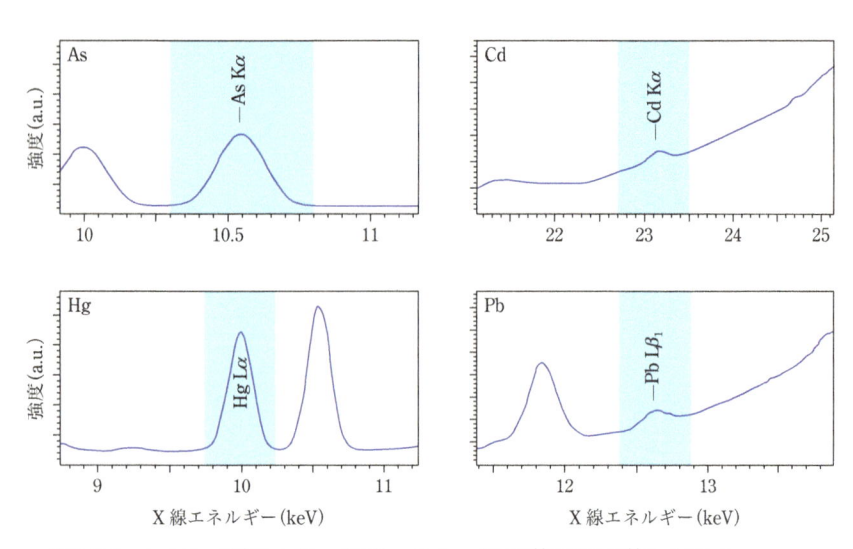

図 2.5.1　セルロース中の As Kα, Cd Kα, Hg Lα, Pb Lβ 線の蛍光 X 線スペクトル
測定には島津製作所社製 EDX–7000 を使用した. 測定条件は, X 線管ターゲット：
Rh, 管電圧：50 kV, 管電流：自動, 1 次フィルタ：ON, 照射径(コリメータ径)：
10 mmφ, 測定時間：1800 秒.

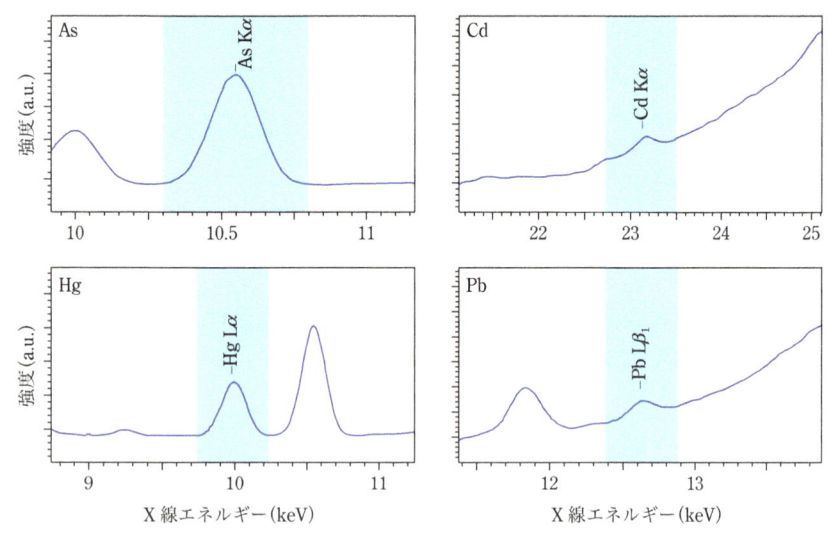

図 2.5.2　タルク中の As Kα, Cd Kα, Hg Lα, Pb Lβ 線の蛍光 X 線スペクトル
測定には島津製作所社製 EDX–7000 を使用した. 測定条件は, X 線管ターゲット：
Rh, 管電圧：50 kV, 管電流：自動, 1 次フィルタ：ON, 照射径(コリメータ径)：
10 mmφ.

下混合した低濃度，中濃度，高濃度の試料を作製した．

(ii)試料マトリックスの影響と最適補正散乱 X 線の検討

蛍光 X 線のエネルギーは分析を行う各元素に固有の値であるが，試料マトリック
ス補正用の散乱 X 線のエネルギーは，分析試料マトリックスごとに，分析元素ごと
に実験で決定する．まず各試料マトリックス，各エネルギー値における各元素の蛍
光 X 線と散乱 X 線との強度比を算出する．次に試料マトリックスの影響が少ない
(強度比の差が 20％以内になる)散乱 X 線のエネルギーを求める．各種マトリック
ス試料に対して有効に補正できる最適散乱 X 線エネルギーの一覧を表 2.5.2 に示す．

この表より，8 keV 以下の低エネルギー領域(V Kα，Co Kα，Ni Kα)では 8 keV
の連続 X 線の散乱 X 線が，9 keV から 11 keV の中エネルギー領域(Ir Lα，Pt Lα，
Hg Lα，As Kα)では 12 keV の連続 X 線の散乱 X 線が，12 keV 付近の中エネルギー
領域(Pb Lβ_1)では 15 keV の連続 X 線の散乱 X 線が，19 keV 以上の高エネルギー領
域(Ru Kα)では Rh コンプトン散乱 X 線または Rh レイリー散乱 X 線が，20 keV 以
上の高エネルギー領域(Rh Kα, Pd Kα, Cd Kα)では 25 keV の連続 X 線の散乱 X 線
が試料マトリックスの影響補正に有効であることがわかる．また，これらの散乱 X
線を医薬品・食品で用いられるさまざまな有機物主体のマトリックス試料の補正に
利用できることが期待される．

表 2.5.2　各元素の最適な散乱 X 線

各元素の蛍光 X 線	散乱 X 線エネルギー					
	8 keV	12 keV	15 keV	Rh コンプトン散乱	Rh レイリー散乱	25 keV
V Kα(4.95 keV)	○					
Co Kα(6.93 keV)	○	○				
Ni Kα(7.47 keV)	○	○				
Ir Lα(9.18 keV)		○				
Pt Lα(9.44 keV)		○				
Hg Lα(9.99 keV)		○				
As Kα(10.53 keV)		○	○			
Pb Lβ_1(12.61 keV)			○			
Ru Kα(19.24 keV)				○	○	
Rh Kα(20.17 keV)				○	○	○
Pd Kα(21.13 keV)				○	○	○
Cd Kα(23.11 keV)					○	○

表 2.5.3 検量線法による各マトリックス試料の定量分析結果(単位：μg/g)
V から Cd までの各元素について，添加量を変えた異なる材質の試料を検量線法で分析した定量結果である．

	試料	V	Co	Ni	Pt	Ir	As	Hg	Pb	Ru	Rh	Pd	Cd
	添加濃度	27	13	45	27	27	4	9	1.3	27	27	27	1.3
低濃度	セルロース	30.4	14.1	43.9	27.2	27.7	3.8	8.5	1.2	26.1	25.0	25.7	1.2
	トシル酸トスフロキサシン	25.8	13.2	40.9	27.4	26.3	3.5	8.5	1.4	29.4	26.5	26.9	1.4
	セルロース混合物	–	11.6	31.4	27.6	27.0	3.4	6.5	1.7	25.5	25.6	26.5	0.9
	タルク	18.7	16.2	32.5	20.4	20.4	3.6	6.5	1.5	25.1	25.2	25.9	1.0
	添加濃度	60	30	100	60	60	9	20	3	60	60	60	3
中濃度	セルロース	67.6	31.8	99.2	61.8	63.9	8.6	18.9	2.9	62.7	61.6	58.9	3.0
	トシル酸トスフロキサシン	60.8	29.9	95.2	58.4	59.9	7.4	18.5	3.0	62.5	62.7	60.1	3.2
	セルロース混合物	–	25.7	76.6	57.8	57.2	7.5	14.8	3.6	61.1	61.2	59.0	3.1
	タルク	44.0	27.5	68.4	47.3	47.3	7.2	14.4	3.2	60.3	60.7	58.6	3.3
	添加濃度	110	55	220	110	110	17	33	5.5	110	110	110	5.5
高濃度	セルロース	127.4	61.4	230.5	115.7	119.8	16.6	32.9	6.1	114.5	112.4	107.0	6.0
	トシル酸トスフロキサシン	115.8	53.6	213.6	111.8	115.1	15.7	31.8	5.8	119.5	117.2	113.1	5.9
	セルロース混合物	–	50.6	180.2	103.0	102.7	15.1	27.1	6.3	108.5	108.4	106.7	5.8
	タルク	78.9	48.2	154.5	87.7	88.4	13.8	24.2	6.2	109.2	109.4	108.7	6.2

ただし，試料マトリックスのうちタルクでは，軽元素や一部元素(Ir, Pt)について，今回検討した各種エネルギーの散乱X線が目安と考えた許容範囲内(強度比の差が20%以内)に収まらなかった．タルクには Si や Mg などの無機元素が主成分として含まれており，特に低エネルギー領域において試料マトリックスの違いによる影響を受けていると考えられる．

(iii) 検量線法との比較

表 2.5.3 および表 2.5.4 に低濃度，中濃度，高濃度のセルロース，タルク，セルロース混合物(セルロース：70％＋タルク：20％＋TiO$_2$：10％)，トシル酸トスフロキサシンの各粉末実験試料についての検量線法と比較した結果を示す．

検量線法ではすべての実験試料において，定量結果はターゲットの添加濃度に対する正確度(添加濃度に対する検量線法での定量値との差)が許容範囲内(USP の735 章より 70％〜150％とされる)に収まった．それに対し表 2.5.4 で下線を付けた一部元素において上記の範囲を越える結果になっている．このうち，Cd に関しては 1.3 μg/g と検出限界に近い低濃度であり，検量線法においても定量値が低目に観測されており，統計ばらつきの影響と考えられる．

そのほか，Ni, Co, V, Hg についても，一部の試料マトリックスにおいて定量値が目標の許容範囲を越えているが，誤差は検量線法と同一傾向を示しており，またそ

表2.5.4 バックグラウンドFP法による各マトリックス試料の定量分析結果（単位：μg/g）

	試料	V	Co	Ni	Pt	Ir	As	Hg	Pb	Ru	Rh	Pd	Cd
	添加濃度	27	13	45	27	27	4	9	1.3	27	27	27	1.3
低濃度	セルロース	27.9	10.8	41.2	25.8	27.5	3.6	7.9	1.0	24.8	23.3	24.1	1.0
	トシル酸トスフロキサシン	25.3	11.2	41.1	27.8	27.4	3.5	8.5	1.3	29.5	26.2	26.8	1.2
	セルロース混合物	–	8.4	27.3	25.9	25.7	3.0	5.7	1.4	23.0	22.7	23.5	0.8
	タルク	18.0	10.4	32.8	21.5	22.0	3.6	6.5	1.4	25.8	25.4	26.3	1.0
	添加濃度	60	30	100	60	60	9	20	3	60	60	60	3
中濃度	セルロース	62.7	25.6	92.4	59.8	63.5	8.2	17.5	2.7	60.5	59.1	56.7	2.7
	トシル酸トスフロキサシン	60.7	28.2	95.7	59.0	61.7	7.5	18.5	2.9	62.4	62.4	59.9	3.1
	セルロース混合物	–	19.4	67.1	52.0	53.0	6.6	13.0	3.1	54.3	54.0	52.1	2.5
	タルク	43.3	22.6	69.1	48.2	49.1	7.2	14.3	3.1	61.0	61.1	59.0	3.2
	添加濃度	110	55	220	110	110	17	33	5.5	110	110	110	5.5
高濃度	セルロース	118.9	54.1	215.1	112.0	116.9	15.9	30.8	5.8	110.4	108.3	103.2	5.5
	トシル酸トスフロキサシン	115.5	52.3	213.1	117.8	118.6	15.9	31.8	5.8	122.6	120.3	116.1	5.9
	セルロース混合物	–	36.5	157.4	91.8	93.1	13.2	23.6	5.6	96.1	95.9	94.2	5.0
	タルク	78.2	40.6	155.5	91.6	90.6	13.8	24.6	6.1	110.2	110.4	109.6	6.1

れほど大きな誤差を生じていない．結論として，異なる試料マトリックスにおいても検量線法とほぼ同等の正確度が得られた．

2.5.2.2 少量有機物試料の分析

(i) 試料量を変化させたときの定量値変化

樹脂が不定形の場合や食品・医薬品が少量の場合には，散乱X線強度を用いない，通常のFP法では元素の有無は確認できても，蛍光X線強度が試料量によっても変動することから定量値が実際の試料濃度を反映しないという課題があった．医薬品の開発・製造過程では，少量の原薬を定量分析することもあり，少量有機物の定量値に対する高い信頼性が求められている．バックグラウンドFP法を用いた少量の有機物試料の評価について以下に示す．

各種試料マトリックスをもつ実験試料の量を変化させたときの検量線法との定量結果の比較，および2.0 gの定量結果を基準値とした相対誤差を表2.5.5および表2.5.6に示す．

これらの表からわかるように，バックグラウンドFP法を用いたときは，ほとんどすべての元素，試料量において試料量2 gを基準としたときの定量値に対して相対誤差20%以内に入っている．なお，セルロース混合物におけるVの定量は主成分に含まれるTiO_2のTi $K\beta$線との重なりがあるために分析対象から外している．

表 2.5.5 各種試料マトリックスをもつ実験試料の試料量を 2 g，1 g，0.5 g，0.3 g としたときの検量線法による定量結果（単位：μg/g）

試料		V	Co	Ni	Pt	Ir	As	Hg	Pb	Ru	Rh	Pd	Cd
		\multicolumn{12}{c}{検量線法}											
添加濃度		60	30	100	60	60	9	20	3	60	60	60	3
セルロース	2 g	67.62	31.76	99.23	61.79	63.90	8.60	18.86	2.93	62.66	61.56	58.89	3.03
	1.0 g	69.83	31.42	97.47	63.62	65.83	8.43	18.67	2.93	64.76	63.33	58.65	3.04
	0.5 g	78.08	31.21	92.64	64.41	67.66	7.98	18.48	3.26	62.23	60.49	58.30	2.90
	0.3 g	84.78	31.09	90.14	64.98	69.08	7.96	18.67	3.26	61.60	59.65	58.05	2.65
相対誤差(%)	1.0 g	3.3	1.1	1.8	3.0	3.0	2.0	1.0	0.2	3.3	2.9	0.4	0.4
	0.5 g	15.5	1.8	6.6	4.2	5.9	7.2	2.0	11.3	0.7	1.7	1.0	4.3
	0.3 g	25.4	2.1	9.2	5.2	8.1	7.4	1.0	11.3	1.7	3.1	1.4	12.5
トシル酸トスフロキサシン	2 g	60.76	29.85	95.18	58.44	59.89	7.35	18.46	2.97	62.49	62.72	60.12	3.17
	1.0 g	61.29	29.91	93.72	61.01	62.85	7.17	18.59	3.12	66.35	65.10	61.17	2.91
	0.5 g	64.89	29.98	91.80	62.57	65.14	6.82	18.61	3.36	64.80	61.46	61.35	3.12
	0.3 g	76.58	30.21	88.73	64.34	67.63	6.56	18.48	3.38	64.52	61.36	59.01	3.25
相対誤差(%)	1.0 g	0.9	0.2	1.5	4.4	4.9	2.4	0.7	5.0	6.2	3.8	1.8	8.2
	0.5 g	6.8	0.4	3.5	7.1	8.8	7.2	0.8	12.9	3.7	2.0	2.1	1.6
	0.3 g	26.0	1.2	6.8	10.1	12.9	10.9	0.1	13.6	3.3	2.2	1.8	2.4
セルロース混合物	2 g	–	25.65	76.55	57.77	57.16	7.50	14.79	3.58	61.12	61.17	58.99	3.05
	1.0 g	–	25.49	76.45	57.38	57.69	7.51	15.01	3.63	62.42	62.04	58.63	3.19
	0.5 g	–	26.82	77.04	59.15	59.35	7.24	15.26	3.71	59.64	58.02	57.59	2.56
	0.3 g	–	26.39	76.26	61.54	63.08	6.96	14.86	3.63	59.75	57.87	57.53	3.18
相対誤差(%)	1.0 g	–	0.6	0.1	0.7	0.9	0.1	1.5	1.4	2.1	1.4	0.6	4.4
	0.5 g	–	4.6	0.6	2.4	3.8	3.4	3.2	3.4	2.4	5.2	2.4	16.1
	0.3 g	–	2.9	0.4	6.5	10.3	7.2	0.5	1.4	2.3	5.4	2.5	4.1
タルク	2 g	41.99	26.20	64.42	47.27	47.33	6.82	10.97	3.14	60.29	60.71	58.63	3.15
	1.0 g	42.33	26.39	63.32	47.21	47.57	6.89	10.64	3.04	63.64	63.14	59.17	3.35
	0.5 g	43.26	26.42	64.75	48.96	49.86	6.67	10.44	3.11	61.70	59.32	58.45	3.49
	0.3 g	43.59	27.10	64.75	49.85	51.07	6.52	10.20	3.05	62.09	58.77	57.45	3.50
相対誤差(%)	1.0 g	0.8	0.7	1.7	0.1	0.5	0.9	3.0	3.3	5.5	4.0	0.9	6.3
	0.5 g	3.0	0.8	0.5	3.6	5.3	2.3	4.9	0.9	2.3	2.3	0.3	10.9
	0.3 g	3.8	3.5	0.5	5.4	7.9	4.5	7.0	2.7	3.0	3.2	2.0	11.1

表 2.5.6 各種試料マトリックスをもつ実験試料の試料量を 2 g, 1 g, 0.5 g, 0.3 g としたときのバックグラウンド FP 法による定量結果(単位:μg/g)

試料		V	Co	Ni	Pt	Ir	As	Hg	Pb	Ru	Rh	Pd	Cd
バックグラウンド FP 法													
添加濃度		60	30	100	60	60	9	20	3	60	60	60	3
セルロース	2 g	62.65	25.62	92.42	59.78	63.52	8.17	17.51	2.67	60.47	59.14	56.71	2.70
	1.0 g	64.47	28.85	90.45	60.97	65.08	8.06	17.30	2.67	61.91	60.30	55.97	2.71
	0.5 g	72.56	31.18	86.51	63.91	66.91	7.82	17.22	2.99	59.81	57.88	55.92	2.59
	0.3 g	78.67	27.89	84.04	64.98	67.81	7.82	17.38	2.99	59.40	57.25	55.84	2.35
相対誤差(%)	1.0 g	2.9	12.6	2.1	2.0	2.5	1.4	1.2	0.0	2.4	2.0	1.3	0.1
	0.5 g	15.8	21.7	6.4	6.9	5.3	4.3	1.7	12.1	1.1	2.1	1.4	4.3
	0.3 g	25.6	8.9	9.1	8.7	6.8	4.3	0.8	11.9	1.8	3.2	1.5	13.2
トシル酸トスフロキサシン	2 g	60.72	28.15	95.73	58.97	61.68	7.49	18.51	2.93	62.44	62.37	59.91	3.06
	1.0 g	60.79	27.92	93.57	63.85	64.93	7.40	18.50	3.06	66.95	65.42	61.61	2.78
	0.5 g	65.04	27.69	92.59	64.42	68.40	7.29	18.73	3.33	66.08	62.40	62.41	3.02
	0.3 g	77.24	28.61	90.01	67.35	70.99	7.17	18.72	3.37	66.15	62.64	60.37	3.17
相対誤差(%)	1.0 g	0.1	0.8	2.3	8.3	5.3	1.2	0.1	4.4	7.2	4.9	2.8	9.3
	0.5 g	7.1	1.6	3.3	9.2	10.9	2.6	1.2	13.8	5.8	0.0	4.2	1.3
	0.3 g	27.2	1.6	6.0	14.2	15.1	4.3	1.1	15.2	5.9	0.4	0.8	3.6
セルロース混合物	2 g	–	19.37	67.15	52.02	52.98	6.60	12.97	3.10	54.31	54.02	52.09	2.54
	1.0 g	–	18.84	66.17	51.89	52.68	6.61	13.00	3.11	54.87	54.22	51.25	2.63
	0.5 g	–	19.42	66.88	53.52	55.11	6.56	13.25	3.18	51.82	50.11	49.73	2.09
	0.3 g	–	18.85	65.40	55.42	59.20	6.32	12.77	3.09	51.79	49.86	49.56	2.60
相対誤差(%)	1.0 g	–	2.8	1.5	0.2	0.6	0.1	0.2	0.2	1.0	0.4	1.6	3.4
	0.5 g	–	0.2	0.4	2.9	4.0	0.6	2.1	2.5	4.6	7.2	4.5	18.0
	0.3 g	–	2.7	2.6	6.5	11.7	4.2	1.5	0.5	4.6	7.7	4.9	2.2
タルク	2 g	41.25	21.26	64.94	48.17	49.07	6.86	10.96	3.07	60.97	61.08	59.05	3.00
	1.0 g	41.34	21.16	63.45	47.44	48.57	6.92	10.59	2.95	63.19	62.42	58.56	3.19
	0.5 g	41.53	21.26	63.75	47.55	49.49	6.75	10.21	2.97	59.64	57.08	56.29	3.28
	0.3 g	41.44	20.83	63.13	50.43	50.79	6.61	9.86	2.89	60.80	57.29	56.06	3.24
相対誤差(%)	1.0 g	0.2	0.5	2.3	1.5	1.0	1.0	3.3	3.8	3.6	2.2	0.8	6.2
	0.5 g	0.7	0.0	1.8	1.3	0.9	1.6	6.9	3.1	2.2	6.5	4.7	9.1
	0.3 g	0.5	2.0	2.8	4.7	3.5	3.6	10.0	6.0	0.3	6.2	5.1	8.0

2.5.2.3　食品分析

Pb，Cd，Hg，As などの有害元素は自然界にも存在しており，食品中の含有量については，食品の国際規格(CODEX)などにより厳しく規制されている．少量不定形有機物試料に適用できる本分析手法の他の応用例として，食品中の元素分析を行った例を示す．食品試料としては，認証標準物質になっているひじきの粉末試料を用いた．

（i）試料

試料には NMIJ(産業技術総合研究所計量標準総合センター)認証標準物質(粉末状)，CRM 7405-a　No.52(ひじき粉末)を用いた．厚さ 5 μm のポリプロピレンフィルムを張った試料容器に，試料を粉末のまま入れた(図 2.5.3)．少量の場合は，粉末試料をポリプロピレンフィルム上で薄く広げた状態で測定した．

（ii）定量分析の結果

粉末状の食品の認証標準物質に対して，十分な量がある試料は通常の FP 法で，少量の試料はバックグラウンド FP 法で定量分析を行った．主成分は $C_6H_{12}O_6$ と仮定して残分設定を行った．スペクトルを図 2.5.4 に，定量値を表 2.5.7 に示す．

通常の FP 法による定量値は，少量試料の場合，十分な量がある試料の定量値に対して，軽元素の Na～Ca で1/2から 1/4，中重元素の Fe～Sr で 1/10から 1/50 と低い定量値になっている．少量の場合，試料からの蛍光 X 線強度が減少するため，残分がある場合には定量値も X 線強度の減少に相応して小さくなる．特に重元素の蛍光 X 線は高エネルギーであるために有効試料厚さが大きく，試料の厚さも蛍光 X 線強度に大きく影響する．一方，バックグラウンド FP 法ではもっとも大きい定量誤差を示す Mg でも 20.8％であり，少量試料でも十分な試料量の試料と同等の定量値が得られた．

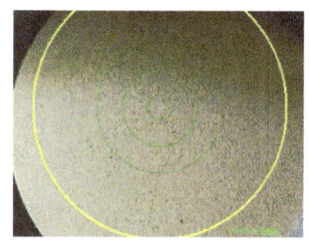 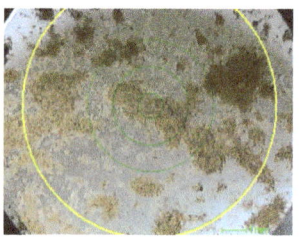

(a)十分な試料量の場合　　　　　(b)少試料量(薄い)の場合

図 2.5.3　試料観察画像
ひじき粉末試料を EDX 内蔵の試料観察カメラで試料下面から撮影した画像．

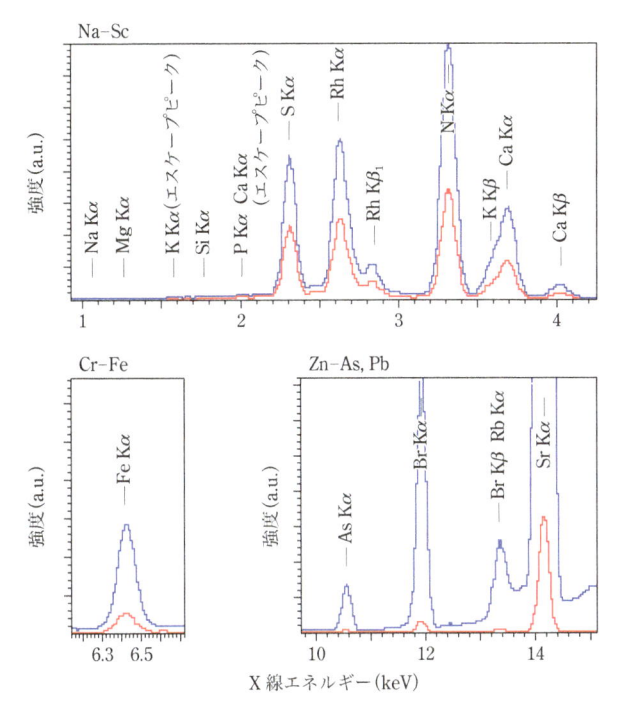

図2.5.4 ひじき試料のスペクトル

ひじき粉末中の硫黄，カリウム，鉄，ストロンチウムなどの測定スペクトル．測定には島津製作所社製 EDX-7000 を使用した．測定条件は，X線管ターゲット：Rh，照射径（コリメータ径）：10 mmφ，Na–Sc は管電圧：15 kV，管電流：自動，1次フィルタ：OFF．Cr–Fe は管電圧：50 kV，管電流：自動，1次フィルタ：ON，Zn–As, Pb は管電圧：50 kV，管電流：自動，1次フィルタ：ON．

表2.5.7 通常の FP 法とバックグラウンド FP 法による定量分析結果（単位：％）

		Na	Mg	P	K	Ca	Fe	As	Sr	$C_6H_{12}O_6$
	認証値	1.62	0.679	0.101	4.75	1.52	0.0311	0.00358	0.147	–
十分な量	FP法	1.69	0.70	0.10	4.92	1.64	0.033	0.0038	0.14	87.21
	相対誤差	4.3%	3.1%	−1.0%	3.6%	7.9%	6.1%	6.1%	−4.8%	–
少量	バックグラウンドFP法	1.60	0.82	0.11	4.53	1.43	0.033	0.004	0.13	87.54
	相対誤差	−1.2%	20.8%	8.9%	−4.6%	−5.9%	6.1%	11.7%	−11.6%	–
	FP法	0.79	0.39	0.054	1.58	0.42	0.0035	0.0001	0.0027	95.23
	相対誤差	−51%	−43%	−47%	−67%	−72%	−89%	−97%	−98%	–

2.5.4　医薬品および食品分析のまとめ

本節の結果から，分析元素ごとに最適な散乱 X 線を選択することで，試料マトリックスや試料厚さの影響を補正できることが示された．また各種マトリックス試料においても検量線法と相関の良い結果が得られ，また粉末や水溶液などの試料マトリックスによらず共通の条件下で少量試料にまで対応できることがわかった．水溶液とのマトリックスの違いが大きいタルク（Si や Mg などの無機元素が主成分として含む）での散乱 X 線エネルギーの選定などの課題点はあるが，これらを解決すれば定量分析は医薬品や食品の元素分析として有用である．バックグラウンド FP 法を用いれば検量線法では必須となる標準試料の数を減らすことができ，さらに試料調製の手間が省けるなど蛍光 X 線分析法の利点を活かした不純物管理への適用が考えられる．さらに他試料にも適用することで多方面の分野での応用が期待できる．

［参考文献］

1) 厚生労働省「医薬品の元素不純物ガイドラインについて」，薬食審査発 0930 第 4 号，22 ページ，平成 27 年 9 月 30 日
2) 市丸直人，渡邊信次，古川博朗，鈴木桂次郎，寺下衛作，西埜 誠，越智寛友，「散乱 X 線の理論計算を用いた医薬品・食品中不純物元素の蛍光 X 線分析」，X 線分析の進歩，**47**，137(2016)
3) 中尾隆美，市丸直人，古川博朗，鈴木桂次郎，寺下衛作，西埜 誠，越智寛友，「医薬品不純物元素分析への理論散乱 X 線を用いた FP 法の適用検討」，X 線分析の進歩，**48**，249(2017)
4) ICH Q3D Elemental Impurities, Guidance for Industry (Sep. 2015)
5) R. B. Kellogg, *Adv. X-ray Anal.*, **27**, 441(1984)
6) 越智寛友，岡下英男，「ファンダメンタルパラメータ法による新素材の蛍光 X 線分析 ―ニッケル，コバルト，チタン合金の分析」，島津評論，**45**(1-2), 51 (1988)
7) 「薄膜の蛍光 X 線分析」，島津アプリケーションニュース　X219
8) 越智寛友，渡邊信次，「散乱 X 線の理論強度を用いる蛍光 X 線分析」，X 線分析の進歩，**37**，45(2006)
9) ⟨735⟩ X-ray Fluorescence Spectrometry, United States Pharmacopeia and National Formulary (USP 37-NF 32). Vol. 4, 370(2014)

2.6 潤滑油の分析

2.6.1 潤滑油のリファレンスフリー蛍光X線分析の必要性

石油製品分析における蛍光X線分析装置の試験法は，油成分中の硫黄分析(JIS K 2541，ASTM D2622)や潤滑油添加剤(ASTM D4927，D6443，D7751)など複数の規格が制定されており，製造過程では検量線による品質管理が行われている．一方，使用中や使用後の潤滑油ではマトリックスや測定元素および酸化状態の相違により検量線法を用いた定量分析は困難であり，リファレンスフリー蛍光X線分析が行われている．

例えば，使用中の潤滑油は，金属接触面における摩擦・温度・湿度・圧力などの物理的要因により劣化し，その影響はさまざまな機械ダメージや生産性に大きく寄与する．蛍光X線分析法により使用中の潤滑油に含まれる元素分析を行うことにより，適切なメンテナンストライボロジー(予防保全)時期の予想を行うことができ，ダウンタイムによる損害を抑えられる．潤滑油にほぼ含まれていない Fe, Ni, Cr などの増加からは機械摩耗，添加剤に使用されている P, Ca や Zn などの濃度からは潤滑油の消耗具合，さらに Na や Cl からは海水の混入，Si からは粉塵や砂の吸気が原因の潤滑油の汚染による機械の摩耗が疑われる．機械の故障率は，比較的高頻度の初期故障期，安定期である偶発故障期を経て摩耗故障期に移行し，再度故障頻度が上昇する．これは，信頼性工学で用いられている，故障率曲線(バスタブカーブ)により示されているが，摩耗金属量も同様に，運転初期には増加が認められ，やがてその量は安定し，摩耗が進むと再度上昇する．つまり，定期的に摩耗金属の濃度管理を行うことにより，偶発的な故障を防ぎ，不必要なメンテナンスを避けられるとともに最適なメンテナンス時期が判断できる．その結果，機械のトータル運用コストを下げることが可能になる．

さらに，使用済みの潤滑油は50％以上がリサイクルとして回収されている．そのうちの約60％は燃料として使われ，約40％は再生潤滑油などとして有効に再利用されている．回収した潤滑油は使用状況により摩耗成分や混入成分が異なり，さらにはベースオイルの種類や酸化の度合いも異なる．再生の弊害にならないように摩耗金属成分や添加剤，硫黄，塩素の含有量を調べる必要がある．

このような使用中や回収後の潤滑油中に含まれる元素分析を蛍光X線分析に適用する場合，酸化に度合いも異なり品種も多岐にわたり，さらには予想しえない元

素が混入しているおそれもあるので，製造工程で行われている検量線法による定量分析を行うことができない．そこで，マトリックスや構成元素が異なる場合でも自動定性・定量分析が可能なリファレンスフリー蛍光X線分析による自動定性・定量分析がスクリーニング法として利用されている．

2.6.2 潤滑油分析の例

蛍光X線分析による定量分析における代表的な手法は検量線法である．検量線法では，標準物質と未知試料が同じマトリックスで，かつ共存する元素も同じであることが前提条件である．一方，近年はコンピュータの発達により高速演算が可能となり，測定試料中のマトリックスや共存元素の影響を理論計算して補正を行うことによって，標準物質を基本的に使用しない定量分析を可能にしたリファレンスフリー蛍光X線分析が発達してきている．種々の使用履歴をもった廃油でも，硫黄や塩素あるいは金属成分の定性・定量分析が可能になる．

蛍光X線分析法の特長は装置の安定性のみならず，試料の前処理が簡単で，測定者の技量によらず安定的に同じ定量結果を得られることである．ただし，簡単な試料前処理が可能ではあるが，精度が高い定量分析を行うためには，装置が正しく調整されていることはもちろん，特に液体試料のように軽元素マトリックス試料を測定する場合，試料情報を正確に入力し測定試料から発生する2次X線の脱出深さの補正を正確に行う必要が生じる．

添加元素濃度既知である潤滑油について定量分析を行った結果を以下に示す．28 mmφ のポリエチレン製液体容器にポリエステルフィルム（厚さ 3.6 μm）を張り，潤滑油を 5.0 g 秤り入れるだけというきわめて単純な前処理（図 2.6.1）で測定を行っ

図 2.6.1 試料前処理方法
　　　液体直接分析法は，高分子フィルムを張った液体容器に潤滑油を流し込むだけのきわめて簡単な操作．左：液体カップの作製　中：液体試料の充填（フィルム・測定面は下面）　右：充填後に蓋を付ける（膨張の可能性があるので密封はしない）

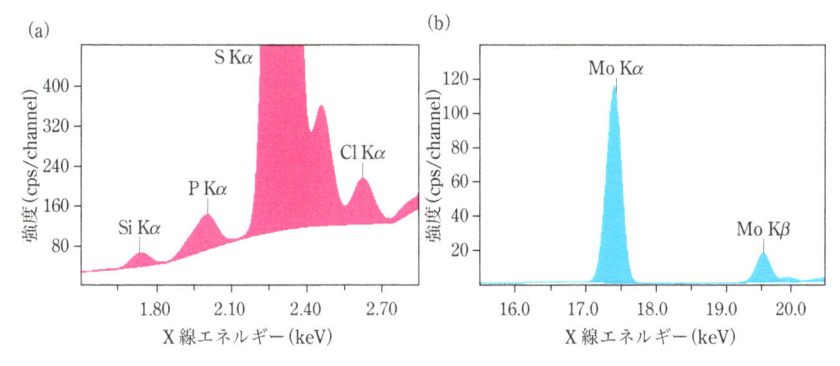

図2.6.2 潤滑油のスペクトル
(a)軽元素領域のスペクトル．シリコンドリフト検出器(SDD)は軽元素領域でも高分解能で，高濃度のS(7511 ppm)中の微量のCl(60 ppm)も容易に分離検出可能である．(b)重元素領域のスペクトル．Mo(503 ppm)についても，1次フィルタの選択によりP／B比の高い測定ができる．測定にはマルバーン・パナリティカル社製Epsilon 4を使用した．(a)の測定条件は，X線管ターゲット：Ag 15 W，管電圧：9 kV，管電流：1.6 mA，1次フィルタ：Ti用フィルタ，測定雰囲気：ヘリウム，測定時間：180秒．(b)の測定条件は，X線管ターゲット：Ag 15 W，管電圧：50 kV，管電流：0.3 mA，1次フィルタ：Ag用フィルタ，測定雰囲気：大気，測定時間：60秒．

た．このとき，正確な試料入力パラメータを用いた場合と，誤った試料情報を入力した場合での定量結果に及ぼす影響を比較した．なお，計算時にはCH_2やCHOを残分(バランス成分)とした．

潤滑油試料をエネルギー分散型蛍光X線分析装置で測定したスペクトルを図2.6.2に示す．リファレンスフリー蛍光X線分析による定量計算の結果は，正確な試料情報を入力したAが標準値と近い値となった．このように信頼性の高い定量計算を行う場合は，正しく補正を行うために正確な試料情報を入力する必要がある．BからEに示すような誤った試料パラメータを入力すると，吸収や励起，X線脱出深さが正しく補正できず定量誤差が大きくなる．

リファレンスフリー蛍光X線分析に使用した試料情報パラメータを表2.6.1に，そのパラメータでの定量結果を表2.6.2に，またその代表例を図2.6.3にグラフで示した．

Aは試料情報パラメータがすべて正しく選択された場合の定量結果である．補正が正しく行われているので，軽元素から重元素まですべての定量結果が標準値と良好な一致を示している．

Bは計算時に誤って液体保持用フィルムのパラメータを入力していない場合であ

表 2.6.1 リファレンスフリー蛍光 X 線分析による計算時に変更した試料情報パラメータ

潤滑油試料を測定後，各種試料パラメータを変更し再計算を行った．試料情報 A は正しい試料パラメータを入力した場合で，B から E は誤った情報の入力を行った．測定にはマルバーン・パナリティカル社製デスクトップ型エネルギー分散蛍光 X 線分析装置 Epsilon4 を使用した．

試料情報(補正パラメータ)	A	B	C	D	E
有限厚補正(有無)	有	有	有	無	有
試料量補正(g)	5.0	5.0	1.0	5.0	5.0
フィルム補正(有無)	有	無	有	有	有
バランス補正(成分)	CH_2	CH_2	CH_2	CH_2	CHO

表 2.6.2 同一試料について異なる試料情報で定量計算を行った結果(単位：ppm)

測定にはマルバーン・パナリティカル社製 Epsilon4 を使用した．測定条件は，X 線管ターゲット：Ag 15 W，管電圧：最大 50 kV，管電流：最大 3 mA，1 次フィルタ：測定元素により Ag, Cu, Al, Ti 用から選択，全測定時間：約 15 分．

元素　線種	標準値	試料情報				
		A	B	C	D	E
Mg Kα	122	144	51	144	143	267
Si Kα	223	248	166	250	246	482
S Kα	7511	6895	5527	6981	6822	13620
Cl Kα	60	55	46	56	54	109
Ca Kα	3001	3219	3005	3312	3114	6340
Zn Kα	4	4	4	6	3	7
Mo Kα	503	528	525	1236	192	603
Ba Kα	305	313	312	790	74	322

る．軽元素(低エネルギー領域)では，測定元素のエネルギーに応じて，使用したフィルムによる吸収が生じ，X 線強度が弱くなる．本来はその吸収補正を行うために，測定強度に対して 1 以上の補正ファクタを乗じたうえで計算を行う必要がある．重元素(高エネルギー領域)では，使用したフィルムの吸収は生じないので同じ定量結果が得られる．また，使用したフィルムの種類(組成や密度)やフィルム厚も正しく入力する必要がある．

　C は充填試料量を誤って入力した場合で，本来は 5 g 秤量した試料に対し，1 g と誤入力した例である．Mg 〜 Cl ぐらいまでの軽元素領域では，定量結果に大きな差は生じない．これは図 2.6.4 に示すように，例えば軽元素である硫黄などでは

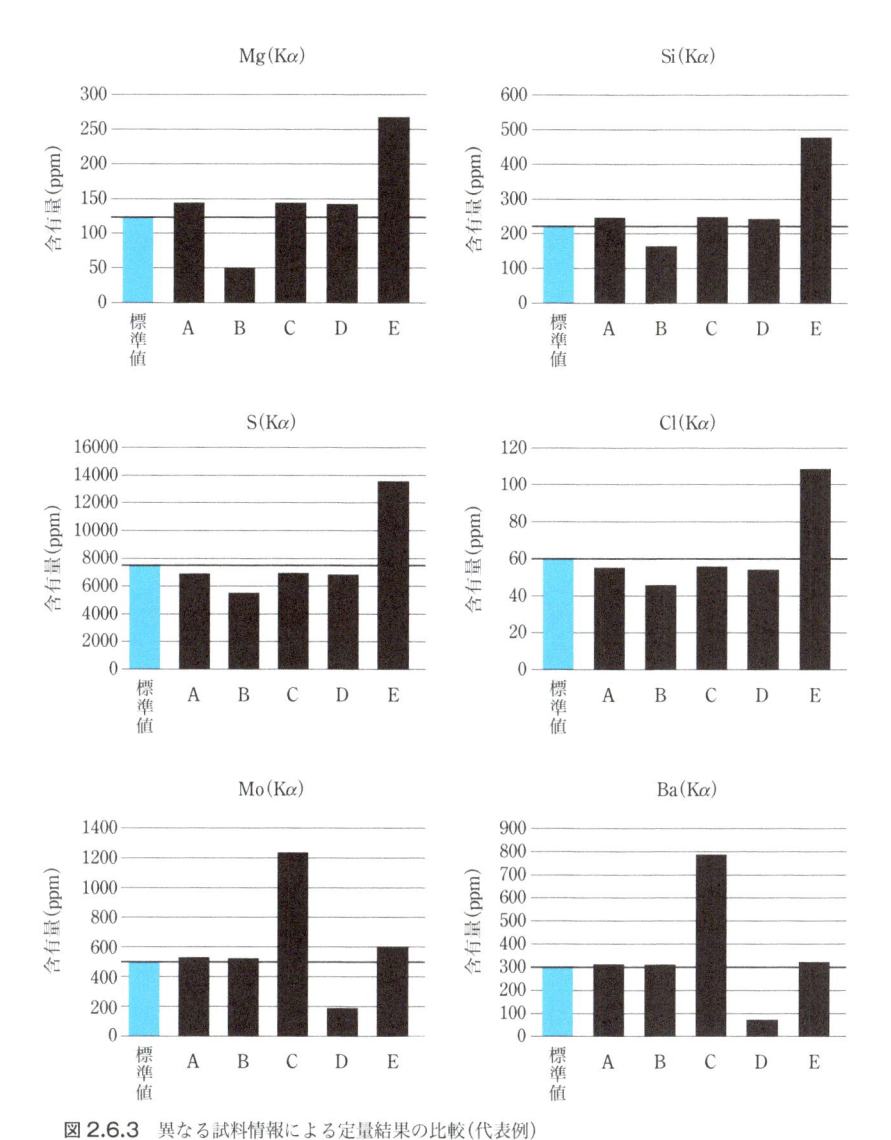

図 2.6.3 異なる試料情報による定量結果の比較（代表例）
　　　　正確な試料情報を入力したときの定量結果は，Mg や Si などの軽元素でも Mo や Ba などの重元素でも標準値と近い定量結果が得られた．このようにリファレンスフリー蛍光 X 線分析により定量計算を行う場合には，正しく補正を行うために正確な試料情報を入力する必要がある．誤ったパラメータを入力すると，吸収や励起，X 線脱出深さが正しく補正できず定量誤差が大きくなる．

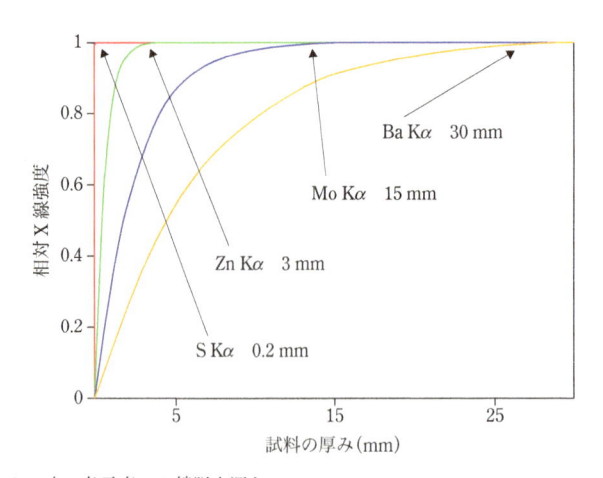

図 2.6.4　CH₂ 中の各元素の X 線脱出深さ
X 線脱出深さの理論計算結果．蛍光 X 線分析では，マトリックスの密度と測定する元素のエネルギーにより，試料ホルダーからの X 線脱出深さが異なる．軽元素(低エネルギー)の測定元素は X 線脱出深さが浅く表面分析になり，特に潤滑油のような軽元素マトリックス(CH₂)の場合には重元素(高エネルギー)の脱出深さが深くなる．

試料からの X 線脱出深さがおよそ 0.5 mm で一定となるためである．すなわち，脱出深さが浅くなることにより，0.5 mm 以上の試料厚みがあれば X 線強度が変化しない無限厚（バルク）領域となっている．一方，重元素である Mo Kα 線では 15 mm，Ba Kα 線では 30 mm の試料厚みからも X 線が検出されることになり，同じ濃度であっても試料量により X 線強度が変化する．実際の試料量である 5 g からの X 線強度が検出されたにもかかわらず，1 g 相当の試料量から検出された X 線強度として誤った補正を行ったために Mo や Ba の重元素の X 線強度が過剰に補正された結果，定量値が大きく見積もられた．

　D は測定試料が軽元素マトリックスで有限厚であるにもかかわらず，補正を行わずに無限厚として液体試料を定量計算した結果である．この場合，軽元素は上記 C 同様，すでに無限厚となっていて，標準値との差は生じない．X 線脱出深さの影響を受ける有限厚となっている重元素では，試料の厚み補正のファクタを乗じていないために標準値より低い定量値となっている．ただし，Ba Kα 線の脱出深さはおよそ 30 mm であるが，実際には図 2.6.5(右)に示す分析体積を超えることはない．これは X 線管からの励起の領域と検出器の光学配置によるもので，見込み角度の重なった疑似的な円錐状の部分が分析体積となる．近年のリファレンスフリー蛍光 X 線分析のソフトウエアでは，このようなエッジ効果やジオメトリー効果の補正が可

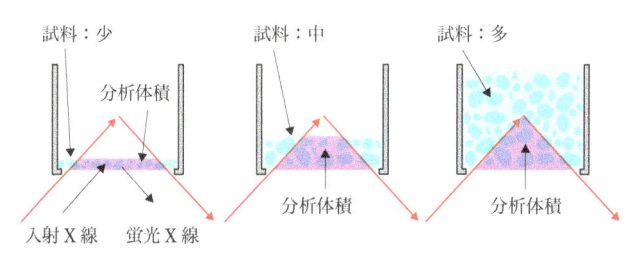

図 2.6.5　分析体積
液体試料の場合，測定試料から生じる蛍光 X 線は装置の光学
系配置の影響を受け，分析体積は試料量とは比例しない.

能である．もし，このような補正機能がない場合には，測定試料量を少なくしてエッ
ジ効果の影響を抑えたうえで(図 2.6.5(左))，正確な試料密度を入力して計算を行
う．また，Ba や Mo の場合は，L 線を用いることで X 線の脱出深さが浅くなるた
めに，厚みの補正がほとんど不要になるが，エネルギー分散型蛍光 X 線分析装置
の場合，Ba Lα 線は Ti Kα 線と Mo Lα 線は S Kα 線と近接する．他の元素も重元素
の L 線や M 線が低エネルギー領域でピークの重なりが生じるので，注意が必要で
ある.

　E は溶媒の種類を CH_2 から CHO に変えた場合の違いで，原子番号が酸素に近い
軽元素の定量結果が補正の影響で大きく異なり，重元素に対しては影響が小さいこ
とがわかる．液体分析の場合には，酸素や炭素の測定が測定雰囲気やフィルムの吸
収などにより困難であるが，これらの存在は軽元素の定量結果に影響を及ぼす．最
近ではコンプトン散乱線の理論計算が行われ，マトリックスの密度補正に使われて
いる.

2.6.3　潤滑油分析の注意点およびまとめ

　液体分析は，試料をカップに充填するだけのきわめて簡単な前処理方法であるが，
主成分の溶媒が炭素や酸素を含む軽元素で構成される場合が多い．この場合，試料
内部で励起された重元素からの高エネルギー蛍光 X 線は軽元素の溶媒に対する透
過力が高いために，同一濃度の試料でも充填量が異なると X 線強度が異なってく
る．リファレンスフリー蛍光 X 線分析による定量計算の場合には正確な試料重量
や試料径または密度を入力することで補正が行える．一方，低エネルギーの元素(軽
元素)は X 線の脱出深さが浅く，試料表面の情報が多くなる．この場合，液体試料
中に溶け込んでいた空気が X 線照射中に気泡となり，試料の上面に上がるので，

特に上面から X 線を照射する装置の場合は注意が必要になる.

蛍光 X 線分析は,均質な試料に対する分析手法である.液体試料の場合には元素が完全に分散していると考えられ,理想的な試料状態である.ただし,液体中で凝集などを生じて発生する沈殿は,測定面に元素が偏析し大きな誤差を生む.例えば,大きな金属片が沈殿している場合は,その情報が強調されてしまい平均的な組成が求まらなくなるので,沈殿しないような測定時間を設定するか,または事前にろ紙などで巨大金属片を取り除く必要がある.

液体分析時に使用する高分子フィルムは,ポリプロピレンやポリエステル,ポリカーボネート,ポリイミドなどが代表的であり,溶媒との反応を考慮して選択する.また,種類によっては Ca, P, Si, P, Fe, Ti などがフィルム中に ppm レベルで含まれている場合があるので注意が必要である.フィルムの厚みもさまざまであるが,フィルムの耐久性や,軽元素に対する吸収の割合を考慮して選択する.特にリファレンスフリー蛍光 X 線分析では吸収の補正を行うので,ソフトウエアに正確なフィルム種と厚みを入力する必要がある.また,高分子フィルムを使用することによって,フィルムを構成している炭素,窒素や酸素は測定が困難になる.

プレス試料や金属試料は真空中で測定を行うが,液体試料は一般的には 1 気圧程度のヘリウム雰囲気にして測定を行う.これは,液体試料を真空中に入れて測定することはできず,さらに大気雰囲気において Ca より軽元素の測定では,試料からの 2 次 X 線が大気中の窒素や酸素に吸収されるためである.軽元素の X 線強度はヘリウム濃度の違いによる影響を受けやすいので,装置チャンバーの構造や大きさによっては,ヘリウム置換時間を長くするなどの工夫をして安定した軽元素の測定を行う必要がある.

［参考文献］

1) 中井 泉 編,蛍光 X 線分析の実際 第 2 版,朝倉書店(2016)
2) 山路 功,「蛍光 X 線分析装置による使用済み潤滑油分析」,潤滑経済,No.567, p.38 (2012)

2.7　セメントの分析

2.7.1　セメント試料のリファレンスフリー蛍光 X 線分析の必要性

　大量生産を行うセメントの製造プロセスにおいて，蛍光 X 線分析法はセメントの品質管理に必須の分析手法であり，JIS R 5204 ではセメントを構成する主成分の化合物に対して蛍光 X 線分析装置による検量線定量が規定されている．これは粒径や鉱物の効果を抑え，より高精度な定量分析を行うために，試料前処理としてガラスビード法を用いた主成分の分析手法である．セメントの原料は，石灰石，粘土，ケイ石，酸化鉄原料を主成分としているが，建設発生土や汚泥，スラグ，非鉄鉱滓，石炭灰，災害廃棄物など多岐にわたるリサイクル品なども原料として使用されている．さらには廃タイヤや廃プラスチック，木屑などの可燃性廃棄物は石油エネルギーの代替燃料や原料の一部としてセメント製造時に利用されている．このようにセメント産業は社会問題となっている産業廃棄物の有効活用を積極的に行っており，最終処分場の延命化にも大きく貢献している．特に，セメント製造施設では「汚染土壌の処理業に関するガイドライン」（平成 28 年 6 月，環境省 水・大気環境局 土壌環境課）に従い，汚染土壌を原料の一部とするための処理も行っている．

　ただし，「搬出する汚染土壌の処分方法を定める件」（平成 15 年 3 月 6 日，環境省告示第 20 号）第 3 号に基づくセメント製造施設の認定により，セメント中の重金属などの含有量を適正に管理するために，含有量を測定することが定められている．セメントを使用したコンクリート中の重元素分析は，JIS K 0102 に従って溶出量の測定を行う．Cr, Pb, As などについては ICP 法や原子吸光分光法などの分析装置を用いて分析が行われる．一方，前述のとおり，セメント製造設備は蛍光 X 線分析装置を保有していて，大量に搬入されるリサイクル原料の受入検査に既存の装置を用いることにより，有害重金属のスクリーニング分析が可能である．ただし，蛍光 X 線分析装置を適用する場合，分析対象品種が多岐にわたり，また予想外の元素が混入するおそれもあるので，標準物質を用いた従来の検量線法による定量分析を行うことはできない．そこで，マトリックスや構成元素が異なる場合でも，自動定性・定量分析が可能なリファレンスフリー蛍光 X 線分析が迅速なスクリーニング法として適用できる．

2.7.2 セメント分析の例

検量線法では，標準物質と未知試料で同じ前処理かつ同じマトリックスであるということが前提であり，作成した検量線のマトリックスや共存元素，ピークの重なり補正などを行うことにより，高精度で再現性の高い定量分析が可能である．ただし，セメントや鉱物などでは，例えば Si などが異なる鉱物種に含まれており，またその粒径が異なるといった不均一性が存在する．この場合，試料内部での X 線の吸収効果が変化し，鉱物効果／粒径効果の影響により定量結果に誤差が生じる(図 2.7.1)．

粉末試料を圧縮空気にて飛散させ平板ガラス上に分散させた粒子を光学顕微鏡で確認したところ，粒径が約数〜 100 μm の範囲で異なっていた(図 2.7.2)．微粉砕を行うことにより，誤差をある程度少なくすることはできるが，結晶粒の硬度の違いなどにより完全にはこの効果を除去できない．さらに，軽元素(低エネルギー)の場合，試料内部からの X 線脱出深さが浅いため，この影響が顕著に生じる(図 2.7.3)．この影響を防ぐ高精度な定量分析方法として，測定試料をホウ酸リチウムなどのフラックス(希釈剤)ともにマッフル炉などで高温加熱し，溶融中に十分に攪拌しガラス化を行うことで均一化処理を行うガラスビード法が用いられている．

検量線法と同様にリファレンスフリー分析でも，測定試料の不均一性や粒径・鉱物効果に対する補正パラメータは存在しない．ただしリファレンスフリー分析は，検量線法とは異なり，試料の品種や形態，前処理の相違に対しても，自動的にマトリックスや共存元素の補正，残分の設定や規格化を行うことで定量分析を可能にしている．より定量精度を向上させるためには，均質化した試料を用い，さらには試料や測定条件に依存するパラメータを補正した強度を求め，定量値を算出する必要

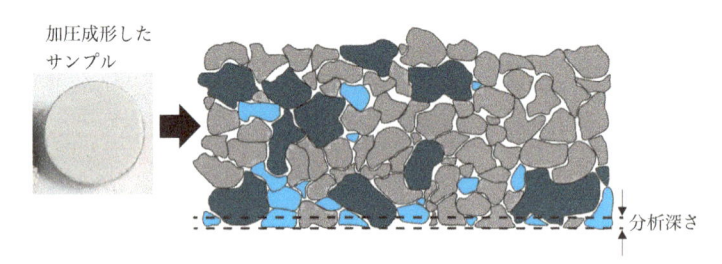

図 2.7.1　加圧成形法における均一性，鉱物効果，粒径効果
　　　　　粒径が異なる鉱物が混在しているイメージ図．主成分や測定元素により分析深さが異なる．特に軽元素(低エネルギー)の測定の場合は分析深さが浅くなり，試料表面の粗さや偏析の影響を受けやすくなる．

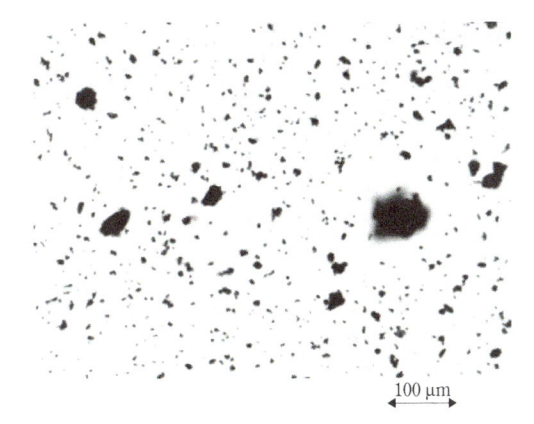

図 2.7.2 分散したセメント標準試料の顕微鏡写真
粒径は数〜 100 μm 程度の広範囲にわたって広く分布し
ており，鉱物／粒径効果の影響を受けやすい．測定には
マルバーン・パナリティカル社製モフォロギ 4 を用いた．

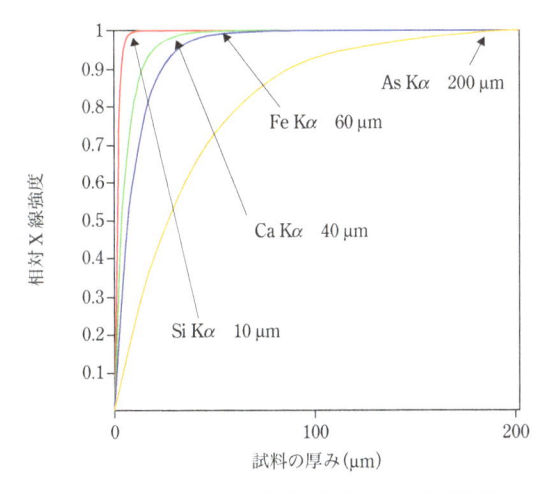

図 2.7.3 セメントの中の Si, Ca, Fe, As の分析深さ（試料からの脱出深さ）のシミュレーション
低エネルギーの Si は 10 μm 程度の試料厚みで X 線強度は飽和し，試料の厚みの影
響を受けない反面，試料表面の分析となるので表面粗さの影響を受ける．一方，高
エネルギーの As は 200 μm 程度までの試料厚みまで分析体積があるので，軽元素
と比較して粒径や鉱物効果などの試料不均一性による影響が軽減される．

がある．補正項目としては，試料の充填密度（重量やサイズ），ガラスビード法では
フラックス組成と試料の量や強熱減量，測定雰囲気（大気，ヘリウム，真空），試料

保持に使用したフィルム(種類,厚み),液体分析では溶媒の組成や密度,蛍光X線では検出が不可能な超軽元素成分などがある.リファレンスフリー分析ではこれらのファクタの適切な設定を行わないと補正が不十分になり,その結果,定量値に含まれる誤差が大きくなる.

2.7.2.1 セメント試料の前処理方法

リサイクル原料はその真値が明らかでないので,一般財団法人セメント協会の標準試料を用い,表2.7.1 および図2.7.4 に示す蛍光X線分析の代表的な前処理手法

表 2.7.1 試料前処理条件

前処理方法	詳細	測定雰囲気
ガラスビード法 (溶融法)	試料量 2.0 g フラックス 8.0 g($Li_2B_4O_7 : LiBO_2 : LiI$) Pt るつぼで 1100°C 加熱後急冷 *CLAISSE 社製卓上型ビードサンプラー使用	真空
加圧成形法 (粉末プレス法)	試料量 4.0 g 加圧 15 トン 塩ビリング 30 mmϕ *Specac 社製自動プレス機使用	真空
ルースパウダー法 (粉末法)	試料量 5.0 g 液体カップ ポリプロピレン 4 μm フィルム	ヘリウム

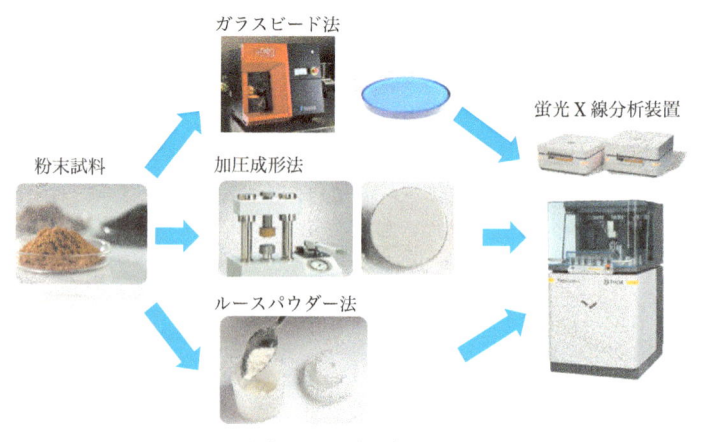

図 2.7.4 試料前処理方法

であるガラスビード法(溶融法),加圧成形法(粉末プレス法),ルースパウダー法(粉末法)で試料作製を行った.

2.7.2.2 異なる前処理法によるセメント試料の分析例

同一粉末試料を分取して3種類の異なる前処理法により作製した測定試料について,波長分散型蛍光X線分析装置によりリファレンスフリー分析で定量計算を行った結果を示す.加圧成形法(粉末プレス法)に関しては,装置メーカー付属の標準物質のみによる定量と,鉱物効果を受けた岩石試料とセメント試料の標準物質をFP法の装置感度係数に追加し,定量計算を行った結果を「プレス(＊1)」で示した.

定量結果を表 2.7.2 および図 2.7.5 に示す.試料の前処理の違いにより定量値が異なり,ガラスビード法では,高濃度である%オーダーの主成分の定量結果と標準値との相対差は数%の範囲に入り良好な相関が得られている.これは検量線法と同様,リファレンスフリー分析でも試料を溶融することにより,鉱物効果・粒径効果が減少し,測定試料中の元素の偏りがなくなったことによる.ガラスビード試料の作製は,粉末プレス法やルースパウダー法より煩雑で,試料と溶融剤を正確に秤量し,白金製のルツボにて $1100^{\circ}C$ 程度で加熱溶融を行うために,20 分程度の前処理時間が必要になる.さらに,この方法は $Li_2B_4O_7$ や $LiBO_4$ などのフラックス(希釈剤)を用いるために,試料濃度が $1/2$ から $1/10$ に希釈され X 線強度が弱くなる.したがって,X 線強度が弱い微量元素の定量では統計変動誤差が大きくなり,標準値と定量値の差が大きくなってくる.よって微量の重金属測定目的には,プレス試料が有利になる.また,ガラスビード作製時に使用する剥離剤にヨウ素(I)を含む場合,I $K\beta$ 線が Ba $K\alpha$ 線に重なり,さらに I $L\beta$ 線が Ti $K\alpha$ 線に重なる.臭素(Br)を含む剥離剤の場合は,Br $L\alpha$ 線が Al $K\alpha$ 線と重なるので,剥離剤の選択にも注意が必要である.また,ガラスビード法ではいくつかの微量元素が検出できなかった(図 2.7.6).例えば,有害重金属であるヒ素(As)と鉛(Pb)では,As $K\alpha$ 線が Pb $L\alpha$ 線と重複するので,As $K\beta$ を確認する必要があるが,As $K\alpha$ 線に対して As $K\beta$ 線はおよそ 15%程度の強度になり,さらにビード作製に使用する溶融剤で希釈されることもあり,今回のガラスビード中の 40 ppm のヒ素の検出は困難であった.長時間測定行えば統計変動誤差を抑えることは可能であるが,すべての元素に対して測定時間を延ばすのは時間的な制約が生ずる場合がある.リファレンスフリー分析のソフトウエアによっては,As $K\beta$ 線のピークトップにて定時測定を行うチャンネル測定を追加することにより微量元素の定量が可能になる.Pb は $L\alpha$ 線に対して $L\beta$ 線の強度が 90%程度あるので,Pb $L\beta$ 線の測定は As と比較して容易である.また同様

表 2.7.2 異なる前処理の同一試料についての定量結果
測定にはマルバーン・パナリティカル社製 Zetium を使用した．測定条件は，X 線管ターゲット：Rh 4 kW，管電圧：最大 60 kV，管電流：最大 125 mA，1 次フィルタ：測定元素により真鍮・Al から選択，全測定時間：約 18 分．

化合物	標準値	ビード	プレス	プレス(*1)	粉末法	単位
Na_2O	0.1	0.1	0.11	0.1	0.09	%
MgO	1.52	1.44	1.44	1.623	1.25	%
Al_2O_3	3.82	3.61	3.43	3.759	3.45	%
SiO_2	23.23	22.29	20.9	24.179	17.12	%
P_2O_5	0.19	0.18	0.16	0.181	0.14	%
SO_3	1.93	1.74	1.64	2.002	2.49	%
K_2O	0.54	0.53	0.59	0.501	0.73	%
CaO	64.15	65.41	66.78	63.116	68.47	%
TiO_2	0.27	0.27	0.28	0.255	0.27	%
MnO	0.21	0.21	0.21	0.2	0.3	%
Fe_2O_3	4.02	4.06	4.27	3.9	5.47	%
V	145	N.D.	142	126.7	143	ppm
Cr	90	145	131	116.7	182	ppm
Ni	65	120	102	90.4	108	ppm
Cu	40	96	67	59.4	65	ppm
Zn	350	345	334	296.1	486	ppm
As	40	N.D.	55	48.7	N.D.	ppm
SrO	380	438	410	342.5	534	ppm
Zr	79	N.D.	112	116.1	143	ppm
Ba	200	N.D.	204	180.7	201	ppm
Pb	97	168	65	57.4	255	ppm

プレス(*1)：セメントや鉱物試料を標準物質として追加

に有害金属であるクロム(Cr)は，蛍光X線分析では価数はわからずトータル Cr として評価することになる．Cr を 90 ppm 程度含むガラスビード試料の場合でも，ピークとして十分検出できるものの，低濃度故に強度変動が大きくなり，この場合は基準値よりやや高い定量結果となった(図 2.7.7)．

　簡単な前処理法である粉末プレス法は，鉱物効果・粒径効果の影響を大きく受け，％オーダーの化合物において，標準値濃度と相対的に 10％以上の差が生じる．その一方で，ppm オーダーの重元素では，標準値との差は大きいもののガラスビー

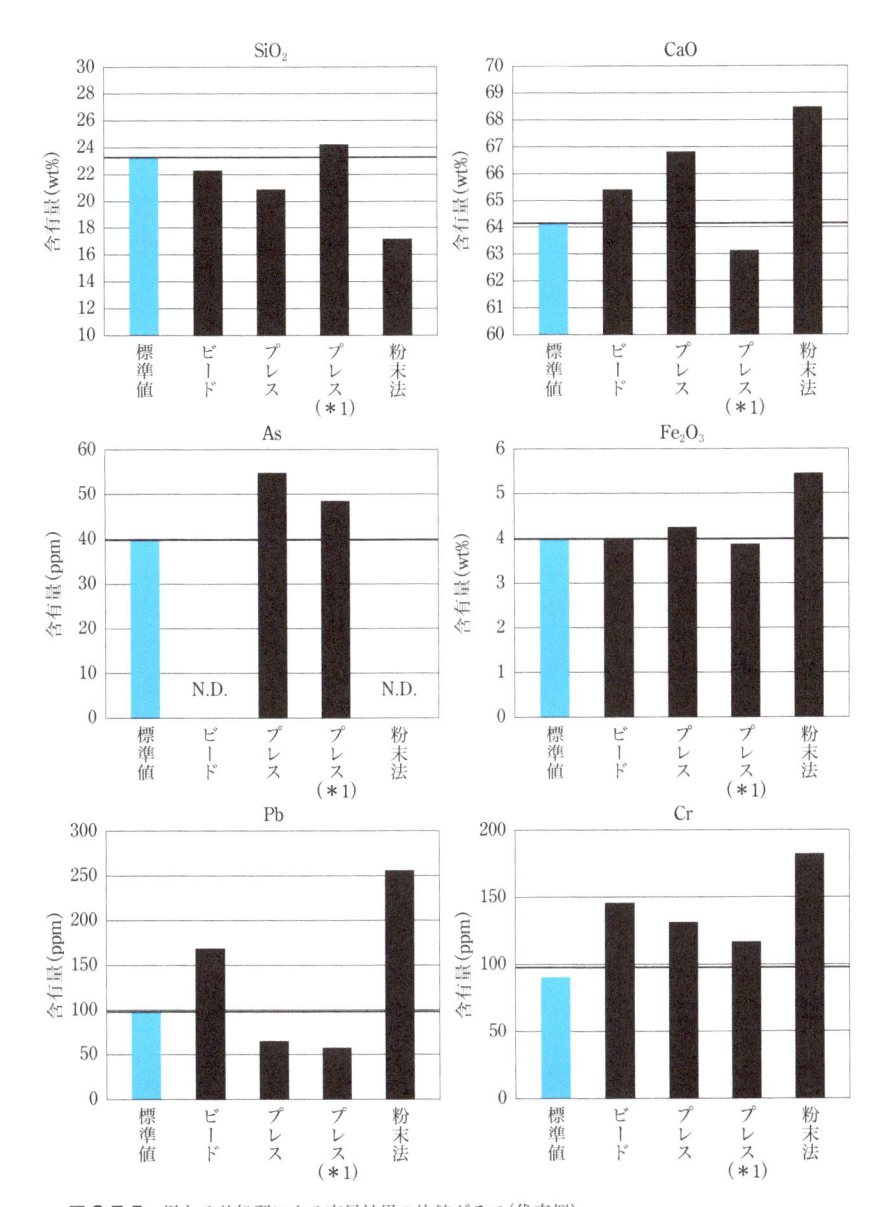

図 2.7.5 異なる前処理による定量結果の比較グラフ(代表例)
縦軸はリファレンスフリー分析による定量値,横軸は試料前処理方法. %オーダー
の化合物に対しては,ガラスビード法または標準物質を装置係数に追加した粉末
プレス法(*1)が,標準値に近い定量結果になっている. As などの微量元素は,ガ
ラスビード法とルースパウダー法では検出できなかった.

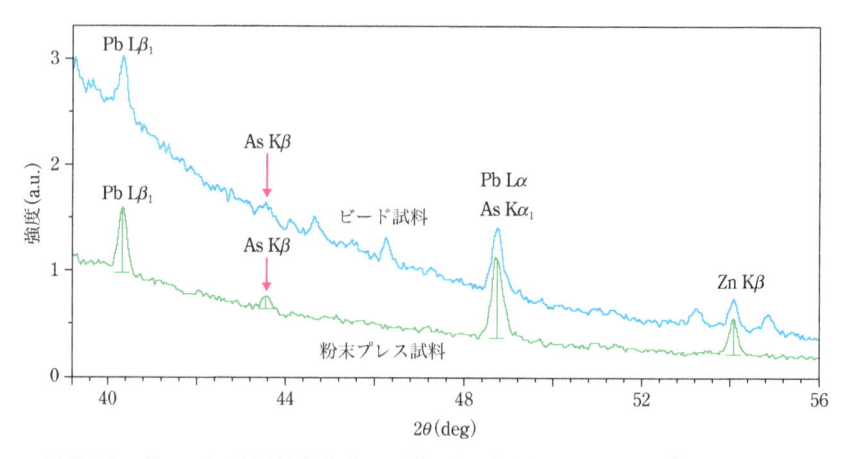

図 2.7.6 ガラスビード試料と粉末プレス試料の微量重元素スペクトル比較 [1]
　ガラスビード試料では溶融剤により希釈され微量元素の X 線強度が弱くなること
　と，リチウムやホウ素など軽元素で構成される溶融剤からのバックグラウンドが
　高くなることにより，P/B 比が悪くなる．

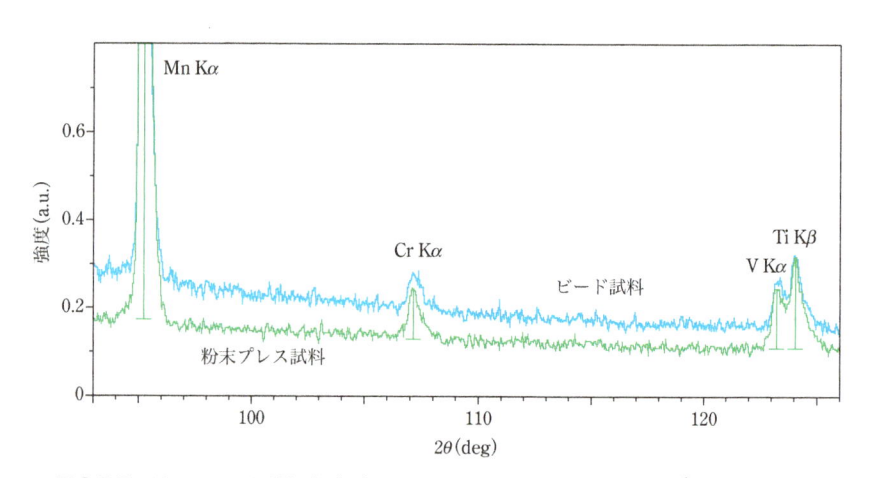

図 2.7.7 ガラスビード試料と粉末プレス試料の微量重元素スペクトル比較 [2]
　ガラスビード試料中の微量元素は X 線強度が弱く，さらに P/B 比が悪いことから，
　定量結果の誤差が大きくなる．

ド法より標準値に近い定量値が得られている．特に，有害重金属であるヒ素はガラ
スビード法では検出が困難であったが，粉末プレス法では図 2.7.6 のスペクトルに
示すように容易に検出可能である．重元素は軽元素と比較して X 線の脱出深さが
深くなり，粒径の効果が小さくなる．さらには，ガラスビード法は軽元素主体の溶

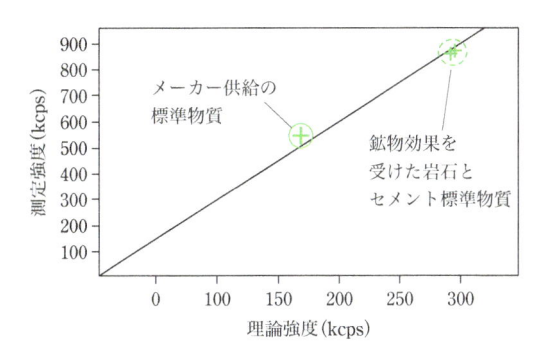

図 2.7.8　リファレンスフリー蛍光 X 線分析用の検量線
　　　　　　理論強度と実測強度の相関(装置の感度係数)を示すグラフ．リファレンスフリー
　　　　　　蛍光 X 線分析のソフトウエアでは，メーカー供給の純物質や均一性がとれた標準
　　　　　　物質の X 線強度と理論強度の相関を取っているが，実際の測定試料に近い粒径・
　　　　　　鉱物効果などを受けている試料についてのデータを感度係数として追加すること
　　　　　　により，実試料の濃度に近い定量結果が得られる．

融剤が主成分となっているので X 線管球由来の散乱線によりバックグラウンドが
高くなるが，粉末プレス法はバックグラウンドが低くなり重元素の P/B 比が向上
する．また，ソフトウエアによっては，鉱物効果の影響を受けた標準物質をリファ
レンスフリー分析の装置感度に追加することができ(図 2.7.8)，表 2.7.2 プレス(＊1)
に記したようにより定量精度の向上が望める．

　粉末試料を液体カップに充填するだけのきわめて簡単な前処理方法であるルース
パウダー法は，試料充填密度が一定にならないことや，粒径の影響，使用している
フィルムによる軽元素領域の吸収があり，3 種類の前処理の中でもっとも基準値か
ら離れた定量結果になった．またヒ素などの微量元素も検出できなかった．ただし，
ルースパウダー法ではガラスビード法やプレス法などで必要な前処理装置は不要
で，さらには測定済みの粉末試料をほぼ全量回収できるので，測定後に他の手法で
分析することができる．また，定量分析の精度は劣るものの，トータルを 100 % と
して規格化するために，異形の試料や塊，液体試料に対してもリファレンスフリー
分析による測定が可能である．もちろん，この場合は試料の重量やサイズ，使用し
たフィルム種と厚み，測定雰囲気など，測定試料固有の条件を正確に入力し，正し
い補正を行う必要がある．

2.7.3 セメント分析のまとめ

蛍光X線分析は，他の分析手法と比較して，酸やアルカリ処理などといった試料の前処理に要する工程が少なく廃液も発生しない．よって，分析者の技量による差が少ないうえ，装置も安定性が高いために信頼性・再現性が優れている．一方，蛍光X線分析装置からは，定性分析による元素の種類と，マトリックスや共存元素の影響を受けたX線強度に関する情報しか得られない．そのため，高精度な定量分析を行うためには測定(未知)試料と同一のマトリックスである標準物質を準備する必要があるが，すべての応用分野に標準試料が存在するわけではない．例えば，リサイクル品，汚泥，焼却灰などは構成元素やマトリックスが大幅に異なる場合がある．一方で，環境分野などでは迅速かつ容易な定性・定量分析が望まれている．

近年はコンピュータの高速化にともない，さまざまな補正法を適用したリファレンスフリー蛍光X線分析が用いられ，定量精度向上が図られている．ただし，測定試料は均一である必要があり，定量精度を上げるためには正しい試料情報を入力する必要がある．目的や必要精度に合わせた試料前処理が必要である．マトリックスや粒径・鉱物効果の影響を受ける元素の測定において，蛍光X線分析ではもっとも複雑な試料前処理であるガラスビード法が適切で，主要成分の定量値は相対的に数%の誤差で定量できる．微量元素の測定には粉末プレス法が最適で相対誤差は10〜20%程度，さらに，定量精度と微量元素の定量を目的とした測定には，標準試料の追加による方法が最適で相対誤差は数%に抑えられる．また，非破壊で定性分析を主体とした測定にはもっとも簡便な前処理方法であるルースパウダー法が適しており，相対誤差は20〜40%程度である．

以上のように，リファレンスフリー蛍光X線分析は測定目的や必要精度ならびに試料前処理の簡便性とあわせて，試料前処理方法を検討することにより，スクリーニング分析やより高精度な定量にも利用できる．

[参考文献]

1) 一般財団法人　セメント協会ホームページ：http://www.jcassoc.or.jp/seisankankyo/seisan01/seisan01a.html
2) 環境省ホームページ：https://www.env.go.jp/press/files/jp/11203.pdf
3) 兵頭正浩，佐藤周之，桑原智之，野中資博，「セメント結合材から環境水中へ溶出する重金属類の定量評価に関する研究」，コンクリート工学年次論文集，Vol.30, No.2 (2008)

2.8 コーティング膜厚分析

2.8.1 コーティング膜厚分析の特徴

実用化されているさまざまな材料の表面被覆には，塗装やコーティング処理が行われることが多い．もともとは材料の腐食や腐朽に対する保護や材料の外観を良くすること(色，つや，テクスチャなど)が目的であったが，近年はいわゆる機能性コーティングとよばれる表面機能性を付与することを目的としたコーティング処理が行われている．表面機能性のうち生活に関連が深いものの例としては，すべり止め，電波吸収，導電性，面発熱性，環境改善効果や抗菌作用などがあげられる．一般によく使われる塗料の代表例は，樹脂系やシリコン系などである．

一方，機械部材や電子部品などの材料への被覆にはめっきが使われることが多い．めっきもコーティング処理の1つであり，装飾的な用途や材料の防食効果をもつうえ，表面に機能性を付与できることが利点である．最近多く使われているエレクトロニクス関連のめっきは，従来からのはんだ付け性だけでなく，電気抵抗，接触抵抗，磁気特性，耐摩耗性などの多彩な機能をもたせ，材料そのものを高機能化するために行われている．また，めっきは鉄，銅，アルミニウム，亜鉛などの金属材料から，セラミックス，繊維，紙，プラスチックなどの非電導性材料までの広い素材に適用できる．

電気めっきでは処理時の電流密度と時間で厚さを自由に変えることができるが，電流分布の影響によってめっき厚さに不均一な部分が生じる．一方，無電解めっきでは処理時間と温度によりめっきの厚さを変えることができ，複雑な形状の材料にも均一にめっきすることが可能である．そのため，近年の複雑かつ微細な形状をもつ物質には無電解めっきを使うことが多くなってきた．特に昨今は耐食性が高く磁性が消失するという特徴から無電解ニッケルめっきが多く使われるようになった．無電解ニッケルめっきは，ニッケルに含有させるリンの含有率の違いによって異なる性質の膜を構築できるため，現在，工業的にもっとも普及している．この節では無電解ニッケルめっきをターゲットにした膜厚測定例について解説する．

2.8.2 無電解 Ni-P/Au めっきの分析例

近年登場した無電解 Ni-P/Au めっきは，1990 年代後半の鉛フリー化を受けてきわめて重要な役割を果たしてきたが，他の表面処理と比較してはんだボール接続

信頼性が低いことなどが報告されている[1〜3]．RoHS 指令を受けて，各電子部品メーカーは 2000 年代以降から製造プロセスの大幅な見直しを迫られ，搭載部品，基板および実装プロセスの組み合わせも多種多様化した．なかでも Ni/Pd/Au めっきが大いに着目されており，最近はさらに良質なめっき製品を追求するために，膜厚分布や密着性，疲労性などのさまざまな評価が行われている．

　近年，X 線を用いた非破壊膜厚解析技術がさまざまな場面で活躍しており，標準試料を用いることで，非破壊・非接触で微小部品のめっき厚さを短時間で測定できる．また，合金めっき皮膜の厚さと合金組成，簡易な元素分析も行え，自動測定や統計処理機能なども備えている．無電解 Ni-P めっきは，数 wt%から十数 wt%の P を含んでいることに加え，反応や自己分解を抑制するための安定剤として処理段階のめっき浴中に微量の Pb を含んでいたり，S を含んでいたりする場合もある[4]．

　蛍光 X 線分析で定量分析を行う方法には，検量線法とリファレンスフリー蛍光 X 線分析の 2 種類があるが，多層膜の検量線法の場合は複数の標準物質を要するため，標準試料なしでも測定できるリファレンスフリー蛍光 X 線分析はきわめて効率的である．バルク試料の元素分析の場合，検量線法では，標準物質を用いて既知の成分含有量と X 線強度との関係から検量線を導き，試料中の未知成分濃度を算出する．リファレンスフリー法では理論計算法を採用し，未知試料測定の際に標準試料がなくても簡便に定量が可能である．

　薄膜試料の分析では，膜厚と含有元素の定量分析とを同時に行うこともあり，複雑になる．単層薄膜の膜厚の検量線は，物質による X 線の吸収式から導いた式 $X = (1/\mu) \times \ln\{(I_{\mathrm{s}} - I_0)/(I_{\mathrm{s}} - I)\}$ により与えられる．ここで，X は膜厚，μ は線吸収係数，I_{s} は X 線強度がある厚み以上では変化しないという飽和強度，I_0 は膜厚 0 のときのバックグラウンド強度，I は膜厚 X における蛍光 X 線強度である．膜厚標準物質を測定することにより μ を求めて検量線を作成し，未知試料測定時の測定強度 I をこの式に代入すれば膜厚 X を求めることができる．ところが，この検量線の式は，試料が 2 層以上であったり含有元素の定量分析を要する合金膜であったりするとさらに複雑化し，必要な標準物質の数が増大する．薄膜リファレンスフリー法の場合，標準物質としては膜厚・組成が既知の試料数点があればよい(励起効果や吸収係数を理論的に見積もるために用いる)．例えば，Cu/Ni/Au 多層膜で Ni 膜厚と Au 膜厚を同時に決定する場合には，検量線法では最低 10 個の標準物質が必要になるが，薄膜リファレンスフリー法の場合は，Au および Ni の十分な厚みをもつ試料と厚みが既知の Cu/Ni/Au 試料の合計 3 点の標準物質があれば十分である．検量線法の場合は，膜がさらに多層になると検量線作成のための標準物質が不足し，

たとえ標準物質があったとしても検量線作成に相当の時間と手間を要するために測定は容易ではない。多層膜の膜厚分析のためのリファレンスフリー法が確立し発展を遂げている現在では、現実的にはこの手法が必須であると考えるのが妥当である。

2.8.2.1 Cu 上に形成した無電解 Ni-P/Au めっきの不具合測定例 [5,6]

Ni/Pd/Au めっきの場合には、Pd 層が Ni 層の腐食を防ぐ役割を果たし、また、接合密着性を十分に確保できるため信頼度は格段に上がる。しかし、Au 層がきわめて薄い場合に極端な不均一部分が存在すると、そこを起点に問題が発生する可能性を無視できないため、ある程度の厚みの Au 層が必要である。

無電解 Ni/Pd/Au めっき試料は、ガラスエポキシ樹脂に層間絶縁材料をラミネートした基材表面に Cu 箔を貼った基材に構築され、正確には Cu 上の無電解 Ni-P（P：6〜7 wt%）/Pd-P（P：4 wt%）/Au 多層めっきである。この無電解めっきでは、Ni めっき層は P を共析したアモルファス構造、Pd 層は微量の P を共析した低結晶性構造となっていることが一般的に知られている。

試料に対して上方から垂直に X 線を照射する方式の蛍光 X 線膜厚計では、X 線管球から放出された 1 次 X 線のビーム径がキャピラリで絞られ、試料観察用のミラーを透過して試料に照射される。表 2.8.1 に、Cu 上の無電解 Ni/Pd/Au めっきのパターン配列の 1 つを選択し、蛍光 X 線膜厚計により測定して得られた各層の膜厚を示す。10 回繰り返して計測した平均値、およびその標準偏差（σ）と相対標準偏差（RSD%）を表中に示した。この結果、各層の膜厚平均値が計算値の標準偏差に比べて十分に大きく有意な値が得られ、Au 層：約 50 nm, Pd 層：約 80 nm, Ni 層：約 3.1 μm, Cu 層：約 6.3 μm であることがわかった。ここで、最下層の基材部分である Cu 層の膜厚の標準偏差の値が他層の標準偏差に比べてやや高かったが、Cu

表 2.8.1 蛍光 X 線膜厚計により測定されためっき各層の平均膜厚値
膜厚測定の標準物質として、膜厚既知の Cu 板上の無電解 Ni/Pd/Au 多層めっき［Cu 無限厚板/Ni（5.09 μm）/Pd（0.048 μm）/Au（0.051 μm）］を用いた。測定には、キャピラリでビームを高密度に集光することのできる光学系をもつ日立ハイテクサイエンス製の蛍光 X 線膜厚計を使用した。測定条件は、1 次 X 線の励起電圧：30 kV, 照射径（コリメータ径）：0.1 mmϕ, 測定時間：60 秒, 測定雰囲気：大気。

	Au 層	Pd 層	Ni 層	Cu 層
平均値/μm	0.049	0.082	3.081	6.308
標準偏差	0.001	0.002	0.012	0.033
RSD%	1.88%	1.85%	0.40%	0.52%

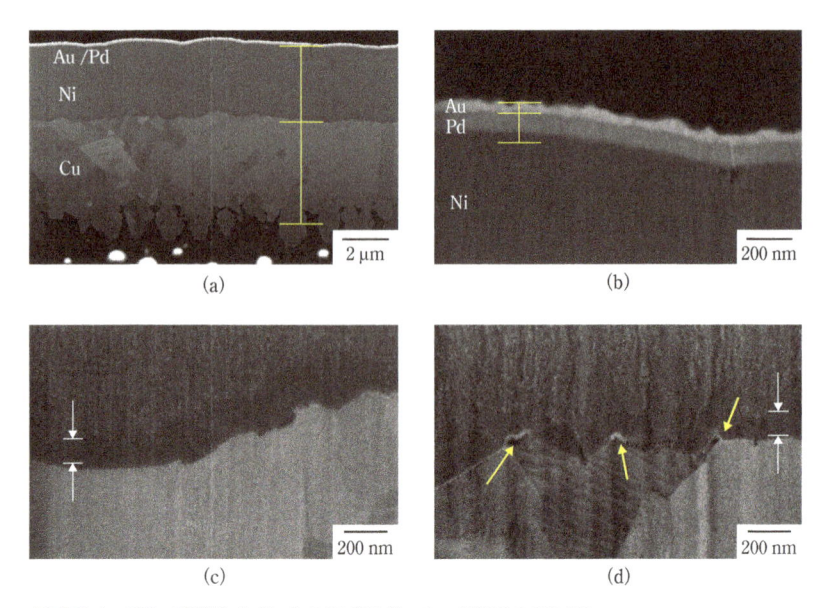

図 2.8.1 FIB で作製した Cu 上の Ni/Pd/Au めっき断面の SEM 像
(a)めっき層断面の全体像(図中の線は測長例), (b)めっき上層部の拡大像(図中の線は測長例), (c)Cu 層と Ni 層界面付近の断面 SEM 像, (d)Cu 層と Ni 層界面付近の断面 SEM 像((c)と異なる部位).

層の測定厚みの不正確さは, 後述の断面 SEM 観察像にみられるように, Cu 層下部の基材との界面の凹凸が大きいために膜厚測定が難しい状態になっていることに起因しているものと思われる.

このめっき試料の膜厚測定値の確からしさを検証するために, めっき断面の直接観察と各層の厚みの測定を行った. めっき層断面の作製ならびに各めっき層厚みの測定は, 集束イオンビーム-走査電子顕微鏡(FIB-SEM)複合装置を用いて行った. FIB により作製される試料の加工断面は, そのままの状態で斜め方向から SEM 観察を行い傾斜補正することによって, 正面からの観察像として変換することが可能である. 図 2.8.1 に,めっき層の FIB 作製断面に対し,SEM によるその場観察を行って得られた像を示す. 各層の状態は明瞭な高コントラストで観察されている. それぞれの層の厚みには少しばらつきがあるが, 界面の密着性は高く, また, 界面の位置も明確に特定できる. 断面 SEM 観察により各層の構造に関する知見も得られ, 例えば, Cu 層, Pd 層, Au 層では結晶粒の形状コントラストが明瞭であり, 特に Cu 層の場合には比較的大きな結晶粒が異なる結晶方位で密着しながら層を形成している. このめっき層断面 SEM 像から各層について求めた 10 箇所の膜厚の平均

表 2.8.2 蛍光 X 線膜厚計および FIB-SEM 複合装置により測長した各めっき層の膜厚値(単位:μm)

	Au	Pd	Ni	Cu
蛍光 X 線膜厚計*	0.049	0.082	3.08	6.31
FIB-SEM 断面による測定**	0.047	0.094	3.48	5.10

* 10 回繰り返し測定した平均値, ** 断面像中の 10 箇所の測長平均値.

値を,蛍光 X 線膜厚計で得られた結果と比較して表 2.8.2 に示す.両者はほど良い一致を示しているが,最表面の Au 層の膜厚値がほぼ等しいのに対して,内部層では膜厚値が少し異なった結果が得られた.

2.8.2.2 多層めっきの各層成分に正確な組成データを用いることによる膜厚測定値のずれの解決法[5,6]

上述の Cu 上に形成した無電解 Ni-P/Au めっきの各層の膜厚値が SEM による実測値と等しくならない原因としては,蛍光 X 線膜厚分析で用いた標準物質の密度が実試料の各層の密度と異なっていたり,各層の質(微構造や純度など)が違っていたりすることなどが考えられる.上述の分析例では,解析の際に Pd 層の部分は Pd 単相成分とし,Ni 層の部分は Ni 単相成分として膜厚計算を行っており,わずかに P を含有している実際の組成成分(Pd-P,および Ni-P 成分)と異なっていることから,膜厚値にずれが生じたものと考えられる.

実際には,上述のめっき層の断面 SEM 像にみられるように各層の界面や最表面は厳密には平滑ではなく凹凸があるため,得られる膜厚値は測長条件によってわずかに変わる.したがって,自分がどの程度の膜厚値の精度を必要としているのかを検討したうえで,厚みの部分的な測長値を求めることの意味,あるいは実測膜厚値の平均値を採用することの意義を見極めながら得られた値をよく吟味すべきである.一方,蛍光 X 線膜厚測定では,選択する膜厚値計算方法に依存してわずかに得られる値が異なる場合もある.膜厚決定にかかるいろいろな因子を適正に処理することで,得られるデータは真の膜厚値に近づく.例えば,このめっき試料の場合,経験から多層めっき作製時に設定した P の含有率が正しいものと仮定して,各層の膜組成に対し,Ni 層を Ni-P(7 wt%)組成,および Pd 層を Pd-P(4 wt%)組成として,同じ蛍光 X 線測定データを用いて膜厚算出を行ったところ,Au 層:0.049 μm,Pd-P 層:0.102 μm,Ni-P 層:4.10 μm,Cu 層:6.68 μm の値が得られ,Pd-P 層に対しては,FIB-SEM による Pd 層の断面測定値の 0.094 μm に近い値の膜厚解析結果が得られた.

2.8.2.3　多層めっきの各層成分に正確な密度を用いることによる膜厚測定値のずれの解決法 [6)]

2.8.2.1 項で述べたように Ni 層の蛍光 X 線により得られた膜厚は SEM による直接測定したデータと差がみられたが，Ni 層がアモルファス層であり正確な密度値が設定されていないことにも要因がある．無電解 Ni／Pd／Au めっきでは 3 層間に合金が生成しにくいと考えられているが [7)]，めっき層断面の SEM 写真(図 2.8.1(a))には，Cu 層と Ni 層の界面には両者の層と異なるやや暗いコントラストの層が観察される．また，Ni 層と Pd 層との界面には，稀にボイドの存在が観察される．図 2.8.1(b)の SEM 像においても，Ni 層／Pd 層の界面の Ni 層側にボイドが観察されている(写真内の右端に近い部分)．これらの各界面付近の明確な情報は，TEM 像を取得して各層の内部構造を詳細に観察することで得られる．

同じ試料の Ni 層に着目し，Cu 層／Ni 層界面に近い Ni 層部分と Ni めっき層中心部位とのそれぞれの高分解能 TEM 像と電子線回折像を図 2.8.2 に示す．Ni めっき層の TEM 像(図 2.8.2(a))では，全体的にアモルファス状態に近い低結晶構造中に結晶格子を保った小さな結晶子がところどころに散在しているのに対して，Cu 層／Ni 層界面付近の Ni 層の TEM 像には，格子配列の認識が可能な結晶子の存在がきわめてわずかしか認められない．また，その電子線回折像(図 2.8.2(d))には，結晶性を示す回折スポットがまったくみられず，回折リング状になっており，この

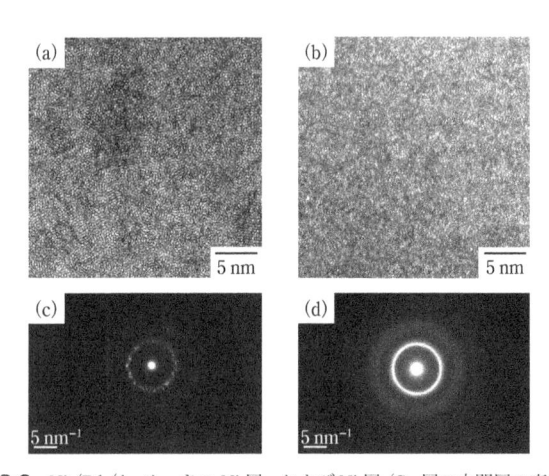

図 2.8.2　Ni／Pd／Au めっきの Ni 層，および Ni 層／Cu 層の中間層の高分解能 TEM 観察像と，それぞれの電子線回折像
(a)Ni 層の TEM 像，(b)Ni 層／Cu 層の中間層の TEM 像，(c)Ni 層の電子線回折像，(d)Ni 層／Cu 層の中間層の電子線回折像.

界面層はほぼ完全なアモルファス状態になっているものとみられる．すなわち，無電解 Ni/Pd/Au 多層めっきでは Ni 層はアモルファスであると一般的にいわれているが，実際には Ni 層中心部は完全なアモルファス状態ではなくわずかに結晶性を含んだ層であり，基板の Cu との界面に近い部位では完全なアモルファスになっているため，両者の結晶性（すなわち密度）は異なる．このことを考えると，蛍光 X 線分析で膜厚を求める場合も，厳密には Ni 層を密度の異なる 2 層として扱うことでさらに正確な膜厚を得られることが期待できる．ただし，この Ni 層の場合には，「アモルファス＋結晶層」と「アモルファス層」との界面を特定することはきわめて難しいと思われる．無機物質では，一般にガラス質になると結晶に比べて相対密度が 85％程度以下になる．この Ni 層に関してはアモルファス層の中にわずかに結晶性の Ni 層が含まれているので，そこまでの密度低下はないものと考える．そこで，Ni 層全体としての結晶性の崩れを加味し，先に 2.8.2.2 項で行った Ni-P(7 wt%) 組成および Pd 層を Pd-P(4 wt%) 組成の導入に加えて，Ni 層の相対密度を大雑把ではあるが 90％として当初の蛍光 X 線測定データを用いた再解析を行ったところ，その上部の Pd 層の厚みが 0.096 μm となり，断面測長結果の 0.094 μm にきわめて近い値が得られた．

これらのことを考慮すると，蛍光 X 線分析法による多層膜の膜厚分析を正確に行うためには，各層の内部構造を熟知してそれを反映させることが理想である．しかしながら，そのためにわざわざ内部構造を都度解析するような方法は，迅速・簡便・非破壊分析を目的とする蛍光 X 線分析にはふさわしくない．現実的で簡単な方法としては，分析対象に近い試料（作製法が同じで，組成，密度，状態が同様な試料）を用いて事前に妥当性評価を行うこと，あるいは既知の膜厚の分析対象に近い試料を標準物質として参照登録して解析を行うことが望ましい．

ところで，この種のめっき（特に Cu 上の無電解 Ni-P(P：数 wt%)/Pd-P(P：数 wt%)/Au 多層めっき）では，下部層の厚みの特定の難しさは数 wt% の P の濃度測定の不正確さと最上層である Au 層の厚みの状態に起因することが実際にわかっている．蛍光 X 線分析法によりこの課題を解決する方法は最近いくつか開発され，Au 膜厚と下部の Ni-P 層の P 濃度をうまくシミュレーションして正確に求めることにより，膜厚分析の正確さが格段に上がった．この方法については，次項で記述する．

2.8.2.4　Au 膜厚と下部の Ni‑P 層の P 濃度をシミュレーションすることによる解決法

　最近，無電解 Ni／Au 2 層めっきの膜厚と P 濃度を同時に測定する方法が新たに開発された．無電解 Ni／Au 2 層めっきはプリント基板などで広く使われているが，従来の膜厚計では膜厚と P 濃度の同時測定が難しく，一般的には膜厚のみの測定が行われてきた．また，P 濃度の評価が必要な場合は，無電解 Ni めっきのみを付けた状態で測定していた．

　膜厚と P 濃度の同時測定が困難な理由は大きく 2 つある．1 つは，無電解 Ni めっきに含まれる P が軽元素であり，発生する P の蛍光 X 線(P Kα)のエネルギーが非常に低いことがあげられる．エネルギーの低い X 線は物質を透過する力が弱く，容易に表層の元素や大気によって減衰し，検出感度が低下してしまう．P Kα の減衰の主要因は大気によるものだが，Au めっきによる効果も無視できない．Au めっきは 0.03 ～ 0.1 μm 程度と比較的薄いものの，Au が原子番号の大きい物質で X 線を吸収する力が大きいためである．

　この影響を小さくするには，試料室を真空にして大気による減衰を抑制する方法が考えられるが，測定対象となるプリント基板には 600 mm×600 mm の大きさのものもあり，これだけの大きさの試料を格納できる真空試料室を用意するのは，試料の入れ替えのたびに真空にするための長い待ち時間が必要となり，装置の使い勝手が非常に悪くなることからあまり効果的ではない．もう 1 つの理由として，Au から発生する低エネルギー蛍光 X 線(Au Mα)の存在があげられる．Au Mα と P Kα の蛍光 X 線のエネルギーはそれぞれ 2.12 keV と 2.01 keV と非常に近く，蛍光 X 線スペクトル上では 2 つが重なって 1 つのピークのように見える．特に実際の試料を測定すると，先に述べた P Kα 線が強い吸収を受けて感度が低下することもあり，大きな Au Mα 線のピークの中に小さな P Kα 線のピークが重なっている蛍光 X 線スペクトルとなる(図 2.8.3)．

　無電解 Ni／Au 2 層めっきの膜厚と P 濃度の同時測定を実現するためには，図 2.8.3 のような蛍光 X 線スペクトルから小さな P Kα 線のピークをどれだけ正確に取り出せるかが重要となる．最近の高分解能・高計数率な検出器とポリキャピラリによる高輝度な X 線ビームを組み合わせた装置は，強度の小さな蛍光 X 線の検出感度が高い．筆者らはこの特長を利用して，Au Mα と P Kα の蛍光 X 線の重なりを詳細に解析することで P Kα 線のピークの取り出しを改善できることを見出した．最近，これを無電解 Ni／Au 2 層めっき測定に特化した形で動作するようにソフトウエアに新機能として実装した装置が登場した．図 2.8.4 に新機能による P 濃

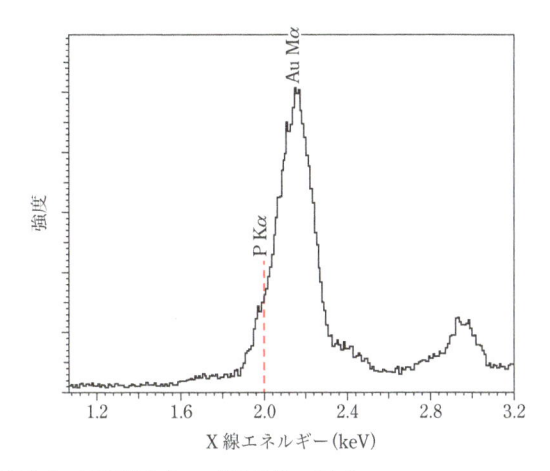

図 2.8.3　無電解 Ni／Au の蛍光 X 線スペクトル

大きな Au Mα と小さな P Kα の蛍光 X 線スペクトルが重なっている様子．高精度分析では，この小さな P Kα 線のピークをどれだけ正確に取り出せるかが重要である．測定には日立ハイテクサイエンス社製 蛍光 X 線膜厚計を使用した．測定条件は，管電圧：45 kV，照射径(コリメータ径)：30 μmφ．

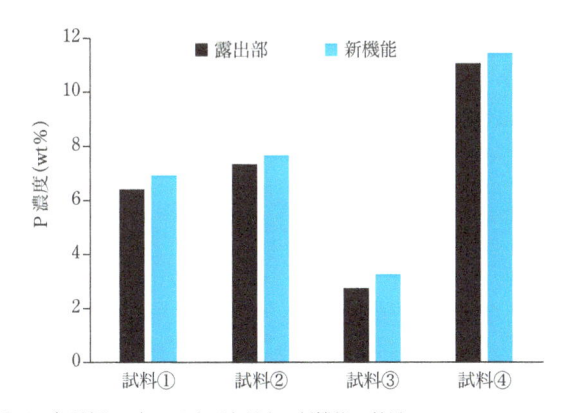

図 2.8.4　無電解 Ni／Au 同時測定対応の新機能の効果

Au めっき部位の測定，およびその近傍の無電解 Ni めっき露出部位の測定を行い，両者の P 濃度の差を比較した．新機能を使用することで図に示すように露出部との測定値の差が小さく，Au めっきが付いている状態でも P Kα ピークの取り出し性能が高いことがわかる．

図 2.8.5　測定したフレキシブル基板試料

表 2.8.3　フレキシブル基板の各膜厚と P 濃度の同時測定結果

		平均値	標準偏差	RSD
Au あり	Au(μm)	0.091	0.001	0.9%
	Ni–P(μm)	3.61	0.03	1.0%
	P(wt%)	8.47	0.26	3.1%
Au なし 露出部	Au(μm)	–	–	–
	Ni–P(μm)	3.57	0.01	0.4%
	P(wt%)	8.09	0.10	1.2%

度測定の効果の一例を示す．基板全面に無電解 Ni めっきを付けた後に一部だけに Au めっきを付けた試料を用意して評価を行った．Au めっきを付けた部位を測定し，その近傍の無電解 Ni めっきのみの部位(露出部)を測定することで，P 濃度の差を比較した．新機能を使用した場合，露出部との P 濃度の差が小さくなっており，Au めっきが付いている状態における P Kα 線のピークの取り出し性能が大きく改善されていることがわかる．

　また，この新機能を実際の試料の測定に適用した例として，図 2.8.5 のフレキシブル基板試料について各めっき層の膜厚と P 濃度の同時測定を試みた．Au めっきの付けられた部位と，その近傍の無電解 Ni めっきが露出した部位を 30 回繰り返し測定した結果を表 2.8.3 に示した．1 回あたりの測定時間は 100 秒である．Au めっきの付いた状態で測定した P 濃度と，露出部を測定した P 濃度を比較したところ，この機能の効果により，両者はほぼ同等の測定結果が得られた．また繰り返し性は，Au めっきのない状態で測定するよりもやや悪くなるが，それでも RSD で約 3% とよい繰り返し性が得られることがわかった．この新機能を使用することで，無電解 Ni／Au 2 層めっきの膜厚と P 濃度の測定を一度に実施でき，従来よりも迅速な品質管理が可能となる．

2.8.3 コーティング膜厚分析のまとめ

　最近では，めっき構造の解析技術も少しずつ多様化しめっき層構造内の原子レベルの解析も多く行われるようになってきており，例えば，めっき構造内のイオン拡散を含む物質移動のシミュレーション技術なども発展してきている[8〜10]．ここで述べたのは，めっきの組成や構造を評価するためのベーシックな手法であるが，この評価法はめっき層の結晶性を反映させながら行い，より精密な蛍光X線膜厚分析を行うための1つの提言になると考えている．

　蛍光X線膜厚計による膜厚測定法は，試料の内部層の厚みまで非破壊で知ることができる簡便で優れた手法である．これまで，得られる値の精度に対する懸念があったが，本節で述べたように，その膜厚は数％のPの含有量程度の組成ずれがあっても実測長値と良い一致を示し，用途によってはこのままで十分な解析・検査手法となりうる．また，詳細な組成分析にはいくつかの方法があるが，昨今の蛍光X線分析装置の微量元素の検出限界は数十 ppm オーダーにまで到達しており，それを含めた別の手法で特定しためっき膜の共析成分の分析値を蛍光X線膜厚計に適用することで，さらに正確な厚み評価値に近づけることができる．また，分析対象に近い試料を参照登録することでリファレンスフリー蛍光X線分析による膜厚分析をより高い精度で活用することが可能である．

［参考文献］

1) Z. Mei, M. Kaufmann, A. Eslambolchi, and P. Johnson, "Brittle Interfacial Fracture of PBGA Packages Soldered on Electroless Nickel/ Immersion Gold", *Proceedings of 48th ECTC*, pp.952-961(1998)

2) H. Matsuki , H. Ibuka, H. Saka, Y. Araki, and T. Kawahara, TEM Observation of Solder Joints for Electronic Device, *Proceedings of 3rd IEMT/IMC Symposium*, pp.315-320(1999)

3) N. Buinno, A Root Cause Failure Mechanism for Solder Joint Integrity of Electroless Nickel/Immersion Gold Surface Finishes, *Proceedings of lPC Printed Circuits Expo '99* (S18-5-1)-(S18-5-8)(1999)

4) 特開 2002-30450(P2002-30450A)

5) 大柿真毅，山本 洋，満 欣，馬場由香里，中谷郁子，上本 敦，「無電解 Ni/Pd/Au 多層めっきの膜厚と内部構造評価」，表面技術，**63**，215-221(2012)

6) 大柿真毅，蛍光X線分析法による多層めっきの膜厚測定(下)，工業材料，**67**，No.4，90-95(2019)

7) D. W. Romm, D. C. Abbott, S. Grenney, and M. Khan, Whisker Evaluation of Tin-Plated

Logic Component Leads., *TEXAS INSTRUMENTS Application Report*, February (2003)

8) 吉田浩一, 「めっき構造内における物質移動の計算機シミュレーション」, 古河電工時報, 第 119 号, 18-21 (2008)

9) R. D Sisson, Jr. and M. A. Dayananda, "Diffusion structures in multiphase Cu-Ni-Zn couples", *Metall. Trans.*, **3**, 647-652 (1972)

10) I. V. Belova and G. E. Murch, "Tracer diffusion in alloys with the do$_3$ structure: Application to Fe$_3$Si and Cu$_3$Sn", *J. Phys. Chem. Solids*, **59**, 1-6 (1998)

2.9 セラミックス・鉱物の分析

2.9.1 リファレンスフリー蛍光 X 線分析による定量分析とマッピング測定の必要性

微小部蛍光 X 線分析(μXRF)が用いられる分野に鉱物学がある．鉱物はさまざまな産業において原料となるため，その組成を知ることは製品の品質保証や製造工程の効率化には必要不可欠である．鉱物資源と代表的な使用例を図 2.9.1 に示すが，このように多種多様な鉱物がさまざまな用途で使用されている．

通常，鉱物を構成する成分元素は化学分析や蛍光 X 線分析法などの機器分析により分析されるが，正確な組成を知るためには，さまざまな前処理過程を経る必要がある．しかし，鉱物の種類を同定するにはいったん X 線回折測定(XRD)などの別の手法による解析が必要であり，煩雑になる．特にこれら一般的な手法では分析精度を高めるために行う微粉砕法，プレス法，ガラスビード法などの試料前処理により均一化が行われるため，面内分布情報は破壊されてしまう．

採取した試料の表面を平らにする程度の前処理で済ませ，各種鉱物の面内分布を知ることによりその採取場所の特徴を把握することができれば，採掘プランの構築や原料として使用するための生産性の検討に大いに貢献することが期待される．ただし，このような試料を分析する際，一般的に用いられる検量線による定量分析を適用することは難しいため，リファレンスフリー蛍光 X 線分析による定量分析が望ましい．そして，この定量値を鉱物のデータベースと照合することで面内に分布

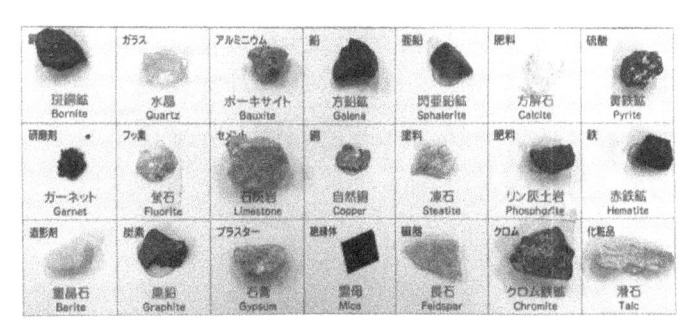

図 2.9.1　資源(鉱石)と代表的な使用例
　　　　　セラミックスを含めた金属・非金属産業のほとんどは，鉱物資源からその原料を得て，精製・加工を経ている．

する鉱物の同定および定量分析，面積比など多くの情報をほぼ非破壊で取得することが可能になる．

μXRF 装置は X 線を 15 〜 20 μmφ 程度まで集約させて微小部を元素分析する装置である．より高い輝度の X 線を照射するにはポリキャピラリ光学系が有効である．微小照射部位を分析するポイント分析だけでなく，これを一方向(横)にスキャンするように測定するとライン分析が，またさらにそれを縦方向に繰り返し二次元的に測定すると面分析，すなわちマッピング分析が可能になる(図 2.9.2)．一般の蛍光X 線分析装置がポイント分析のみであるのに対して，μXRF 装置ではマッピング分析により試料の二次元元素情報を得ることができる．ライン分析およびマッピング分析のデータはピクセルごとのポイントデータの集合体であり，ピクセルごとにその領域における元素情報が格納されている(図 2.9.3)．

同様の測定方法に SEM−EDX や電子線プローブマイクロアナライザ(EPMA)などがあげられる．これらの手法では，主に 20 kV で照射された電子線により得られた二次電子像や蛍光 X 線を分析することで詳細な画像データが得られる．その一方で低い電圧による励起効果の不足や試料サイズに制約を受けるなどの短所もある．それに対して励起電圧が 50 kV である μXRF は特に 10 keV 付近からの検出限界に優れており，鉱物試料の主成分から微量成分に至るまでの分析効果が高い(図2.9.4)．

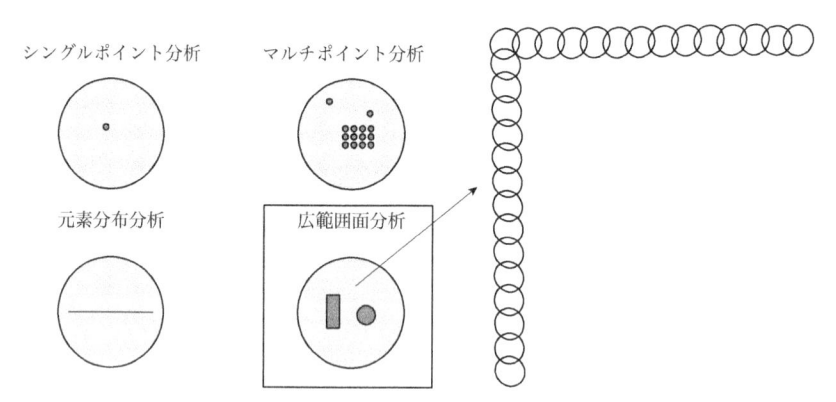

図 2.9.2 微小部分析例
ピクセルサイズが小さいほどスポットの重なりが増しデータがより緻密になるが，ピクセルごとの積算値(X線強度)は少なくなる．そのため，ダブルディテクター方式による強度の増加が合理的である．このようにコリメータやキャピラリ光学系で照射された X 線焦点は，照射方法によりさまざまな分析手法として利用できる．

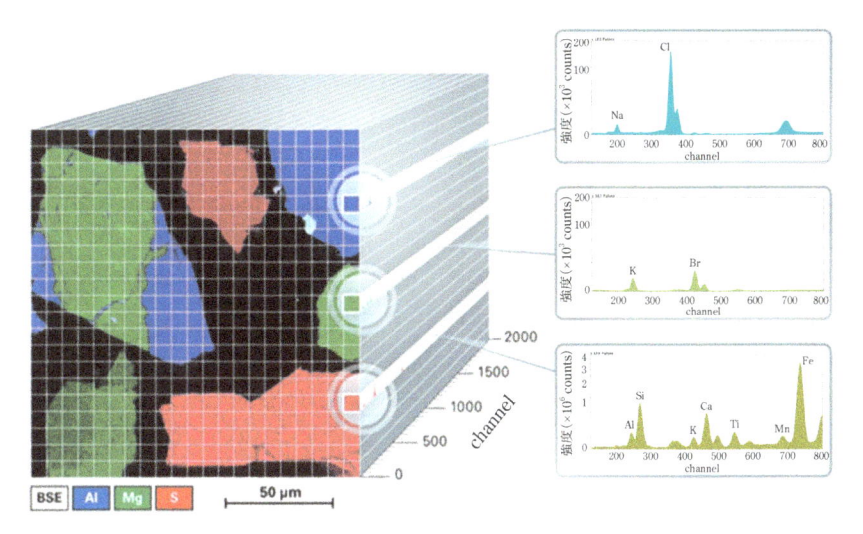

図 2.9.3 ピクセルごとに元素情報をもつイメージ
設定されたピクセルごとに各測定位置での元素情報，すなわち構成元素情報が格納されている．

2.9.2 微小部蛍光 X 線分析 (μXRF) 装置によるセラミックス原料鉱物の分析例

2.9.2.1 セラミックス・鉱物分析の問題点

鉱物をマクロ領域 (数〜数十 mmφ) で蛍光 X 線分析する場合，不均一性や鉱物効果により特に主成分である軽元素の分析精度に誤差が生じやすい．したがって，未処理の鉱物の蛍光 X 線分析によって得られた強度を単に定量値へ換算すると間違った判断をするおそれがある．微小領域 (十数 μmφ) では不均一性の問題に関してはある程度解決できるが，鉱物効果の問題は依然考慮すべき点である．また，全ピクセルを対象にするため不特定多数の鉱物種をピクセルごとに逐次分析する必要がある．すなわち，このような試料を定量分析するうえでは検量線に基づいて定量分析することは難しい．

2.9.2.2 問題点の解決：データベースとのマッチング機能を用いた鉱物種の分析例

前述のように，未処理のままあるいは粉砕程度では解決できない鉱物効果による誤差を回折装置のマッチング機能に似た方式で総合的な判断をすることで補完する

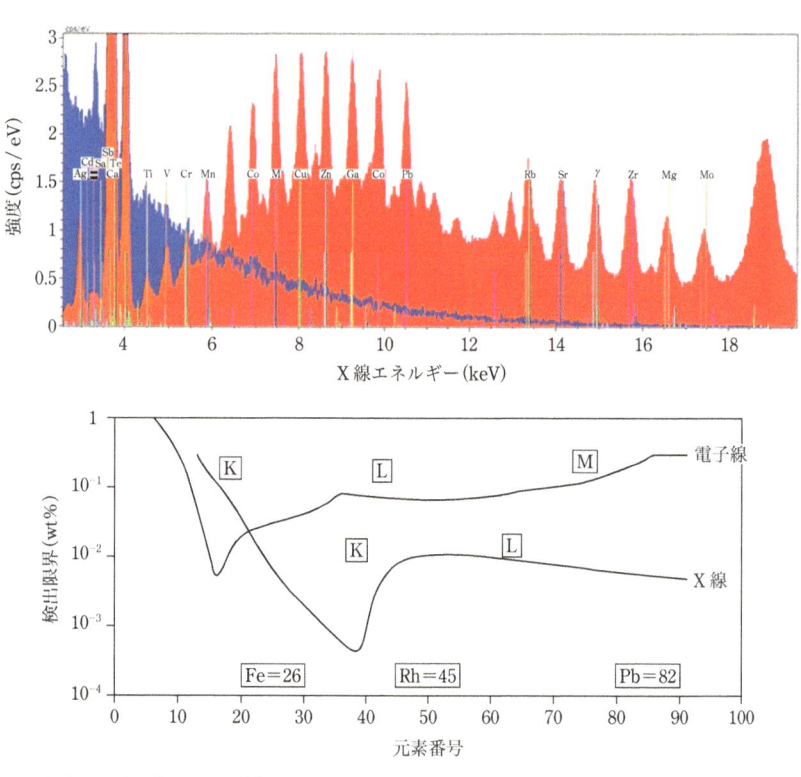

図 2.9.4 電子線励起と X 線励起の感度(検出限界値:下)の違い
電子線の低い加速エネルギー(20 keV)は Rh 管球を用いた X 線の高い励起電圧
(50 keV)によるものよりも 5 keV 以上の高エネルギー領域の X 線を励起すること
が困難なため感度が悪く,検出限界値も高い.

ことが可能である(図 2.9.5).この処理をミクロレベルで行うため,データ処理は 1 ピクセルごとに演算し判定する.このようにさまざまな制約の下ではリファレンスフリー分析によりマトリックスに依存しない定量分析値を得ることが必要になる.

2.9.2.3 リファレンスフリー分析と元素比データベースを併用したセラミックス原料鉱物の分析例

セラミックスの原料として利用されている鉱物をペレット化し,その平面のマッピング分析を行った結果を示す.元素情報および定量分析の結果とデータベースに格納されたプロファイルとの照合により,鉱物種の同定分析を行った.

試料としては,日本セラミックス協会で頒布している標準物質から表 2.9.1 に示

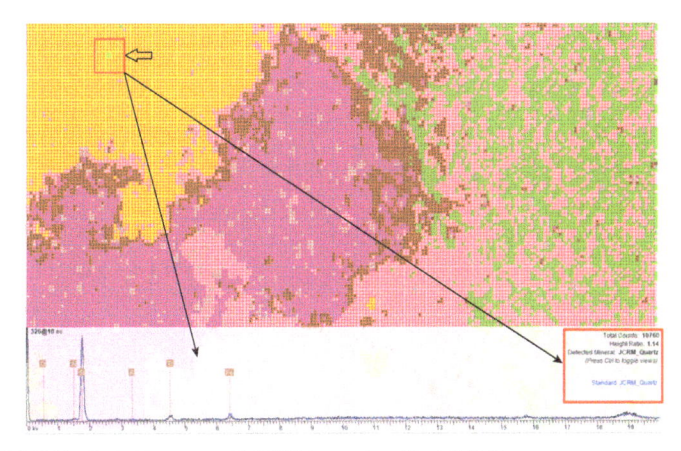

図 2.9.5 あるピクセルでの元素情報とマッチングした鉱物名
図 2.9.3 の実試料による測定結果表示．得られた元素マッピングの結果から
任意のピクセルに格納されたプロファイルおよび鉱物の種類を確認できる．

表 2.9.1 測定に用いたセラミックス原料
日本セラミックス協会の標準物質（CRM）
5 種を測定に用いた．

対比番号	記号	鉱物名
1	JCRM R 304	シリマナイト
2	JCRM R 406	けい石　No.3
3	JCRM R 605	カオリン
4	JCRM R 702	曹長石粉
5	JCRM R 703	加里長石粉

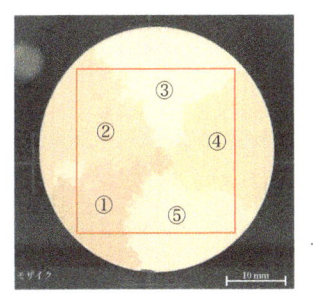

図 2.9.6 プレス成型したセラミックス原料と対比番号
表 2.9.1 の標準試料をそれぞれ分けてプラス
チックカップに投入しプレス成型した．各番
号は表 2.9.1 の標準物質に対応する．

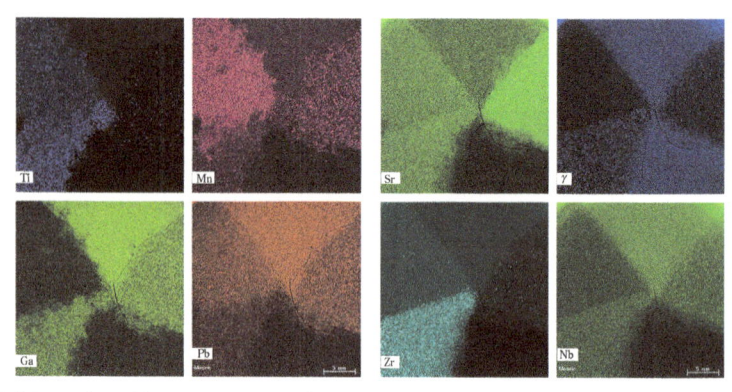

図 2.9.7 各試料中に含まれる微量元素分布
測定には Bruker Nano GmbH 社製 M4TORNADO タイプ 230 を使用した．測定条件は，X線管ターゲット：Rh，管電圧：50 kV，管電流：200 μA，1次フィルタ：OFF，ポリキャピラリ光学系，照射径(コリメータ径)：20 μmφ@Mo Kα．
この装置は Rh ターゲットマイクロフォーカスX線管球から発せられたX線をポリキャピラリ光学系により 20 μm 程度(@Mo Kα：17.48 keV)まで集光することができ，非常に高輝度なX線を試料に照射することが可能でなる．検出器として 30 mm² SDD(液体窒素不要)を左右に 2 本搭載しており，和信号を取ることで同じ測定時間で 2 倍の強度を得ることが可能である．

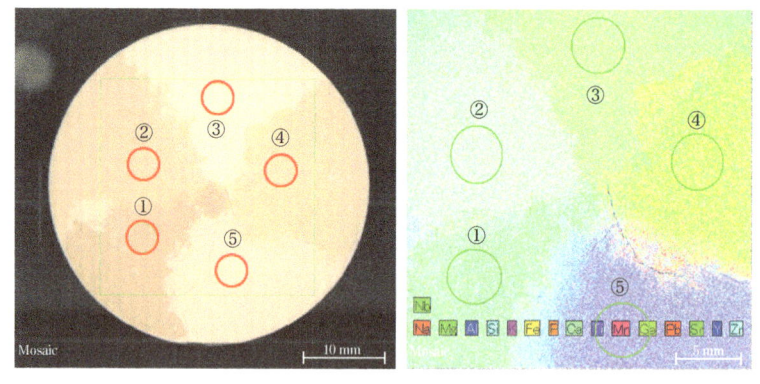

図 2.9.8 各試料の中で同じ面積を切り取り定性・定量分析比較を行った(右は含有元素の分布合成図)

す 5 種類を選択した．これらを粉砕処理せずにアセトンに溶解した重量比 1% のバインダーと混合して各試料を五分割したプラスチックカップに投入し，そのまま 20 トンで 30 秒間プレス成型した(図 2.9.6)．

　この試料をマッピング測定した主な元素分布情報が図 2.9.7 である．まずこの結

表 2.9.2　図 2.9.8 で指定した領域の定量分析結果（単位：wt%）

対比番号	Na$_2$O	MgO	Al$_2$O$_3$	SiO$_2$	K$_2$O	Fe$_2$O$_3$	P$_2$O$_5$	CaO
1	0.013	0.043	39.30	57.91	0.407	0.621	0	0.412
2	0.032	0	2.63	96.34	0.138	0.118	0	0.013
3	0.007	0	40.79	58.69	0	0.371	0	0.008
4	12.31	0	19.08	67.55	0.182	0.063	0	0.761
5	3.74	0	16.73	65.13	14.15	0.097	0	0.111

対比番号	TiO$_2$	MnO	GaO$_2$	PbO	SrO	Y$_2$O$_3$	ZrO$_2$	Nb$_2$O$_5$
1	1.13	0.008	0.009	0.002	0.008	0.006	0.115	0.009
2	0.648	0.022	0	0.003	0.005	0	0.036	0.005
3	0.094	0.003	0.010	0.004	0	0.004	0.019	0.009
4	0.028	0.006	0.006	0	0.008	0	0.003	0.006
5	0.006	0.004	0.006	0.007	0.002	0.019	0.001	0.003

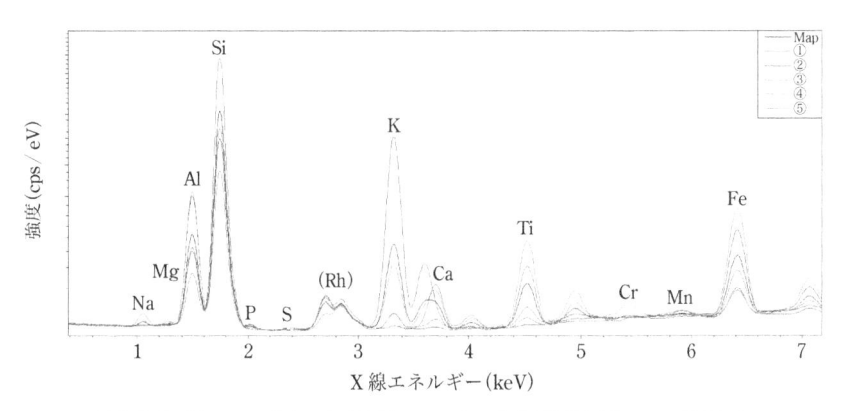

図 2.9.9　図 2.9.6 で指定した全領域のマッピング測定結果と図 2.9.8 で指定した
各試料同面積の領域から得られた含有元素強度の比較

果を各試料領域にて同面積の円で囲み（図 2.9.8），リファレンスフリー分析を用いて酸化物として定量計算を行った（表 2.9.2）．図 2.9.9 に各領域の定性チャート比較を示した．

　これらの定量分析結果は，鉱物効果の影響もあり特に主成分は標準値と異なる結果となっているが，ある程度の鉱物種類の想定は可能である．次に，マッピング領域全体をあらかじめ格納された代表的な各鉱物のパターンと照合した結果を図 2.9.10，表 2.9.3，表 2.9.4 に示す．

図 2.9.10 鉱物データベースとの照合結果
ピクセルごとにデータベースと定量計算結果を照合して表示した結果．この結果は単純な鉱物の比較ではなく，ピクセルごと（今回はおよそ 50 μm×50 μm）のリファレンスフリー分析による定量分析の結果と併用して行われるため，プレス時に混在した他の標準試料との境界も見分けることでより鮮明な分布図を形成することができる（図 2.9.5 の拡大図を参照）．この結果の応用として各鉱物の濃度比や面積比も算出可能である（表 2.9.4）．

表 2.9.3 照合結果

鉱物名	パターン	対比番号
JCRM Quartz		2
JCRM Kaolinite		3
Orthoclase		5
JCRM Sillimanite		1
JCRM Albite		4
JCRM Orthoclase		5

表 2.9.4 各鉱物の濃度比・面積比

	鉱物名	濃度(wt%)	面積(%)	面積(μm²)
1	JCRM Quartz	23.64	23.94	59854.00
2	JCRM Kaolinite	19.73	20.13	50327.00
3	Orthoclase	19.45	20.15	50383.00
4	JCRM Sillimanite	12.89	10.52	26295.00
5	JCRM Albite	11.73	11.88	29691.00
6	JCRM Orthoclase	11.33	11.74	29349.00
7	Unknown	1.24	1.64	4101.00

2.9.3　セラミックス・鉱物の分析のまとめ

　蛍光 X 線分析は本来マクロ分析（数十 mm²）による平均的な値を用いるため，試料そのものの均一性が求められる分析法である．鉱物の分析もこのような観点から十分な粉砕・混合による前処理が必要になる．さらに鉱物効果による X 線強度の理論値からの差も考慮し，通常はガラスビード法による分析がもっとも精度の高い分析法であると認識されている．実際，この方法による前処理を経た試料はリファレンスフリー分析による分析精度も良く，理論補正とも良く一致する．

　しかし，鉱物は本来さまざまな形態で存在しており，その状態のままミクロの領域で評価することも必要である．そのためには現在 EPMA，SEM，TEM などによる評価が行われているが，大きな状態で全体を観察することにはあまり適していない．

　本節では大型試料を未処理のまま数十 µm レベルで観察し，岩石鉱物としての評価を行うために，リファレンスフリー分析とデータベース照合の併用により同定精度を上げることを示した．鉱物の種類を判定するだけではなく，微量成分についての所見も得られることは，それらを原料とするセラミックスの性能を推し量るうえで重要な情報となる．非破壊で前処理をせず，標準試料も用意することなくここまで鉱物の評価ができることになったことはそのために要する時間の短縮にもつながる．

［**参考資料**］

1）使用した標準試料の認証値：公益財団法人　日本セラミックス協会ホームページ「天然原料認証標準物質」より
2）JCRMR303.304.041
3）JCRMR404-406
4）JCRMR604.605.751
5）JCRMR702.703.803

2.10　食品異物分析

2.10.1　食品異物分析の重要性

　近年食品メーカーが異物混入などの問題で商品を自主回収するケースは後を絶たない．東京都福祉保健局の報告[1]では，食品の苦情件数は毎年 5,000 件前後で推移しており，そのうち異物混入は 15〜20％の割合を占めている．日本全国で考えれば，より多くの苦情が毎年発生していると予想される．

　食品への異物混入が与える影響は，第一に消費者の健康被害である．金属片などの異物による口内の刺傷や切傷，虫などの異物を体内に取り込んだことによる下痢や腹痛といった消化器障害はよく報告されている[2]．一方で，メーカーにとっては食品への異物混入が発生すれば社会的信用の失墜につながる．そのため，生産ラインでは異物が混入しないよう除去作業に加え金属探知機などで入念な検査が行われている．万が一，異物が発見された場合はその異物の発生源を迅速に特定し対策を講じる必要があり，異物の組成情報や形状情報を得ることは非常に重要である．

　これらの情報をすばやく簡単に得る方法の 1 つとして蛍光 X 線分析がある．蛍光 X 線分析は，試料に対して非破壊・非接触な分析手法であり，エネルギー分散型の蛍光 X 線分析であれば 1 回の測定で含有元素の定性・定量が行え，組成情報を得ることができる．元素マッピング像や透過 X 線像を利用すれば，異物が食品に含まれた状態で形状情報もあわせて得ることができる．また，測定対象となる食品の多くは有機物であり，固体・粉体・液体とさまざまな状態があるが，いずれも分析可能である．異物については，プラスチック片などの有機物の場合や金属片などの無機物の場合が想定されるが，特に後者に対して蛍光 X 線分析は有効である．

　定量分析においては検量線法とリファレンスフリー分析の 2 種類があるが，異物分析では未知の試料を測定することが多いため，事前に標準試料を用意して検量線を作成することは困難であり，リファレンスフリー分析による定量が適している．本節では，食品生産ラインで発生する金属粉末を想定した擬似試料や異物を意図的に混入した食品の擬似試料について，蛍光 X 線分析を用いて測定した例および測定する際の注意点を紹介する．

2.10.2　食品異物分析の例

2.10.2.1　食品生産ラインで発生する金属粉末の分析

食品製造・加工工場では微細な金属粉末異物が食品に混入しないよう，生産ライン上に高磁力のマグネットバーなどを設置し，異物の混入防止対策を実施している．取り除かれた金属粉末異物を分析し，組成情報を得ることは異物発生源の特定に非常に有効であり，生産ラインの改善を通じて食品の品質向上につながる．ここでは，異物と見立てた金属粉末をセロハンテープで採取し作製した擬似試料を，エネルギー分散型の微小部蛍光X線分析(μXRF)装置を用いて元素分析した事例および分析する際の注意点についても述べる．

図2.10.1は作製した擬似試料の写真である．金属粉末を市販のセロハンテープで採取し上質紙の上に固定した．このような未知の粉末試料に対する分析において，ポイント分析のみでは，採取した金属粉末が複数種類の混合物かつ不均一である場合に金属種の見落としが発生する可能性が高い．したがって，まず元素マッピング分析で何種類の金属粉末が含まれているのか定性する．その後ポイント分析し，得られたスペクトルを用いてリファレンスフリー分析による定量を行い，各粉末の組成情報から金属種判別するのが有効である．

図2.10.2は，擬似試料を駆動ステージでXY方向に走査しながらX線を照射し，各点で得られた蛍光X線強度から作成した元素マッピング像である．

分析結果を見ると粉末の粒子形状を確認することができ，Feの粉末AとCr/Mn/Fe/Niの4元素を含む粉末Bが混在していることがわかった．金属元素以外ではCaが定性されていたが，これは上質紙に含まれている元素であった．

2種類の金属粉末の存在を確認できたので，次に元素マッピング像からそれぞれの粉末の位置を確認しポイント分析を行った．図2.10.3はポイント分析によって得られた粉末Aと粉末Bのスペクトルである．表2.10.1は粉末Aと粉末Bの定量分

図2.10.1　擬似試料

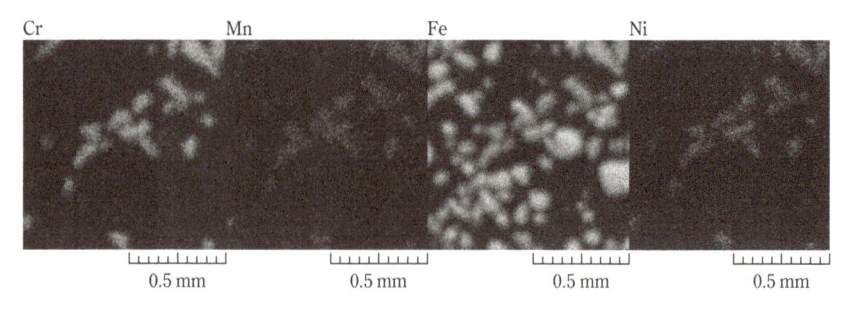

図2.10.2 蛍光X線強度から作成した元素マッピング像
擬似試料の約1mm角の領域を4μmピッチで分析した．測定には堀場製作所社製 X線分析顕微鏡XGT−9000を使用した．測定条件は，X線管ターゲット：Rh，管電圧：50kV，管電流：1mA，1次フィルタ：OFF．

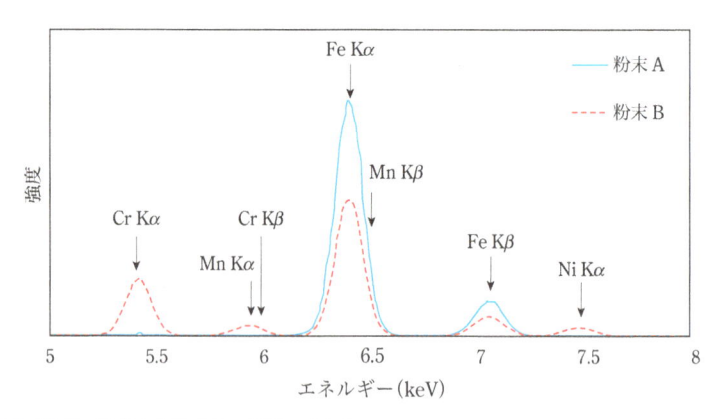

図2.10.3 粉末Aと粉末Bの測定スペクトル
測定には堀場製作所社製 X線分析顕微鏡XGT−9000を使用した．測定条件は，X線管ターゲット：Rh，管電圧：50kV，管電流：1mA，1次フィルタ：OFF．

析の結果である．定量の対象元素には Cr／Mn／Fe／Ni の4元素を選んだ．

　粉末Aと粉末Bのスペクトルを比較すると，Feの蛍光X線強度をはじめ両者には明らかな違いがあり，異なる金属種であることがわかった．さらに，定量分析の結果を見ると，粉末AはFe濃度が99％以上あることから鉄粉と判別することができた．また，粉末BはFeが主成分でCr濃度が18％以上，Ni濃度が8％以上であることからSUS304系のステンレス粉と判別することができた．

　一方で，今回のようにセロハンテープを用いて採取した微細な金属粉末を分析する際の注意点は，先述のポイント分析のみによる金属種の見落とし以外にも存在す

表2.10.1 粉末Aと粉末Bの定量結果

元素	濃度(%)	
	粉末A	粉末B
Fe	99.42	70.71
Cr	0.30	18.29
Ni	0.09	9.35
Mn	0.20	1.65

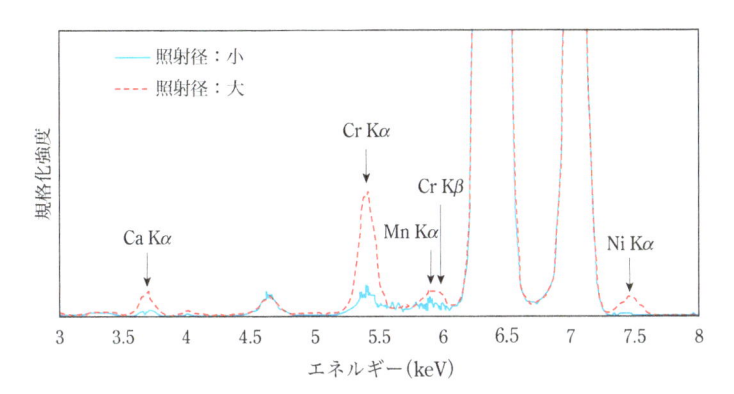

図2.10.4 X線照射径の違いによる測定スペクトルの比較
各スペクトルはトータル強度で規格化している．粉末の粒径より小さい照射径と大きい照射径を用いて測定した．測定には堀場製作所社製 X線分析顕微鏡 XGT-9000 を使用した．測定条件は，X線管ターゲット：Rh，管電圧：50 kV，管電流：1 mA，1次フィルタ：OFF.

る．以降では，試料に照射する X線ビーム径の選択方法と試料のセット方法に関する注意点を述べる．なお，図2.10.3 はこれらを考慮し，最適な条件で測定したスペクトルである．

図2.10.4 は，照射径以外の測定条件は同じにして取得したスペクトルである．表2.10.2 は，定量分析の結果である．定量の対象元素には Cr／Mn／Fe／Ni の4元素を選んだ．「照射径：小」のスペクトルおよび定量結果は，図2.10.3 で示した粉末A（鉄粉）のデータを用いている．

スペクトルを比較すると，鉄粉の同じ位置を測定しているにもかかわらず，「照射径：大」では Cr や Ni のピークに顕著な差がみられる．定量結果を見ても，Cr濃度や Ni濃度が1%を超えている．これは粉末の粒径に対して X線照射径が大きいことで，鉄粉の周辺に存在するステンレス粉からの蛍光X線もカウントしている

表2.10.2　X線照射径の違いによる定量結果の比較(単位：%)

元素	濃度	
	照射径：小	照射径：大
Fe	99.42	97.01
Cr	0.30	1.80
Ni	0.09	1.00
Mn	0.20	0.19

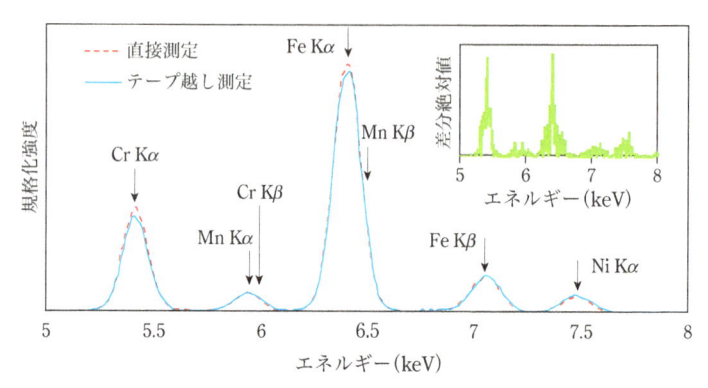

図2.10.5　試料のセット方法の違いによる測定スペクトルの比較
各スペクトルはトータル強度で規格化している．右上のグラフは，各エネルギーの差分絶対値を示す．測定には堀場製作所社製 X線分析顕微鏡XGT–9000を使用した．測定条件は，X線管ターゲット：Rh，管電圧：50 kV，管電流：1 mA，1次フィルタ：OFF.

　ことが原因である．また，擬似試料を固定した上質紙に含まれる Ca の蛍光X線が粉末のない隙間を通ってカウントされている．このように，微細な金属粉末を分析する際には，粒径よりも小さいX線照射径で分析することが望ましい．

　図2.10.5 は，セロハンテープの粘着面側から金属粉末を直接測定した場合と，裏返してセロハンテープ越しに金属粉末を測定した場合のスペクトルである．いずれも下地は上質紙である．表2.10.3 は，定量分析の結果である．定量の対象元素にはCr/Mn/Fe/Ni の 4 元素を選んだ．照射X線側のスペクトルおよび定量結果は，図2.10.3 で示した粉末B(ステンレス粉)のデータを用いている．

　スペクトルおよび定量結果を比較すると，各元素の強度および濃度にわずかながら差があることがわかる．これは，テープ越しに測定する場合，金属粉末をセロハンテープでコーティングするような形になり，照射X線や発生した蛍光X線がセ

表2.10.3 試料のセット方法の違いによる定量結果の比較(単位：%)

元素	濃度	
	直接測定	テープ越し測定
Fe	70.71	70.27
Cr	18.29	17.39
Ni	9.35	10.97
Mn	1.65	1.37

ロハンテープ層によって吸収されたためである．X線の吸収量はエネルギーごとに異なり，特にエネルギーの低い元素ほど吸収の影響は大きく，表2.10.3の定量結果を見ると例えばCrとNiの濃度比率が変化していることがわかる．このように，セロハンテープなどで採取した金属粉末を分析する際には，粘着面側から直接測定し，テープ層によるX線の吸収影響を受けないように固定するのが望ましい．

2.10.2.2 酸化物や塩からなる異物の分析

食品中から発見される異物は金属に限らず，ガラスや骨などの酸化物・塩が主成分のものから，繊維などの有機物まで多岐にわたる．金属異物であれば含有元素の大半が蛍光X線分析により定量可能であることから精度の良い定量が可能である．一方，酸化物や塩，有機物からなる異物は，蛍光X線分析では定量困難なCやHやOなどの軽元素を含むことから，定量値を正確に得ることは難しい．また，母材となる食品自体も主要構成元素が軽元素であることが多く，異物の定量に影響を及ぼす．本項では，母材の定量が不可能な場合や金属以外の異物が混入している試料でもより精度良く定量値を得る手法として，残分を指定した定量と化学式を指定した定量の2種類の方法を紹介する．

異物混入試料の例としては，母材となる魚肉ソーセージに異物を模した魚の骨を埋め込んだ疑似試料を作製した．母材と異物の比較を行うため，魚肉ソーセージ上の1点(母材)と骨上の1点(骨)を測定し，その結果を示しながら定量の際の注意点を紹介していく．

（i）リファレンスフリー分析による異物の定量結果

図2.10.6にスペクトルを，表2.10.4(a)に定性分析と定量分析の結果を示す．魚肉ソーセージは脂質から，骨は有機物と無機化合物から構成されるため，それぞれ脂質と有機物の組成を残分に指定した．加えて，骨に含まれる無機化合物の大半は炭酸アパタイト(リン酸カルシウムの一種)であるため，Pをリン酸(PO_4)として化

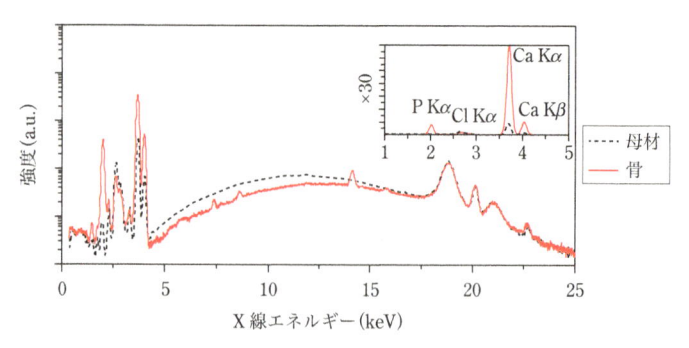

図2.10.6　母材と異物1のスペクトル比較
　　　　測定には堀場製作所社製 X線分析顕微鏡 XGT-9000 を使用した．測定条件は，
　　　　X線管ターゲット：Rh，管電圧：50 kV，管電流：1 mA，1次フィルタ：OFF.

表2.10.4　母材と異物の測定における検出元素と定量値(単位：%)
　　　　濃度が「－」の元素は定性されなかった元素を示す．

		母材	骨
(a)残分指定 ＋酸化物指定	$C_{17}H_{33}O_2$	98.9	－
	$C_5H_9O_3N_2$	－	60.6
	PO_4	－	19.1
	S	0.03	0.13
	Cl	0.22	0.30
	K	0.03	－
	Ca	0.83	19.8
	Sr	－	0.06
	Zn	－	0.01
(b)残分指定のみ	$C_5H_9O_3N_2$		75.2
	P		5.82
	S		0.13
	Cl		0.28
	K		－
	Ca		18.5
	Sr		0.05
	Zn		0.01
(c)酸化物指定のみ	PO_4	－	42.2
	S	1.29	0.34
	Cl	11.9	0.79
	K	2.17	－
	Ca	84.3	56.4
	Sr	－	0.22
	Zn	－	0.04

学式を指定して定量を行った．これらの処理については(ii)，(iii)項で詳細を説明する．

2点のスペクトルを比較すると，骨では母材と比べてPとCaのピークが高強度であり，かつ骨でのみZnとSrが検出されている．定量値を比較すると，骨は母材に比べて多量のCaを含有しており，さらにリン酸と微量のSrを含んでいる．先述のとおり，骨の無機化合物はリン酸カルシウムの一種からなり，Ca濃度はリン酸の濃度の約0.8倍である[3]．表2.10.4(a)の定量値ではCaとPO_4は同量となっており，母材由来の蛍光X線の影響でCaがわずかに高く定量されている．Srは，周期表上でCaと同族であることから，Ca同様に骨に蓄積する性質をもつ．母材と異物に関してそれぞれのスペクトルと定量値を比較した結果，骨の特徴と合致した結果を得た．

(ii)残分の指定

リファレンスフリー蛍光X線分析による定量分析において，母材の主要構成元素が軽元素である場合の注意点について述べる．X線で検出したすべての元素の濃度の合計が100%となるよう規格化して計算するため，軽元素マトリックスの試料では，定量計算に含まれない元素の割合が相当な比率を占める．その結果，誤差が大きくなり，得られる定量値が実際の組成から大きくずれる場合がある．表2.10.4(b)に軽元素の影響を加味せずに定量分析を行った結果を示す．母材である魚肉ソーセージと比べて骨はより多くのCaを含有すると予測できるが，表2.10.4(b)の定量結果ではCa含有量は母材の方が多いという結果が得られた．このように，測定対象が軽元素から構成されている場合には，定量値のずれが生じる．

上記の問題の解決方法として，母材(食品)の大まかな組成が明らかである場合に，その組成を「残分」に指定して定量計算に含める手法がある．検出不可能な組成を残分として指定し，検出可能元素と残分の濃度合計が100%となるように計算を行う．表2.10.4(a)では，母材である魚肉ソーセージが主に脂質から構成されていることから，$C_{17}H_{33}O_2$を残分として指定し，定量を行った．この組成式は，文部科学省の日本食品標準成分表[4]より計算した魚肉ソーセージに含有される脂質の組成から設定している．また，骨に含まれる有機物はコラーゲンであることから，コラーゲンを構成するアミノ酸[5]から組成式を推定し，$C_5H_9O_3N_2$を残分に指定した．処理過程の加熱によってゼラチンに変性するが，本項ではおよその組成としてコラーゲンをもとに計算している．表2.10.4(a)で残分を指定した結果，母材よりも骨の方がより高濃度でCaを含有するという，予測に沿った結果が得られた．蛍光X線分析で定量不可能な元素を含む場合でも，残分を指定することでより精度良く定量値を得

ることが可能である.

（iii）化学式の指定

　測定対象が酸化物や塩（炭酸塩など）を含むことがあらかじめ予測できる場合，化学式を指定して定量することでより精度良く定量することが可能である．P を酸化物でなく単体として定量した結果を表 2.10.4(c) に示す．この結果から Ca は PO_4 の 3 倍以上の濃度で含有されていると判断できるが，この結果は骨を構成する無機化合物はリン酸カルシウムが主要であることと合致しない．P が酸化物の形態をとるとし，そのように指定したうえで強度計算を行って定量分析を行うことで，表 2.10.4(a) に示した結果のようにより，本来の組成に近い値を得ることが可能である．

　蛍光X線分析で定量が困難な軽元素からなる試料であっても，およその組成を把握していれば残分を指定することでより良い定量値を得ることが可能である．また，酸化物や塩を含有した試料でも，化学式を指定することでより精度良く定量分析を行うことが可能となる．そのような定量分析においてより精度良く異物を測定したい場合には，母材が何であるか，異物として考えられるものは何かを把握することが重要となる．

2.10.3　食品異物分析のまとめ

　本節では，食品異物分析としてエネルギー分散型の微小部蛍光X線分析装置を用いた 2 つの分析例を紹介した．異物が金属などの無機物かつ取り出して分析可能な場合は，蛍光X線分析により信頼性の高い定性・定量結果を得ることができる．また，異物を取り出せない場合や複数種の異物が混在している場合でも，異物部と周辺部のスペクトル比較や元素マッピング分析を行うことで定性分析はまず問題ないであろう．定量分析を行う際には，機械的に算出される濃度値をそのまま採用するのではなく，慎重な検討を行った方がよい場合がある．信頼性の高い結果を得るためには，今回紹介したように，異物のサイズに適した照射X線のビーム径を選択する，X線の吸収影響を受けないように試料をセットする，異物が混入している母材の組成や異物を構成する元素の形態を推定する，といった分析上の注意点を把握しておくとよい．

　なお，異物がプラスチック片などの有機物の場合は，蛍光X線分析法ではその特定が難しいことから，例えばレーザー励起によるラマン散乱光を利用したラマン分光分析法や赤外光の吸収を利用した赤外分光分析法が有効である．

[参考文献]

1) 東京都福祉保健局ホームページ「食品の苦情統計」：http://www.fukushihoken.metro.tokyo.jp/shokuhin/kujou/index.html

2) 独立行政法人国民生活センターホームページ「食品の異物混入に関する相談の概要」：http://www.kokusen.go.jp/news/data/n-20150126_1.html

3) 国立研究開発法人科学技術振興会「世界初，骨の無機成分と同組成の人工骨の開発・実用化に成功」：https://www.jst.go.jp/pr/announce/20180215-2/index.html

4) 文部科学省「五訂増補 日本食品標準成分表 脂肪酸成分表編」10 魚介類

5) 新田ゼラチン（株） ゼラチンの一般的特性：https://www.nitta-gelatin.co.jp/ja/labo/gelatin/05.html

3

リファレンスフリー
蛍光 X 線分析の注意事項・事例

3.1　高い信頼性を得るための注意事項

3.1.1　データの信頼性

リファレンスフリー蛍光 X 線分析は，分析試料ごとの標準試料が不要で，最小限の試料情報により組成が未知の試料でも簡単に分析が可能であることから，広く用いられるようになっている．一方で，簡単に分析できる反面，試料情報の誤った設定により，大きな分析誤差が生じる場合もある．本節では，信頼性の高い分析値を得るための注意事項について事例をあげて解説する．ここで紹介する分析例は，波長分散型蛍光 X 線分析装置を使用したものであるが，エネルギー分散型蛍光 X 線分析装置でも原理的には同じである．

3.1.2　リファレンスフリー蛍光 X 線分析の特徴

蛍光 X 線分析法は相対分析であり，標準物質などを用いて事前に検量線をソフトウエアに格納したうえで分析が行われている．しかし，故障解析のための分析や材料開発を目的とした場合は，それらに対応した標準物質が入手できない，または入手できても 1, 2 点程度であり検量線が準備できないなどの制約が生じる．そこでこうした試料に対していかに正確に含有元素を特定し，その含有率を定量するかが重要となる．

このような要求に対してリファレンスフリー蛍光 X 線分析は有効な分析手法である．蛍光 X 線強度は，各成分の組成と測定条件，および物理定数（ファンダメンタル・パラメータ）から，理論的に計算できる．リファレンスフリー蛍光 X 線分析による分析試料の定量計算では，各分析線の測定強度をソフトウエアに格納された

装置の感度係数を用いて理論強度スケールに換算し，理論強度と換算測定強度を対比しながら各成分の含有率を推定するプロセスを繰り返し行い，推定含有率が収束した結果を定量値とする．

　未知試料に含有される元素とその含有率は，定性分析で検出された元素とその蛍光X線強度から定量計算することができる（図3.1.1）．感度係数は，あらかじめ代表的な元素の標準物質を測定することでソフトウエアにデータベースとして格納されており，これによりすべての元素が分析可能となる[1]．個々の分析に際して，標準試料を必要としないことから，スタンダードレス分析ともよばれている．

3.1.2.1　パラメータ設定

　標準試料を準備しなくても容易に分析値を得ることができるが，信頼性の高い分析値を得るためには，適切な試料の準備と定量演算のためのソフトウエアでのパラメータ設定が必要である．以下に項目別に注意点を示す．

(i)試料の状態

　算出される理論X線強度は，各元素が試料中に均質に含有されることを前提としている．測定試料が不均質である場合は，それによる分析誤差が発生するため，可能な限り均質に調製することが重要である．また，試料表面が平滑で，試料面積が分析面積より大きいことも必要である．小さい分析径が選択可能な場合は，試料サイズに合わせた分析径を選択する．ただし，不均質性による問題は，試料中に非

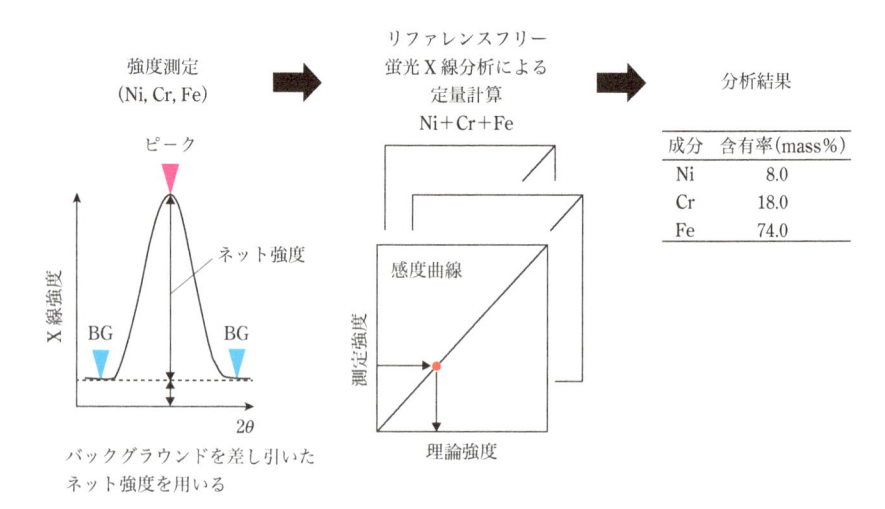

図3.1.1　リファレンスフリー蛍光X線分析による定量計算の概念

測定成分がない場合には通常，定量結果(含有率)を規格化することで回避できる．また，試料の厚さがX線による分析深さより薄いときは，薄膜モデルを用いて定量演算する．

(ii) 試料組成

定量演算は試料中に存在する各元素の化合物形態に合わせて行う必要がある．例えば，化合物形態を酸化物や金属としてあらかじめ指定しておく．また，ポリマーなどの非測定成分(C, H, N, O など)が主成分であるときは，その主成分を残分(バランス成分)に指定して定量演算を行う．非測定成分を指定しない場合には，測定成分のみで定量演算をしてしまうために，異常な分析値となるので注意が必要である．

(iii) 試料調製

粉末試料の調製で使用する成形助剤(バインダ)の混合比やガラスビードの融剤と試料の希釈比を設定する．使用するバインダや融剤の化合物形態は，あらかじめ登録する必要がある．

また，液体試料などで試料フィルムを使用するときは，試料フィルムによりX線が吸収されるので，この吸収を補正するためにあらかじめ試料フィルムの種類と厚さを登録する．また，試料フィルムやバインダに不純物が含まれるときは，その補正が必要である．

(iv) 測定条件

測定雰囲気には通常，真空を使用するが，液体や粉末試料をルースパウダー法で前処理して分析する場合には，ヘリウム雰囲気などを使用する．この場合，測定雰囲気によりX線が吸収されるため，その雰囲気に合わせた装置感度で定量演算をしなければならない．装置によっては，測定雰囲気を指定すれば，それに応じたX線の吸収補正が可能である．補正ができない場合は，あらかじめその雰囲気における装置感度を登録しておくことが必要である．

3.1.2.2 X線強度の理論計算

バルク試料(無限厚試料)の蛍光X線のX線強度の理論計算式[2]を以下に示す．分析線の理論X線強度 I_i は，1次励起と2次励起の合計で求める．

$$I_i = I_{P_i} + I_{S_i}$$

I_{P_i}：1次励起のX線強度

I_{S_i}：2次励起のX線強度

1次励起蛍光X線は，入射X線により試料中の分析元素が励起されて発生する蛍

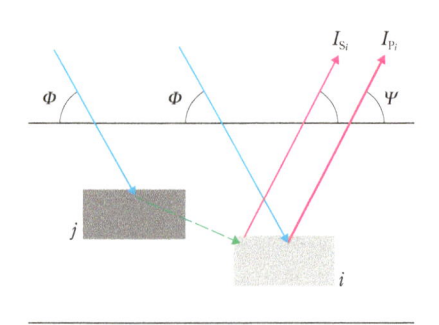

図 3.1.2　1 次励起(I_{P_i})および 2 次励起(I_{S_i})蛍光 X 線の発生

光 X 線で，2 次励起蛍光 X 線は，他の元素の 1 次励起蛍光 X 線により分析元素が励起されて発生する X 線である(図 3.1.2).

以下に 1 次励起蛍光 X 線強度の理論計算式を示す．入射 X 線により発生する蛍光 X 線である 1 次励起蛍光 X 線の理論強度 I_{P_i} の式は，入射角 Φ，取り出し角 Ψ および質量減衰係数，蛍光 X 線の発生効率などで構成され，入射 X 線波長 λ で積分を行っている．

$$I_{p_i} = \frac{K(\lambda_i)}{\sin \Psi} \int_{\lambda_{\min}}^{\lambda_i^c} \frac{Q_i(\lambda)}{x} I_0(\lambda) \mathrm{d}\lambda$$

　　$K(\lambda_i)$：分析線の装置感度

　　$I_0(\lambda)$：1 次 X 線波長分布の波長 λ の強度

　　$Q_i(\lambda)$：波長 λ の入射 X 線に対する分析線の発生効率

　　X：装置の入射角，取り出し角における総合質量減衰係数

2 次励起蛍光 X 線強度の計算式は割愛するが，1 次励起と同様に質量減衰係数，蛍光 X 線の発生効率などから計算する．これらの理論計算に使用する各種物理定数は，あらかじめデータベースとしてソフトウエアに格納されている．

また，有限厚試料や薄膜試料の場合は，薄膜モデルの理論強度計算式を使用し，厚さ方向での積分を行う．基板がある場合には，基板からの 2 次励起も計算し，多層膜では上層による吸収も計算する．ただし，基本的な考え方はバルク試料の場合と同じであり，単層の薄膜モデルの理論強度計算式で無限大まで厚さ方向の積分を行えば，上記のバルク試料の理論強度計算式と同じとなる．なお，上記の計算式からわかるように，全元素が試料中に均質に分布していると仮定している．

このようにリファレンスフリー蛍光 X 線分析では，バルク試料と薄膜試料に対して，理論強度と測定強度の相関を表す装置感度曲線として同じものを使用するこ

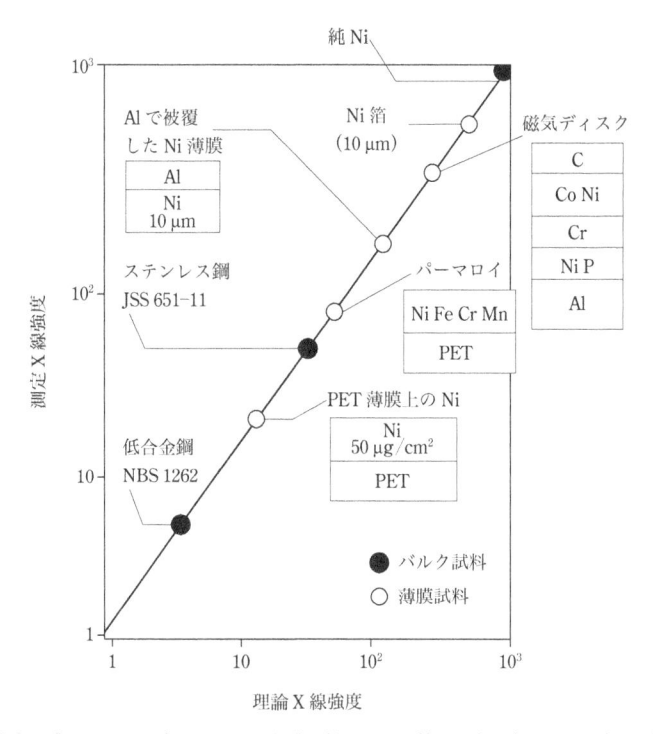

図 3.1.3 Ni を含む各種バルク・薄膜試料の Ni Kα 線の測定強度と理論強度の相関

とができ，同じ感度係数のデータベースを用いて，バルク試料と薄膜試料のいずれについても分析を行うことができる．

　種々の試料における Ni Kα 線の測定強度と理論強度の相関を図 3.1.3 に示す．Ni を含む単層・多層薄膜試料や無限厚試料であるステンレス鋼などのデータは，すべて純ニッケルのプロットと原点を通る直線上にプロットされている．このことは，純ニッケルの標準物質 1 つで装置の感度係数を登録しておけば，すべてのバルク試料や薄膜試料の分析が可能であることを意味している．実際の装置では，あらかじめ代表的な元素の標準物質を測定した装置の感度係数がソフトウエアにデータベースとして格納されている．

3.1.3　リファレンスフリー蛍光 X 線分析による定量演算の方法

　バルク試料において測定強度から含有率へ定量演算を行う方法[3]の手順を図 3.1.4 に示した．具体的には以下のとおりである．

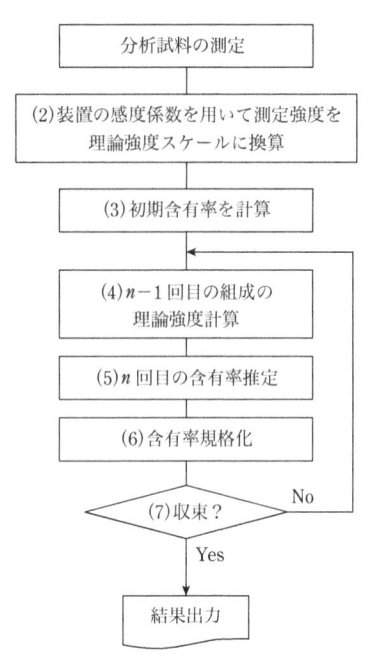

図 3.1.4　未知試料の定量演算の流れ

(1)分析試料を測定し，X 線強度を取り込む．

(2)格納された感度係数を使用して測定強度を理論強度スケールに換算する．

(3)各元素の換算測定強度と純物質の理論強度の比を求め，全元素の合計含有率を 100 mass％に規格化して初期含有率とする．

(4)前回($n{-}1$ 回目)の測定における組成で各蛍光 X 線の理論強度を計算する．

(5)換算測定強度と理論強度の比が，推定含有率と前回の測定における含有率の比に比例すると仮定して n 回目の推定含有率を計算する．

(6)この近似推定含有率の合計を 100 mass％に規格化する．

(7)全成分について規格化した含有率と前回の測定における含有率の相対変化が，一定値(例えば 0.001)以下となったときに収束と判定し，規格化後の定量結果を出力する．収束と判定されないときは(4)に戻り，収束するまで繰り返す．

　この計算手順の考え方は，マトリックス補正を用いた検量線法とほとんど同じであるが，異なる点は，リファレンスフリー蛍光 X 線分析では検量線定数の代わりに理論強度と測定強度の相関である感度係数を使用する点と，繰り返し計算で合計含有率を 100 mass％に規格化するステップを含む点である．この規格化のステッ

プは, 蛍光 X 線の理論強度式において必要となる. 最終の繰り返し計算時の規格化前の含有率を出力することもある.

また, 非測定成分などを残分(バランス成分)として定量演算を行うこともできる. この場合は, 分析成分の合計含有率と 100 mass％との差を残分の含有率として定量演算するので, 図 3.1.4 のフロー図における含有率の規格化処理では, 残分の含有率を求めるだけで合計含有率の規格化は行わない.

薄膜モデルでの定量演算方法については, 個々の演算内容は若干異なるものの, 手順はバルク試料の場合と同じである. めっきなどの付着量分析や, 薄膜試料の厚さと組成の同時分析のほか, 有限厚試料の分析においても試料を薄膜モデルで扱う.

3.1.4 リファレンスフリー蛍光 X 線分析の分析例と注意点

リファレンスフリー蛍光 X 線分析は, 金属, 酸化物粉末, ポリマー, 液体や, めっきなどの薄膜といった多様な試料に適用させることができる. 金属試料の場合は, ほとんどの元素が測定可能で単体元素として含有されているので, "金属"と指定するだけで容易に分析が行える. 一方, 鉱物試料などの粉末, ポリマー, 液体試料については注意が必要である. 分析上の注意点と適用例などについて以下に示す.

3.1.4.1 粉末試料のリファレンスフリー蛍光 X 線分析における注意点

(i)試料の不均質性の効果

粉末試料を分析する場合, 不均質性によって分析誤差が生じる. 不均質性には以下の 3 つの要因がある.

(1)鉱物効果

粉末試料にさまざまな鉱物からなる粒子が含まれることにより蛍光 X 線の吸収が異なることが原因で, ある成分の含有率が同じでも鉱物種により分析誤差は異なる生じる現象である.

(2)粒度効果

粉末の粒度によって目的元素の X 線強度が変化する現象である. 特に, 軽元素のようにエネルギーが低い蛍光 X 線は分析深さが浅く, 粒度の影響を受けやすい. 一方, 重元素分析でよく用いられる蛍光 X 線はエネルギーが高く, 分析深さが深いため, 軽元素と比較して粒度による X 線強度への影響は相対的に小さい.

(3)偏析

偏析には, 試料内で粒子が均一に混合されていない場合と, 粒子の中で濃度が不均質である場合がある. 粒子内で濃度分布がある例としてはコーティング粒子など

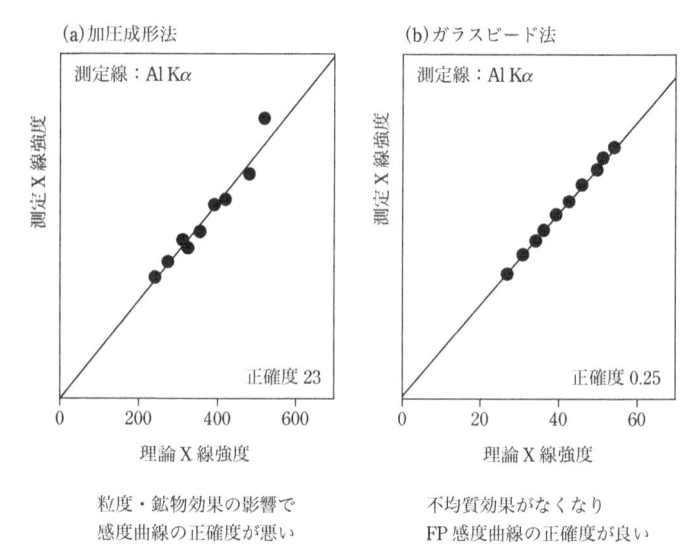

(a) 加圧成形法　　　　　　　　　　　(b) ガラスビード法

粒度・鉱物効果の影響で　　　　　　　不均質効果がなくなり
感度曲線の正確度が悪い　　　　　　　FP 感度曲線の正確度が良い

図 3.1.5 粉末試料における粒度・鉱物効果の影響
　　　　　加圧成形法とガラスビード法の比較．標準試料として 10 点のアルミナ質耐火物標
　　　　　準物質（日本耐火物協会製）を測定して得られた Al Kα 線の感度曲線である．

があげられる．

　鉱物効果の影響を軽減する方法として，分析対象試料の鉱物種（例えば，花崗岩）と同じ鉱物種の標準試料を標準物質として装置の感度係数を登録しておき，この装置感度係数を使用して定量分析を行う方法もある．また粉砕後の試料粒度が小さいほど，鉱物効果と粒度効果の影響を軽減できる．

　ガラスビード法では均質な試料が得られ，上記した試料の不均質性による影響を除去できる．図 3.1.5 にはガラスビード法の効果を確認するために，複数の標準試料について加圧成形法とガラスビード法で試料処理を行って測定し，理論強度と測定強度の相関である装置の感度曲線を比較した結果を示す．ガラスビード法の方が，相関の良い感度曲線が得られた．リファレンスフリー蛍光 X 線分析では，試料中の共存元素の影響は補正されるが，鉱物効果・粒度効果などの試料の不均質性による誤差はそのまま残るので，加圧成形法の方が分析誤差は大きくなる．必要とする分析の正確さと試料処理時間とのバランスを考慮して試料処理法を選択するとよいだろう．

(ii) ルースパウダー法，加圧成形法，ガラスビード法の特徴と試料処理上の
　　注意点

　粉末試料については，加圧成形法，ガラスビード法とルースパウダー法の３つの
試料処理方法がある．加圧成形法は，もっとも一般的に使用される試料処理方法で
あり，粉砕した試料をペレットに加圧成形して分析する．

　ガラスビード法は，試料処理に手間がかかるが，正確な分析が必要なときに有効
な方法であり，少量試料でも正確な分析ができるメリットもある．一方，ルースパ
ウダー法は，元の粉末のまま試料容器に装填して分析する方法で，この３つの試料
処理方法でもっとも簡便であるが，分析誤差も大きく，あまり正確な分析が必要で
ない場合に使用する．したがって，必要とする分析の正確さに応じて試料処理方法
を選択して分析する．

　以下に加圧成形法，ルースパウダー法，ガラスビード法による試料処理の注意点
の説明をする．

(1) 加圧成形法

　加圧成形法では加圧成形機とダイスを用いて，リングあるいはカップに試料を充
填し，ペレット状に成形する．ペレットの成形性の良し悪しは試料の品種や粒度に
も依存し，事前に十分に粉砕していれば成形しやすくなる場合もあるが，成形しに
くい場合は成形助剤(バインダ)を混合して成形性を高める．

(2) ルースパウダー法

　試料が加圧成形し難い粉末試料である場合や，試料をそのまま回収したい場合に
は，分析面に試料フィルムを張った専用の容器へ粉末のまま充填し，真空雰囲気(あ
るいはヘリウム雰囲気)で測定する．通常，加圧成形法に比べて試料調製の再現性
が悪いので，あらかじめ試料調製の再現性を確認しておくとよい．また，試料フィ
ルムによるX線の吸収やフィルム中の不純物にも注意が必要である．特に軽元素
では原子番号が小さくなるほどX線の吸収が大きく，ホウ素(B)〜フッ素(F)は試
料フィルムによる吸収のために分析できない．

(3) ガラスビード法

　ガラスビード法はガラス化することで粉末試料の不均質効果を除去できる有効な
試料処理方法である．ただし，融剤による希釈効果によって感度が低下し，微量成
分の分析精度の観点から，主成分のみが分析対象となる場合もある．ガラスビード
の調製方法の例を図3.1.6に示す．

(iii) 加圧成形法，ルースパウダー法，ガラスビード法の設定時の注意点

　試料フィルムを使用するルースパウダー法，バインダを用いる加圧成形法，およ

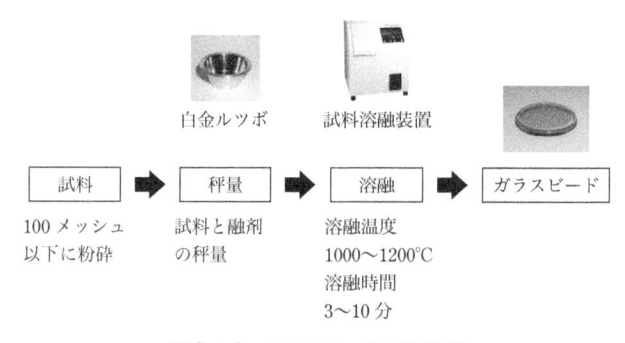

白金ルツボ　　　試料溶融装置

試料 ➡ 秤量 ➡ 溶融 ➡ ガラスビード

100 メッシュ　　試料と融剤　　溶融温度
以下に粉砕　　　の秤量　　　　1000〜1200℃
　　　　　　　　　　　　　　　溶融時間
　　　　　　　　　　　　　　　3〜10 分

図 3.1.6 ガラスビードの調製方法

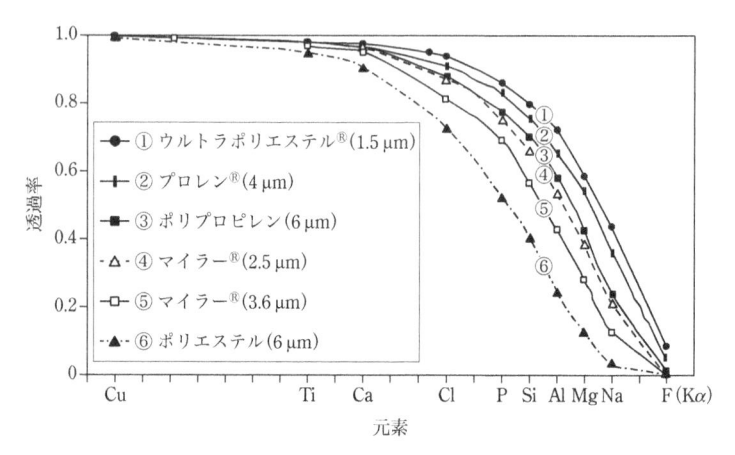

図 3.1.7 種々の試料フィルムの特性 X 線に対する透過率
フィルムを使用しないときの強度を 1.0 とした.

びガラスビード法により調製した粉末試料の分析における設定時の注意点を説明する.

(1)試料フィルムを使用するルースパウダー法

　ルースパウダー法では試料容器の分析面側に高分子フィルムを張って試料をセットして測定を行うため，X 線がフィルムによって吸収される. 各分析線に対する吸収度合いは使用するフィルム材質の種類やフィルムの厚さによって異なる. したがって，この吸収補正を行うためには使用するフィルムの補正係数が事前に格納されていることが必要である.

　図 3.1.7 には蛍光 X 線分析で用いられている種々の市販の試料フィルムの各種蛍

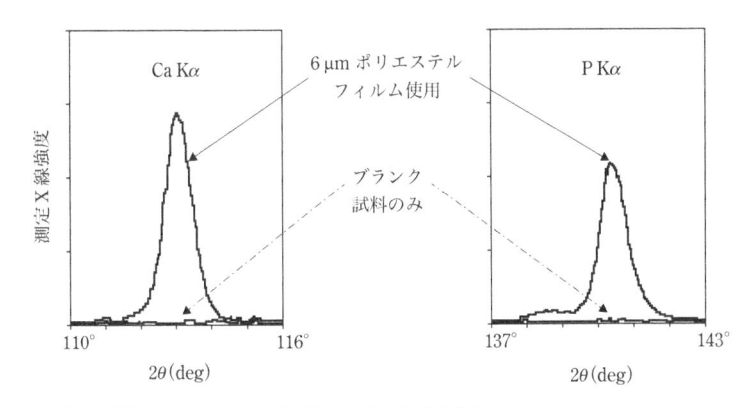

図 3.1.8　試料フィルムからの Ca Kα と P Kα スペクトル
ブランク試料である石英ガラス(高純度 SiO₂)の上に試料フィルムを置いた場合
とブランク試料のみを測定した場合を比較した結果.

光 X 線に対する透過率を示した．②，③はポリプロピレン系，①，④，⑤，⑥は
ポリエステル系のフィルムであり，フィルムの厚さは 1.5 ～ 6 μm である．蛍光 X
線のエネルギーが低いほど(グラフでは右側)，透過率は低くなる．F Kα 線はもっ
とも厚さが薄いフィルム①でも透過率は 0.1 程度であるので，フィルムを用いた場
合，フッ素は実質上分析できない．③と⑥は同じ厚さでも，ポリエステル系よりポ
リプロピレン系フィルムの方が透過率は高い．これはポリエステル系フィルムには
酸素が含有されているために吸収が大きくなるからである．図 3.1.7 に示すように
軽元素の蛍光 X 線では吸収が大きいので，リファレンスフリー蛍光 X 線分析にお
いては，使用した試料フィルムによる吸収補正を必ず行う必要がある．

　また一般的に，耐 X 線性に優れているフィルムほど，特性を向上させるために
Si, P, Ca, Al などの添加剤が混入されている．そのため，これらの元素を分析対象
とする場合には注意が必要である．

　図 3.1.8 にはポリエステルフィルムからの Ca Kα 線と P Kα 線のスペクトルを示
す．図からフィルムの不純物として Ca と P が検出されていることがわかる．使用
する試料フィルムの不純物情報については事前にフィルムだけの定性分析を行って
確認することが重要である．リファレンスフリー蛍光 X 線分析では，不純物補正
を行うことで，フィルムの不純物由来の強度を補正して除去することが可能である．

　表 3.1.1 には代表的な試料フィルムに含まれている不純物元素の例を示す．フィ
ルムへの添加剤の混入量はフィルムの種類，ロットによって異なるため，ロットご
とに上記の方法で不純物を確認しておくとよい．

表 3.1.1 代表的な試料フィルムに含まれている不純物元素

フィルム(厚さ)	Mg	Al	Si	P	S	K	Ca	Mn
ポリプロピレン(6 μm)	−	×	△	×	−	−	×	−
ポリプロピレン(12 μm)	−	×	△	×	△	−	△	−
ポリエステル(6 μm)	△	−	◎	◎	−	−	○	−
マイラー®(6 μm)	×	×	△	◎	×	−	◎	−
プロレン®(4 μm)	×	−	△	×	×	−	×	−

−：まったく含まれていない，×：ごく微量に含まれている，△：微量に含まれている，○：含まれている，◎：多量に含まれている

(2)バインダを用いた加圧成形法

加圧成形法で正常なペレットの調製が困難な粉末試料には，バインダを添加し混合粉砕することにより強固に加圧成形することができる．バインダを使用せずに成形した場合には，正常にペレットが調製できたように見えてもペレットの表面から微粉が落下する場合があり，特に真空雰囲気で測定する場合はこれらの微粉が分析装置の試料室内を汚染する原因となる．ケイ砂粉末や焼却灰などの球状の粉末粒子は加圧成形が困難な場合が多い．

バインダの混合比は一般的には試料：バインダ＝ 10：1 〜 10：2 とし，分析元素が含まれていないバインダを選択する必要があるため，バインダ中の不純物についても事前に濃度レベルを確認する必要がある．

代表的なバインダにはワックス系の Spectro Blend®，ポリスチレン系粉末，ホウ酸，セルロースパウダーがある．バインダを用いることで試料の成形性は向上するが，秤量および混合による不均質性の影響で分析誤差が増える場合もある．バインダ使用の設定をするときは組成情報と試料との混合比の設定が必須である．

(3)ガラスビード法の融剤情報と強熱減量

ガラスビードは，試料が融剤で希釈されているので，用いた融剤の組成情報と希釈比の設定が必要である．ガラスビード調製時に 1000 〜 1200°C の高温で溶融するため，結晶水や炭酸根(例えば $CaCO_3$ が主成分の石灰石)などの強熱減量が存在する試料のガラスビードを調製した場合は，強熱減量分が揮発しガラスビード中の試料重量が減少するために分析値に影響する．この場合，ソフトウエアによっては，強熱減量を残分として設定しておくことで，強熱減量の影響を受けない定量値を求めることが可能である．あるいは，あらかじめ試料を高温で焼成して重量変化から強熱減量含有率を求めておき，この焼成試料でガラスビードを調製してリファレン

スフリー蛍光 X 線分析を行って，そこで得られた分析値から強熱減量補正を行って元の試料の含有率を求めてもよい．

(4) 定量演算時の試料組成の設定について

　試料の成分形態について，酸化物の場合は"酸化物"を選択する．"酸化物"を設定すると，各元素について，ソフトウエアで登録された標準的な酸化物で定量演算が行われる．例えば，Si が検出されたときは，SiO_2 の含有率が計算される．金属粉末の場合は，"金属"を選択する．また，少量試料のときは薄膜モデルとし，試料厚さ (面積密度) を設定する．

3.1.4.2　セメント粉末と石炭灰粉末試料の分析例

(i) セメント粉末試料の加圧成形法による分析例

　加圧成形法には，微量成分も感度良く分析できるという利点がある．セメント標準物質 (NIST 製 1881a 〜 1889a) について加圧成形法で作製したペレットのリファレンスフリー蛍光 X 線分析の結果と認証値を表 3.1.2 に示す．測定したセメント標準物質は，ポルトランドセメントやアルミナセメントなど複数品種のセメント試料である．主要成分と微量成分ともに認証値に近い値が得られていることがわかる．分析の目的と，必要とする分析の正確さにもよるが，加圧成形法は有効な方法である．ただし，試料によっては，分析誤差は小さくなく，この誤差要因は試料の不均質性である．

(ii) 石炭灰粉末試料のルースパウダー法，加圧成形法，ガラスビード法の分析例

　石炭灰粉末標準物質 (産業技術総合研究所 GSJ JCFA-1) を用い，3 種類の試料処理法によるリファレンスフリー蛍光 X 線分析の結果を比較した．各試料処理方法で調製した検体の写真を表 3.1.3 に，分析結果を表 3.1.4 に示す．主要成分である SiO_2, Al_2O_3, Fe_2O_3, CaO に注目すると，分析値の正確さは高いものから順に，ガラスビード法，加圧成形法，ルースパウダー法となっている．

表 3.1.2　セメント標準物質の粉末法によるリファレンスフリー分析値と認証値（単位 mass％）
測定にはリガク社製 走査型蛍光 X 線分析装置 ZSX Primus IV を使用した．測定条件は X
線管ターゲット：Rh，管電圧－管電流：50 kV-60 mA(Ti 〜 U)／40 kV-75 mA(K, Ca)／
30 kV-100 mA(F 〜 Cl)，照射径（コリメータ径）：30 mmφ.

	1881a		1882a		1883a		1884a		1885a	
	XRF	認証値	XRF	認証値	XRF	認証値	XRF	認証値	XRF	認証値
Na$_2$O	0.26	0.199	0.03	0.021	0.38	0.3	0.28	0.2161	1.38	1.068
MgO	3.09	2.981	0.37	0.51	0.16	0.19	4.95	4.475	4.4	4.033
Al$_2$O$_3$	7.37	7.06	41.3	39.14	70.61	70.04	4.49	4.264	4.33	4.026
SiO$_2$	22.2	22.26	4.08	4.01	0.27	0.24	20.3	20.57	20.4	20.909
P$_2$O$_5$	0.17	0.1459	0.1	0.07	0.03	0.003	0.17	0.1278	0.16	0.122
SO$_3$	3.55	3.366	0.06	–	0.01	–	2.96	2.921	2.95	2.83
Cl	0.023	0.013	0.006	–	0.003	–	0.033	0.0037	0.033	0.004
K$_2$O	1.36	1.228	0.08	0.051	0.04	0.014	1.1	0.997	0.26	0.206
CaO	57.7	57.58	37.2	39.29	28.3	29.52	62	62.26	62.7	62.39
TiO$_2$	0.39	0.3663	1.73	1.786	0.01	0.02	0.2	0.186	0.22	0.195
Cr$_2$O$_3$	0.07	0.0588	0.124	0.113	0.01	0.006	0.033	0.0166	0.037	0.0195
MnO	0.117	0.1042	0.036	0.06	0	0.003	0.103	0.0853	0.06	0.0478
Fe$_2$O$_3$	3.35	3.09	14.77	14.67	0.09	0.078	2.84	2.695	2.11	1.929
ZnO	0.052	0.0489	0.006	0.004	0	–	0.012	0.0101	0.005	0.0029
SrO	0.046	0.036	0.026	0.024	0.021	0.019	0.347	0.2984	0.75	0.638

	1886a		1887a		1888a		1889a	
	XRF	認証値	XRF	認証値	XRF	認証値	XRF	認証値
Na$_2$O	0.03	0.021	0.66	0.4778	0.14	0.1066	0.25	0.195
MgO	1.98	1.932	2.96	2.835	3.17	2.982	0.82	0.814
Al$_2$O$_3$	4.16	3.875	6.38	6.202	4.43	4.265	3.93	3.89
SiO$_2$	21.6	22.38	18.1	18.637	21.1	21.22	20.5	20.66
P$_2$O$_5$	0.07	0.022	0.33	0.306	0.11	0.08	0.14	0.11
SO$_3$	2.38	2.086	4.93	4.622	2.27	2.131	2.95	2.69
Cl	0.021	0.0042	0.051	0.0104	0.028	0.0036	0.012	0.0019
K$_2$O	0.12	0.093	1.24	1.1	0.61	0.526	0.71	0.605
CaO	69.1	67.87	61.1	60.9	63.9	63.23	67.7	65.34
TiO$_2$	0.08	0.084	0.3	0.2658	0.28	0.263	0.26	0.227
Cr$_2$O$_3$	0.001	0.0024	0.028	0.009	0.038	0.0186	0.01	0.0072
MnO	0.004	0.0073	0.131	0.1186	0.128	0.1256	0.285	0.2588
Fe$_2$O$_3$	0.18	0.152	3.09	2.861	3.36	3.076	2.16	1.937
ZnO	0.002	0.001	0.078	0.0667	0.124	0.107	0.005	0.0048
SrO	0.026	0.018	0.386	0.322	0.103	0.082	0.059	0.042

表3.1.3　石炭灰粉末試料の試料処理方法

試料処理方法	ルースパウダー法	加圧成形法	ガラスビード法
検体画像			
備考	測定面に試料フィルムを使用	粉末試料の成形が困難な場合にはバインダを添加	希釈比は試料重量に対して融剤10倍

表3.1.4　各試料処理方法による石炭灰粉末標準物質のリファレンスフリー蛍光X線分析結果の比較(単位：mass％)
測定にはリガク社製 走査型蛍光X線分析装置 ZSX Primus IV を使用した．測定条件は，X線管ターゲット：Rh，管電圧－管電流：50 kV–60 mA(Ti ～ U)／40 kV–75 mA(K, Ca)／30 kV–100 mA(F ～ Cl)，照射径(コリメータ径)：30 mmϕ.

成分	リファレンスフリー蛍光X線分析値			認証値
	ルースパウダー法	加圧成形法	ガラスビード法	
SiO_2	48.3	49.6	50.8	50.6
TiO_2	1.59	1.43	1.37	1.31
Al_2O_3	24.9	25.1	24.7	24.2
Fe_2O_3	5.97	5.4	5.08	5.2
MnO	0.08	0.07	0.07	0.068
MgO	1.9	1.81	2.09	2.12
CaO	10.5	9.91	9.15	8.91
Na_2O	2.52	2.49	2.16	2.24
K_2O	1.5	1.4	1.3	1.27
P_2O_5	0.75	0.71	0.6	0.586

3.1.4.3　ポリマー試料のリファレンスフリー蛍光X線分析における注意点

　ポリマー試料の分析においては，通常ディスク状の試料を用いるが，ルースパウダー法で分析することも可能である．ディスク状のポリマー試料を分析するときは，試料について以下の情報を設定する．

(1)試料の状態

　ポリマー試料は，構成元素の原子番号が小さいために分析深さが深い．そのため，重元素を分析する場合は，薄膜モデルを選択し，試料厚さ(面積密度)を設定する．

(2)試料組成

　ポリマーは主成分が有機物であり非測定元素で構成されているので，ポリマー成分の化合物を残分として設定する．また，分析成分の化合形態には通常，"金属"(単体元素)を選択する．

3.1.4.4　ポリマー試料の分析例

　ディスク状ポリマー試料を分析した例として，図3.1.9に示すポリエチレン標準物質ERM−EC680Kをホットプレス機で2mm厚さのディスクに調製した試料について，検出元素の測定強度から3通りの定量計算設定で求めた分析結果と認証値を表3.1.5に示す．

　リファレンスフリー蛍光X線分析では一般に，測定元素範囲はフッ素以上の原子番号の元素とし，酸素以下の元素は測定対象外としていることが多い．ポリマー試料のモデルを図3.1.10に示した．主成分が非測定元素で構成されるポリマー試料について，正しい検出元素の定量値を得るためには，ポリマー主成分を"残分"として設定しておく必要がある．

　残分設定をしない計算条件①では，検出された微量元素のみで合計含有率が100 mass％となるように規格化されており，異常に高い分析値となっている．

　厚さ設定がない計算条件①と②では，バルク(無限厚)試料として各成分の含有率を求め，厚さ設定を行う場合③では，薄膜モデルで設定した厚さとして含有率を計算する．

　残分設定のみの計算条件②では，蛍光X線のエネルギーが比較的低いSとCrは認証値と良く一致しているが，蛍光X線のエネルギーが高いAs, Br, Cd, Hg, Pbは認証値と比較して低い結果となっている．これは，バルク試料として計算しているためである．一方，試料厚さ設定も行った計算条件③では，蛍光X線のエネルギーが高いPb, Cdなどの定量結果も標準値と良く一致している．ここでは，試料厚さは2mmと設定した．

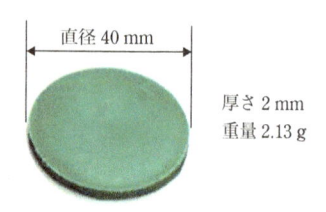

図3.1.9　ディスク状のポリマー試料

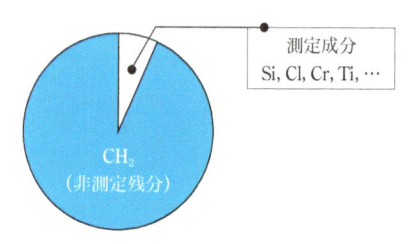

図3.1.10　ポリエチレン試料の試料モデル図

表 3.1.5 ポリマー標準物質 ERM–EC680K のリファレンスフリー蛍光 X 線分析結果(単位：mass%)
計算条件①：バランス設定なし，厚さ設定なし
計算条件②：バランス設定あり，厚さ設定なし
計算条件③：薄膜モデルでバランス設定あり，厚さ設定あり
測定装置，測定条件は表 3.1.4 と同じ．

計算条件設定			検出元素							
No.	残分	厚さ	Al	Si	P	S	Cl	Ca	Ti	Cr
①	なし	なし	0.88	0.662	0.176	1.76	4.79	0.415	55.2	3.55
②	あり	なし	0.0025	0.0022	0.0005	0.005	0.012	0.001	0.049	0.0016
③	あり	あり	0.0026	0.0022	0.0005	0.005	0.012	0.001	0.049	0.0016
認証値						–	0.008	0.01	–	–	0.002
分析線			Al Kα	Si Kα	P Kα	S Kα	Cl Kα	Ca Kα	Ti Kα	Cr Kα
エネルギー(keV)			1.486	1.739	2.013	2.307	2.621	3.690	4.508	5.411

計算条件設定			検出元素							
No.	残分	厚さ	Cu	As	Br	Cd	Ba	Hg	Pb	残分
①	なし	なし	3.68	0.40	9.09	0.43	17.3	0.661	1.18	なし
②	あり	なし	0.0012	0.0003	0.0036	0.0003	0.025	0.0002	0.0004	99.4
③	あり	あり	0.0017	0.0006	0.0102	0.002	0.025	0.0004	0.0012	99.9
認証値			–	0.0004	0.0096	0.002	–	0.0005	0.0014	–
分析線			Cu Kα	As Kα	Br Kα	Cd Kα	Ba Lα	Hg Lα	Pb Lβ	(CH$_2$)
エネルギー(keV)			8.040	10.530	11.907	23.106	4.465	9.987	12.612	

　試料厚さの影響を確認するために，このディスク試料を重ねて試料厚さを変化(1 mm, 2 mm, 4 mm)させたときの Pb Lβ 線の測定結果を図 3.1.11 に示す．試料が厚くなるほど Pb Lβ 線の強度が高くなっており，厚さの影響を受けていることがわかる．また，ポリエチレン($(C_2H_4)_n$)の組成を考慮して，残分を炭素と水素が原子数比で 1：2 としたときの代表的な測定線の X 線強度と試料厚さとの関係を図 3.1.12 に示す．縦軸は無限厚強度を 1.0 とした相対 X 線強度として示した．Si Kα 線は約 0.1 mm, Cl Kα 線は約 0.2 mm の厚さで X 線強度は飽和に達している．また，X 線のエネルギーが比較的高い Cr Kα 線は 2 mm の厚さでほとんど飽和している．今回のディスクの厚さは 2 mm であることから，Cr Kα 線よりエネルギーが高い Cu Kα, As Kα, Br Kα, Cd Kα, Hg Lα, Pb Lβ 線は厚さの影響を大きく受け，測定線のエネルギーが高いほどその影響が大きくなることがわかる．

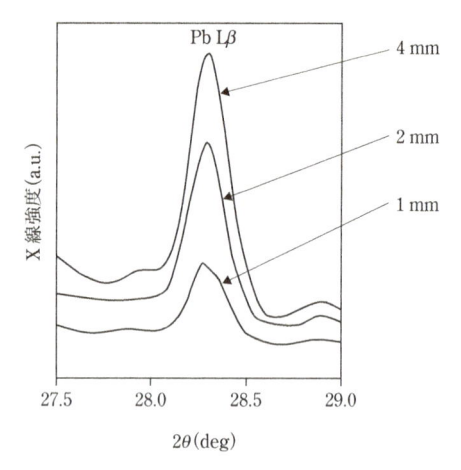

図 3.1.11　ポリマー試料の Pb Lβ スペクトルにおける厚さの効果

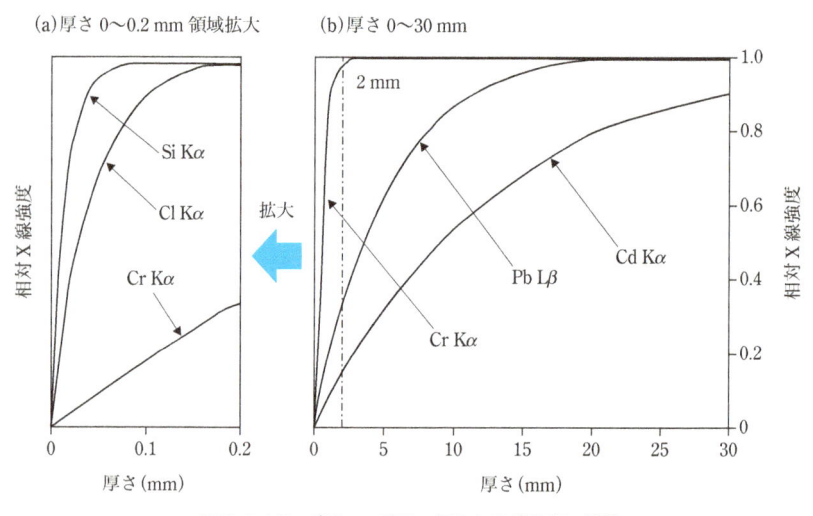

図 3.1.12　ポリマー試料の厚さと X 線強度の関係

3.1.4.5　液体試料のリファレンスフリー蛍光 X 線分析における注意点

(i) 液体法と点滴法の特徴と試料処理上の注意点

　液体試料の分析方法としては，試料を試料フィルムを張った液体試料容器にそのまま充填して測定する液体法と，専用のろ紙に水溶液を点滴し，乾燥させて測定する点滴法がある.

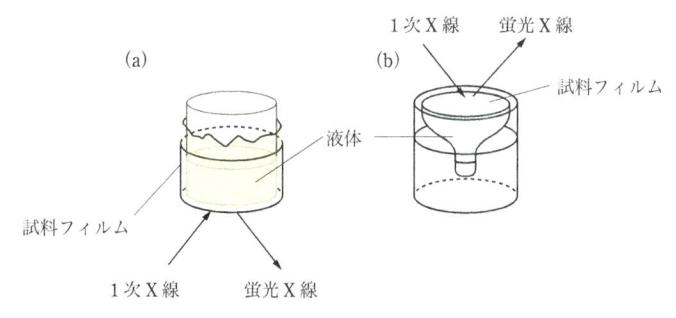

図 3.1.13　液体試料用容器の模式図
(a) 下面照射装置用, (b) 上面照射装置用

(1) 液体法

　液体法は, 液体試料をそのまま試料容器に入れて測定する方法である. 液体試料容器の模式図を図 3.1.13 に示す. 軽元素領域まで測定する場合, 試料室をヘリウム雰囲気にする必要がある. 試料フィルムと X 線光路中のヘリウムガスによる X 線の吸収があるため, 測定可能元素は Na 以上の原子番号の元素である. ただし, Na と Mg については, 微小含有率の分析は困難である.

　使用する試料フィルムの種類により, 機械的強度, 耐薬品性, X 線照射に対する耐久性, X 線の透過率などの特性がそれぞれ異なっており, 分析試料の品種・目的に合わせた選択が必要である. 例えば, 酸・アルカリ溶液に対してはポリプロピレン系のフィルムを, 潤滑油や燃料油などに対してはポリエステル系のフィルムを使用する. リファレンスフリー蛍光 X 線分析では, あらかじめ X 線の透過率や不純物強度が登録されている試料フィルムを使用する. (3.1.4.1(iii) 試料フィルムを使用するルースパウダー法を参照のこと.)

　液体法での測定雰囲気には, 蛍光 X 線の吸収が小さいヘリウムが一般的に用いられる. 図 3.1.14 には各種雰囲気に対する測定線の透過率の例を示した. X 線の透過率は装置の光学系により大きく異なるので, これはあくまで一例である. 図からわかるように真空以外の測定雰囲気では, 特に軽元素による X 線の吸収が大きいため, 測定雰囲気を設定し, X 線の吸収の補正を行う. 雰囲気による吸収補正の機能がソフトウエアにない場合は, その測定雰囲気で装置感度を登録しておき, それを使用する.

(2) 点滴法

　点滴法は液体をろ紙などに滴下後, 乾燥して測定する方法であり, 液体法のように試料フィルムを使用しないために真空雰囲気下での測定が可能となる. そのため,

165

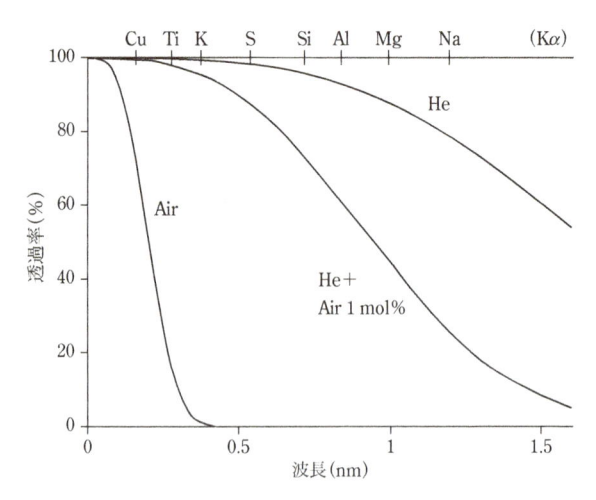

図 3.1.14 各測定雰囲気での各測定線に対する透過率

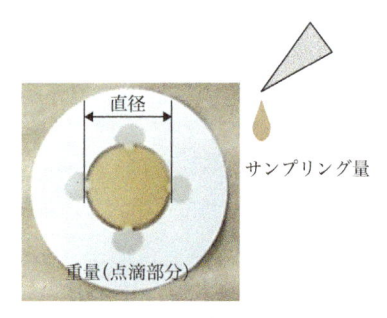

図 3.1.15 点滴ろ紙(マイクロキャリー)

液体中の B, F, Na, Mg などの軽元素を感度良く,また手軽に測定できる.

ろ紙には市販の製品を使用してもよいが,液の拡散防止用の溝を切った蛍光 X 線分析専用の点滴ろ紙(例えばマイクロキャリー,図 3.1.15)を用いると,マイクロピペットなどで一定量(例えば 50 μL)滴下することで再現性の良い定量分析が可能である.液の拡散部を制限した溝中では,X 線の検出感度が比較的均一となり,拡散のムラの影響を軽減できる.より多量の水溶液試料を点滴可能で高感度に測定できる点滴部を有する高感度点滴ろ紙(ウルトラキャリー,ウルトラキャリーライト)もある.

点滴部のフィルタ重量には,点滴部をあらかじめ切り取り秤量して得られた重量を設定するが,通常の点滴ろ紙を使用した場合は,滴下後乾燥して測定を行った後

に点滴部を切り取り，秤量した重量を再設定して定量演算した方がより正確な分析値が得られる．定量演算では，残分としてセルロース$(C_6H_{10}O_5)$を設定し，ろ紙の点滴部に含有されている元素の濃度を求め，さらに設定したサンプリング量から液体中の濃度へと換算する．

　点滴法では，ろ紙中に不純物が存在するため，あらかじめブランクのろ紙を用いて不純物のX線強度を求めておく必要がある．試料が滴下されたろ紙の測定データからブランクのろ紙の不純物のX線強度を差し引いた正味のX線強度を用いて分析値を求める．

(ii) 液体法と点滴法の定量演算設定上の注意点

　液体法と点滴法における定量演算の設定について以下に示す．

(1) 液体法の場合

・試料情報

　液体の主成分(水溶液のときは H_2O)を残分として設定する．成分の化合形態には通常，"金属"(単体元素)を選択する．

・試料調製

　粉末試料のルースパウダー法による分析と同様に試料フィルムの種類(厚さも含む)を選択して吸収補正をする．また，必要に応じて，試料フィルムの不純物補正の設定をする．

・測定条件

　測定雰囲気がヘリウムなど真空以外のときは，測定雰囲気を設定し，測定雰囲気によるX線の吸収の補正をする．

(2) 点滴法の場合

　点滴法では測定対象はフィルタであるため，薄膜モデルを用いる．下記の3つのステップで元の液体中の各元素の含有率を求めることも可能である．

　①フィルタ中に残存する各元素の含有率(フィルタ材質は残分)を求める．

　②フィルタ中の各元素の重量を求める．

　③各元素の重量と液体の点滴量から，元の液体中の含有率を求める．

　上記の処理を行うために，次の設定を行う．

・試料情報

　フィルタの材質(セルロースなど)を設定し，これを残分として定量演算する．また，フィルタの点滴部の面積密度(重量と直径)を設定し，成分の化合形態には通常，"金属"(単体元素)を選択する．

・試料調製

点滴量(μL)を設定する．また，必要に応じて，試料フィルムの不純物補正の設定をする．

3.1.4.6 水溶液の分析例

ICP 用のマルチエレメント標準水溶液について，液体法と点滴法により調製した試料のリファレンスフリー蛍光 X 線分析の結果を表 3.1.6 に示す．分析値はいずれ

表 3.1.6 液体法と点滴法により調製した ICP 用のマルチエレメント標準水溶液試料のリファレンスフリー蛍光 X 線分析結果
測定にはリガク社製 走査型蛍光 X 線分析装置 ZSX Primus IV を使用した．測定条件は，X 線管ターゲット：Rh，管電圧−管電流：50 kV‑48 mA(Ti 〜 U)／40 kV‑60 mA(K，Ca)／30 kV‑80 mA(F 〜 Cl)，照射径(コリメータ径)：30 mmφ，測定雰囲気：液体法はヘリウム，点滴法は真空．

元素	分析値(ppm)		標準値(ppm)
	液体法	点滴法	
Na	–	110	100
Mg	–	94	100
Al	112	123	100
K	104	91	100
Ca	82	83	100
Cr	141	93	100
Mn	115	85	100
Fe	107	94	100
Co	109	80	100
Ni	119	91	100
Cu	113	81	100
Zn	102	82	100
Ga	109	76	100
Sr	117	91	100
Ag	97	117	100
Cd	98	80	100
Ba	101	95	100
Tl	100	105	100
Pb	119	88	100
Bi	107	110	100

の方法においても標準値と比較的良く一致している．なお，液体法の結果において
は，試料フィルムを用いるため Na と Mg の特性 X 線が吸収され，検出できていな
い．

3.1.5 リファレンスフリー蛍光 X 線分析値の評価方法

標準試料を準備しなくても容易に分析値を得られることがリファレンスフリー蛍
光 X 線分析の利点であるが，分析する試料と異なる定量演算方法を設定すると，
分析値が大幅に変化する．ここでは，検出下限，分析深さ，規格化前後の分析値に
よる分析結果の評価方法を説明する．

3.1.5.1 検出下限(LLD)による分析値の評価

多くのソフトウエアで，リファレンスフリー蛍光 X 線分析結果に各検出元素の
検出下限(lower limit of detection，LLD)を出力できる．検出下限は分析感度の確認
に有効であるとともに，さらに低い検出下限が必要な場合には，測定時間を長くす
ることにより，検出下限の改善が可能である．

検出下限はバックグラウンド強度の統計変動の 3 倍に相当する含有率として定義
される．検出下限の一般的な計算式を以下に示す．

$$LLD = 3 \times a \times \sigma_{BG}$$

a：感度の逆数(ppm／kcps)

σ_{BG}：バックグラウンド強度の標準偏差(kcps)

$$\sigma_{BG} = \sqrt{\frac{I_{BG}}{T \times 1000}}$$

I_{BG}：バックグラウンド強度(kcps)

T：測定時間(s)

検出下限の計算式は，分析線のネット強度の求め方により若干異なるが，測定時
間 T の平方根に反比例して検出下限が良くなるため，例えば測定時間を 4 倍にす
ると 2 倍検出下限が改善する．

表 3.1.7 にポリマー分析で測定時間を変更した場合の検出下限の変化を示す．設
定条件 B は，設定条件 A の各元素の測定時間を，元素により 4 倍および 16 倍長く
しており，検出下限はそれぞれ 0.5 倍，0.25 倍に改善している．この関係を利用して，
各元素について必要な検出下限が得られる測定時間を求めることができる．

表 3.1.7　ポリマー分析において測定時間を変更した場合の検出下限

元素	分析結果 (ppm)	設定条件 A		設定条件 B	
		測定時間	検出下限 (ppm)	測定時間	検出下限 (ppm)
Cr	16	<u>t1</u>	<u>2</u>	t1	2
As	6	t2	2	<u>4×t2</u>	<u>1</u>
Br	102	<u>t3</u>	<u>2</u>	t3	2
Cd	20	t4	9	<u>4×t4</u>	<u>4.5</u>
Hg	4	t5	4	<u>16×t5</u>	<u>1</u>
Pb	12	t6	6	<u>4×t6</u>	<u>3</u>

表 3.1.8　オイルマルチエレメント試料(試料厚さ 5 mm)中の Mo, Cd, Ag の分析深さと,
バルクモデルおよび薄膜モデルによるリファレンスフリー蛍光 X 線分析値
測定装置,測定条件は表 3.1.4 と同じ.測定雰囲気はヘリウム.

元素	測定線	分析深さ (mm)	分析値(ppm)	
			バルクモデル	薄膜モデル
Mo	Mo Kα	22.2	351	491
Ag	Ag Kα	36.4	262	495
Cd	Cd Kα	38.6	257	504

3.1.5.2　分析深さによる分析値の評価

　測定試料の厚さに対する各分析線の分析深さを確認することが重要である.表 3.1.8 には多くの元素が 500 ppm 含有されているオイルのマルチエレメント試料における,Mo, Ag, Cd の Kα 線に対する分析深さの計算値(無限厚強度の 99％の強度の厚さ)と,バルクモデルおよび試料厚さを設定したリファレンスフリー蛍光 X 線分析値を示した.

　共存元素の主成分が C, O, H などの軽元素で構成されている場合には,X 線の吸収が少ないので分析深さが深く,Mo, Ag, Cd の Kα 線などの高エネルギー X 線に対する分析深さは約 40 mm となり,バルクモデルでは試料厚さの影響を受ける.この場合,液体試料を分析深さまで充填する必要はなく,薄膜モデルを適用して試料の厚さ(高さ)を設定することで表 3.1.8 に示すような良好な結果を得ることができる.

　分析深さについて,参考までに各蛍光 X 線の透過 X 線強度が 50％となる代表的

表3.1.9 代表的な物質に対する半減層（単位：mm）

分析線		波長	主成分					
Kα	Lα	(nm)	H₂O	C	Al	Cu	Ag	Pb
Cd		0.05	11	8	1.1	0.04	0.06	0.01
Br	Pb	0.1	2	2	0.2	0.03	0.009	
Cu	Ta	0.15	0.6	0.6	0.06	0.02	0.003	
Fe	Eu	0.2	0.3	0.2	0.03	0.007	0.002	
V	Ba	0.25	0.1	0.1	0.01	0.004		
Ca		0.3	0.08	0.08	0.008	0.003		
K		0.4	0.04	0.03	0.003	0.001		
Cl		0.5	0.02	0.02	0.002	0.0007		
P		0.6	0.01	0.01	0.001			
Si		0.7	0.008	0.007	0.0009			
Al		0.8	0.006	0.005	0.0007			
		0.9	0.004	0.004	0.0006			
Mg		1	0.003	0.003	0.0005			
代表的試料			液体　ポリマー オイル ガラスビード		Al合金 Mg合金 鉱物，岩石 セラミックス	銅合金 ステンレス 鉄鋼 フェライト	はんだ 貴金属	

な物質における厚さ（半減層）を表3.1.9 に示す．実際の分析深さはこの半減層の厚さの3〜4倍である．

3.1.5.3　含有率規格化前後の分析値の比較による分析値の評価

リファレンスフリー蛍光X線分析においては含有元素のX線強度から各成分の含有率の定量演算が行われ，残分の指定がない場合は合計含有率を100 mass％として規格化が行われる．規格化前の分析値も出力すれば，規格化前と規格化後の分析値の比較を行うことにより分析結果の評価が行える．例えば，規格化前分析値が規格化後分析値より小さく，合計含有率が100 mass％より大幅に小さいときは，試料中に測定していない成分が存在する，試料が小さい，あるいは，試料表面が粗いなどの場合が考えられる．

以下に試料中に測定しない成分が存在する場合の例を紹介する．石灰石の主成分は炭酸カルシウム（$CaCO_3$）であるが，石灰石試料の分析において，各成分を標準的

表3.1.10 炭酸カルシウムのリファレンスフリー蛍光 X 線分析結果
測定装置，測定条件は表 3.1.4 と同じ．

成分	標準値	分析結果（バランス成分設定なし）	
		100% 規格化前	100% 規格化後
MgO	0.0754	0.503	0.776
Al_2O_3	0.0207	0.052	0.08
SiO_2	0.12	0.131	0.202
P_2O_5	0.0295	0.033	0.052
SO_3	−	0.031	0.049
CaO	55.09	**63.9**	**98.7**
Fe_2O_3	0.0178	0.038	0.058
SrO	−	0.063	0.097
合計	55.4	64.8	100

な酸化物として定量値を求めたときの測定結果を表 3.1.10 に示す．試料は加圧成形法により調製した．規格化前分析値の CaO 含有率は 63.9 mass%，また検出された成分の合計含有率は 64.8 mass% となっており，含有率の規格化によって CaO 分析値が 98.7 mass% と大きく変化している．

　試料中の全成分が測定されていれば，規格化前後の分析値はほぼ同じで，規格化前分析値の合計含有率も 100 mass% に近くなる．したがって，規格化前分析値の合計含有率が 64.8 mass% と 100 mass% より大幅に小さいことは，測定されていない成分が多量に含まれていることを意味する．また，規格化前分析値は，標準値よりも高い分析値となっている．これは，非測定成分が設定されていないことによる補正誤差が原因である．

　このような場合，例えば，CaO の代わりに $CaCO_3$ を設定，あるいは，CO_2 を残分として設定して定量演算すると正確な分析値が得られる．このように試料情報は正確な分析値を得るための重要な要素である．

　試料表面に凹凸がある試料，分析面積より小さい試料，あるいは，粉末試料が水分を含んでいる試料の場合には，規格化前分析値の合計含有率が 100 mass% より小さくなるが，含有率を規格化することにより，試料の凹凸，試料サイズや水分の影響が緩和され，リファレンスフリー蛍光 X 線分析値として十分な結果が得られる場合が多い．ただし，この方法は，試料中の全成分が分析可能であるときのみに有効で，非測定成分を含んでいる試料には適用できない．

3.1.6 まとめ

リファレンスフリー蛍光X線分析は標準試料を用いることなく，容易に分析値を得ることができる分析手法である．しかし，正確な分析値を得るには，前述のとおり試料情報を正確に反映した定量演算方法を設定する必要がある．試料情報などの定量演算方法の設定については，分析後の結果を評価して問題が判明すれば，再分析せずに演算方法を修正して再計算することもできる．

また，リファレンスフリー蛍光X線分析は，試料が均質であることが前提であるため，不均質試料に対しては分析誤差が大きくなることに留意が必要である．分析試料にこの問題がある可能性が高い場合は，例えば，試料を微粉砕するなど可能な限り均質性のある試料調製をするとより信頼性の高い分析値を得ることができる．また，得られた分析値の評価方法として，検出下限の確認，分析深さ，規格化前後の分析値の比較などが有効である．

［参考文献］

1) 河野久征，村田　守，片岡由行，新井智也，「蛍光X線分析の自動化」，X線分析の進歩，**19**，307–332(1988)

2) T. Shiraiwa and N. Fujino, "Theoretical calculation of fluorescent X-ray intensities in fluorescent X-ray spectrochemical analysis", *Jpn. J. Appl. Phys.*, **5**, 886–899(1966)

3) J. W. Criss and L. S. Birks, "Calculation methods for fluorescent X-ray spectrometry, empirical coefficients vs fundamental parameters", *Anal. Chem.*, **40**, 1080–1086(1968)

3.2 コーティングアプリケーションにおける注意事項

3.2.1 コーティングアプリケーションの特徴

蛍光X線分析法は非破壊で多層膜試料の厚さや成分比を分析することができ，研究開発での試作評価，生産現場での製品検査や受入検査などの膜厚分析に広く用いられている．特にリファレンスフリー蛍光X線分析は，標準物質の数がそれほど多くなくても分析することができ，非常に便利である．しかしその一方で，分析値を得るまでの過程がユーザーにとってわかりづらいことや設定した分析条件を十分に評価することなく実試料を分析してしまうことなどから，得られた分析値が独り歩きしてしまう危険性がある．また，コーティングに際して想定している膜厚，他の蛍光X線分析装置による分析値，他の分析法による分析値(例えばSEM断面測長値)などとの間に差異が生じた場合，その原因が不明であると問題になる．そのため，分析を行ううえでいくつかの注意事項を押さえておく必要がある．

本節ではめっきを中心としたコーティングアプリケーションについて，いくつかの代表的な注意事項を事例とともに紹介した後，一般化された注意事項を示す．

3.2.2 代表的な注意事項

得られた分析値が想定と異なる場合，原因の切り分けを行うために，リファレンスフリー蛍光X線分析のソフトウエア上で分析条件を設定した後，すぐに実試料を測定するのではなく，標準物質を用いて分析条件の検証を行うことを推奨する．また実試料の測定においては，分析条件で想定している測定試料と相違がないか再度確認する必要がある．ここでは，分析条件設定時，分析条件検証時および実試料測定時の注意点について事例を交えて紹介する．

3.2.2.1 分析条件設定時の注意点

まず，分析対象の試料の層構造と各層の元素の膜厚定量範囲を把握しておく必要がある．膜厚定量範囲(下限値，上限値)は，膜厚と蛍光X線の強度との関係および，X線計測の原理上の制約により決定される．膜厚定量範囲は元素や分析線($K\alpha$，$L\alpha$など)，測定装置のX線光学的な配置，励起の条件によって変わる．市販の蛍光X線膜厚計における膜厚定量範囲のいくつかの代表例を表3.2.1に示す．

次に測定条件の設定における注意点としてX線照射面積，1次フィルタについて

表 3.2.1　代表的な元素の膜厚定量範囲

原子番号	元素	分析線	定量下限(μm)		定量上限(μm)
			比例計数管	半導体検出器	
22	Ti	Kα	0.1	0.01	10
24	Cr	Kα	0.1	0.01	10 ～ 12
28	Ni	Kα	0.1	0.01	30 ～ 40
30	Zn	Kα	0.1	0.01	30 ～ 40
45	Pd	Kα Lα	0.1	0.01	60 ～ 80 2 ～ 5
50	Sn	Kα Lα	0.1	0.01	60 ～ 80 2 ～ 5
79	Au	Lβ	0.05	0.005	8
82	Pb	Lβ	0.05	0.005	10

※上記の膜厚定量可能範囲は，目安であり保証範囲ではない．
　定量可能範囲は，上層膜の有無，基材の構成元素などによっても変動する．

述べる．X線照射面積は実試料の測定部面積よりも小さく設定する必要がある．そのうえで，可能な限り大きい面積に設定して得られるX線強度を高めることで分析精度を向上させることができる．また後述する感度補正用の標準物質を用いる場合，標準物質の値付けが行われたX線照射面積に近い面積に設定することが望ましい．X線照射面積から大きく外れると，感度補正に使用する標準値が代表値として使用できなくなるおそれがあるからである．1次フィルタは1次X線によるバックグラウンドを低減して，薄い領域の定量分析を改善する目的のほかに，その反対に非常に厚い領域の定量分析を改善する目的でも使用される．さらに，X線管球のターゲット材の元素によっては，着目元素の蛍光X線とターゲット材由来の特性X線のレイリー散乱X線が重なることもあり，そのようなとき，1次X線の特性X線をカットする目的でも使用される．例えば，タングステン(W)管球の場合，1次フィルタを使用しないで測定すると，Wターゲット由来の特性X線(Lβ線)のレイリー散乱X線が試料からのAu Lα蛍光X線と重なってしまう(図3.2.1)．

　最後に分析条件の設定における注意点として，感度補正に使用する標準物質，使用する分析線について述べる．感度補正に使用する標準物質は，実試料の層構造に合わせたものを用意する．さらに，厚さ水準は膜厚定量範囲に注意して設定する必要がある．特に多層膜の場合，下層に含まれる元素の蛍光X線は上層によって吸収を受けるため，表3.2.1の値よりも実際には狭くなる可能性があることに注意す

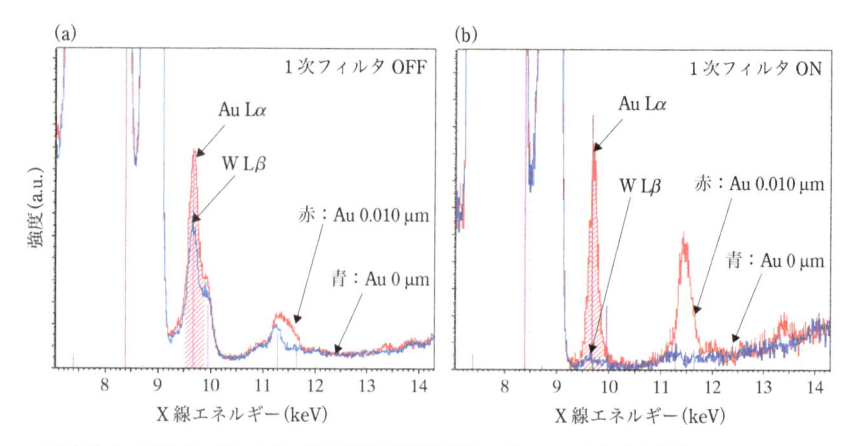

図 3.2.1 管球ターゲット材由来の特性X線の干渉と1次フィルタによる効果
測定試料は Cu／Ni(1 μm)／Au(0.010 μm および 0 μm)．W管球搭載の装置では，1
次フィルタ OFF においては着目元素 Au の蛍光X線(Au Lα)と管球ターゲット材
由来の特性X線(W Lβ)が干渉してしまう(a)．一方，1次フィルタにより W Lβ を
カットすることで W の干渉を回避することができる(b)．

る．また，標準物質による感度補正を行う以前に，標準物質を測定して得られる分
析値と標準値があまりにも大きく異なる場合は，分析条件，測定条件が適正でない
可能性を先に点検することが望ましい．使用する分析線は，本来の膜厚定量範囲，
上層による吸収の効果，基板材料の構成元素の蛍光X線との重複などを考慮して
設定する．

　以下に2つの例を示す．図 3.2.2 は，基板材料としてリン青銅(Sn 含有)上の Ni／
Sn めっき試料を測定したスペクトルである．図 3.2.2(a)に示すとおり，分析線と
して比較的エネルギーの高い Sn Kα を用いた場合，基板材料の Sn Kα 線もめっき
層を透過して検出されるため，めっき層の Sn がない状態でも，基板材料中の Sn
からの Kα 線が強く検出され，バックグラウンドとなってしまう．それに対し，図
3.2.2(b)に示すように，分析線として比較的エネルギーの低い Sn Lα を用いると，
基板材料の Sn Lα はめっき層に吸収され，上述の問題は回避できる．

　図 3.2.3，表 3.2.2 は基板材料として石英(SiO₂)を用い，その上に Cu(1 μm)／Ni
(1 μm)／Au(0.1 μm)試料を測定したスペクトルおよび各層の膜厚分析結果である．
基板の Si Kα は上層の Cu／Ni／Au に吸収され検出強度が低いことから，Si Kα を分
析線として用いた場合，想定値から外れた結果が得られる．そこで Si Kα を分析線
として使用しない設定にすることで，想定値と良く一致した結果が得られる．この

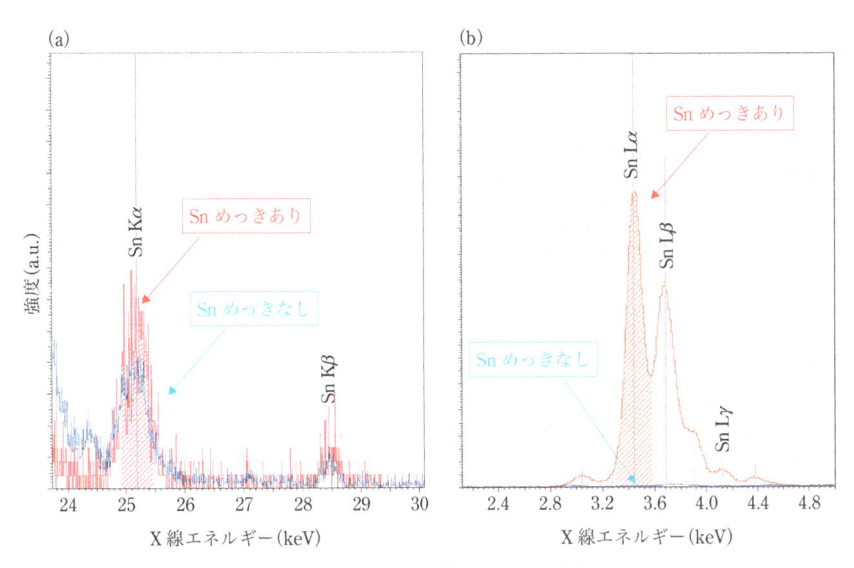

図 3.2.2 基材由来の蛍光 X 線の干渉と分析線変更による効果
(a)Sn Kα 周辺，(b)Sn Lα 周辺．測定試料はリン青銅(Sn 含有)/Ni(5 μm)/
Sn(2 μm あるいは 0 μm)．

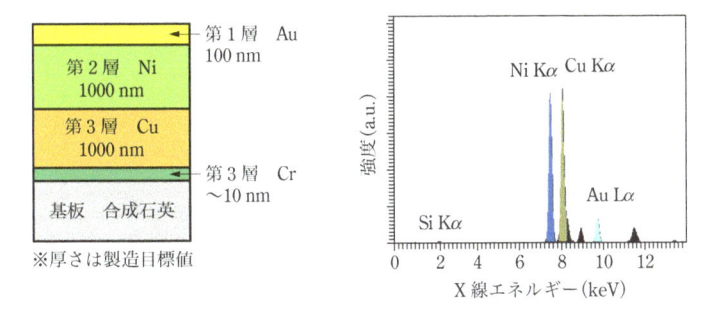

図 3.2.3 分析試料(石英上の Cu/Ni/Au)の構造および得られた蛍光スペクトル

表 3.2.2 石英上の Cu/Ni/Au の分析結果

	認証値	対策前 (Si：使用する)	対策後 (Si：使用しない)
Au(nm)	98±4.3	102	98
Ni(nm)	996±12	1233	1021
Cu(nm)	1022±17	1375	1081

表 3.2.3 認証標準物質(Cu 基板上の Ni/Pd/Au−Ag 試料)の評価結果(単位：mg/cm^2)

	認証値	STD なし	STD あり
最上層膜厚(Au−Ag)	0.0462	0.0479	0.0471
第 2 層膜厚(Pd)	0.0463	0.0423	0.0450
第 3 層膜厚(Ni)	2.148	2.316	2.216

表 3.2.4 認証標準物質(Cu 基板上の Ni/Pd/Au−Ag 試料)の評価結果(単位：mg/cm^2)

	認証値	STD なし	STD あり
最上層膜厚(Au)	0.0469	0.0398	0.0470
第 2 層膜厚(Pd)	0.1415	0.1393	0.1429
第 3 層膜厚(Ni)	3.625	3.880	3.680

ように十分な蛍光 X 線強度が取得できない場合，その分析線を使用しないか，別の分析線を設定することで，より精度良く分析できる場合がある．

3.2.2.2 分析条件検証時の注意点

分析条件の検証は，設定した分析条件で標準物質を測定し，得られた分析値と標準値が一致するかどうかの確認により行われる．このとき，感度補正に使用した標準物質ではない別の標準物質を測定して検証することが望ましい．

表 3.2.3，表 3.2.4 は感度補正用に標準物質を使用することによる効果を示すものである．認証標準物質(CRM)として Cu 基板上の Ni/Pd/Au−Ag 試料，Cu 基板上の Ni/Pd/Au 試料を用いて分析条件の検証を行った結果，感度補正用に標準物質を使用することで，分析値の真度が大きく改善され，認証値と良く一致する結果が得られることが確認できた．

3.2.2.3 実試料測定時の注意点

標準物質を用いた分析条件の検証により分析条件の妥当性を確認できたとしても，実試料の分析がうまくいくとは限らない．想定されている層構造や試料形状などが実試料のそれと異なっている場合，意図した分析値が得られないことがある．したがって，実試料の測定ではその点について十分に注意する必要がある．特に以下の点について注意する．

・測定部面積に対して X 線照射面積が十分小さいこと
・測定面が水平であること

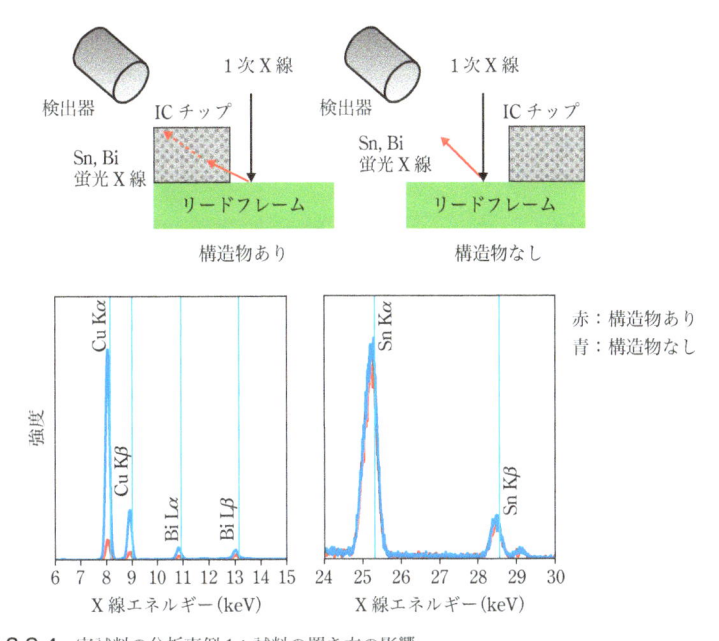

図3.2.4 実試料の分析事例1：試料の置き方の影響

分析試料はICチップがマウントされたリードフレーム．ICチップ周辺のSn–Biめっきの膜厚分析する際に，試料の置き方によってはICチップがX線測定経路を遮蔽する構造物となり，想定した結果が得られない．検出器の向きを考慮して遮蔽しないように配置することで想定したSn–Bi厚さ，Bi濃度を得ることができる．

・測定面が平坦であること(曲面の場合，平坦とみなせる程度にX線照射面積を小さくする)

・X線経路上に遮蔽物がないこと(X線管球，X線検出器の向きを確認して試料を置く)

・測定部において各層の厚さが均一であること(均一でない場合，不均一さによる影響を抑えるために比較的大きいX線照射面積で測定する)

・実試料の層構造が分析条件と同じであること(両面めっき，基材が薄く軽い材質の場合，実試料の下に何があるかも確認する)

以下に2つの例を示す．図3.2.4，表3.2.5はリードフレームのCu基板上のSn–Biめっきの膜厚を分析した事例である．測定部位周辺にはICチップが配置されており，試料の置き方によってはこのICチップがX線経路を遮蔽してしまうことから，想定した結果が得られない．測定装置のX線管球，検出器の向きを把握したうえで，X線経路を遮蔽しないように配置することで想定した結果が得られる．

179

表 3.2.5　図 3.2.4 のスペクトルの分析結果

	構造物あり		構造物なし	
	Sn−Bi	Bi	Sn−Bi	Bi
	μm	wt%	μm	wt%
平均値	15.04	0.63	7.32	2.78
SD	0.05	0.01	0.04	0.03
RSD	0.3%	2.4%	0.5%	1.1%

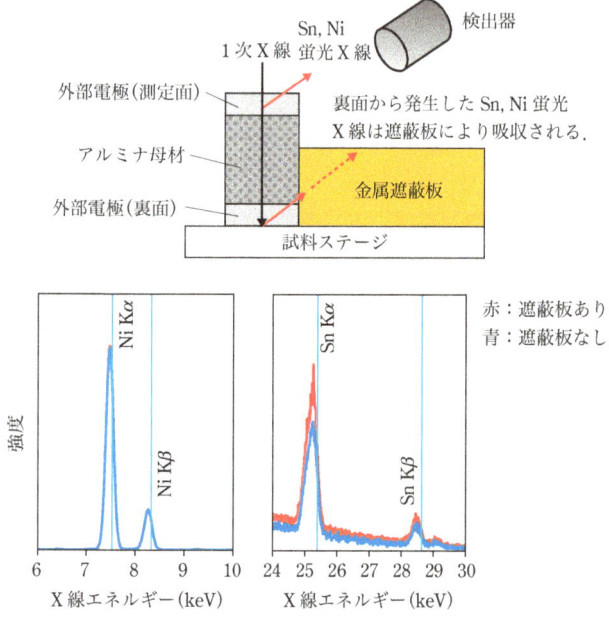

図 3.2.5　実試料の分析事例 2：試料の層構造による影響
分析試料はチップ抵抗．外部電極の Ni／Sn めっきの膜厚分析する際に，上図のように 1 次 X 線は表側の外部電極，アルミナ母材を経由して裏面の外部電極まで透過するため，想定していない裏面の外部電極めっき由来の蛍光 X 線が発生して，想定よりも厚めに膜厚を定量する可能性がある．そこで，チップ抵抗に隣接して遮蔽板を配置することで裏面からの影響を排除して想定した結果が得られる．

表 3.2.6 図 3.2.5 のスペクトルの分析結果

| | 遮蔽板なし | | 遮蔽板あり | |
	Sn	Ni	Sn	Ni
	μm	μm	μm	μm
平均値	6.78	14.21	5.08	4.99
SD	0.06	0.69	0.06	0.15
RSD	0.8%	4.9%	1.1%	3.0%

図 3.2.5, 表 3.2.6 はチップ抵抗の外部電極で, ある Ni/Sn めっきの膜厚を分析した事例である. 外部電極はアルミナ母材の両端にめっきされている. そのため, 1 次 X 線は測定部位の外部電極めっきおよびアルミナ母材を透過して, 裏面の外部電極まで到達し, そこからも Ni/Sn の蛍光 X 線が発生する. そのため, 各層の膜厚が想定した結果よりも厚めに計算されてしまう. ここで, 分析試料に対して, 裏面の蛍光 X 線を発生しないような金属板(遮蔽板)を配置することで, 裏面からの影響を排除して想定した結果が得られる.

3.2.2.4 その他の注意点

蛍光 X 線分析で求める膜厚は, 他の手法(例えば, SEM 断面測長や表面粗さによるプロファイル観察)による膜厚とは異なり, 絶対膜厚ではない. 蛍光 X 線分析の場合は, ある X 線照射面積から発生した X 線強度を測定しており, その X 線強度が原子の数, すなわち質量に比例することから, 蛍光 X 線分析で求めている物理量は単位面積あたりの質量である質量厚さということになる. これを膜の密度で割ることにより, 長さの次元である厚さを得ている. したがって, 換算に用いる膜の密度が, 実際の測定被膜の密度と異なる場合には, 得られた結果が想定から乖離してしまうため, 注意が必要である. 正確な膜の密度が得られないときは, 膜厚ではなくこの質量厚さそのものを用いて管理することも行われている.

3.2.3 まとめ

本節では，めっきを中心としたコーティングアプリケーションにおいてリファレンスフリー蛍光X線分析を用いた場合の代表的な注意事項を紹介した．今回事例にあげていない課題についても応用できるように一般化した注意事項(チェックリスト)を以下に示す．何か課題が発生した場合に，解決の一助になることを期待する．

(1)分析条件の設定と検証

□測定条件(管電圧，フィルタ，X線照射面積，測定時間など)は適正か

□分析条件(試料情報，分析線，密度，感度補正用の標準物質など)は適正か

□標準物質を測定したときに分析値と標準値が一致するか

(2)実試料の測定

□分析条件で設定した層構造が実試料と一致しているか

□試料面がX線照射面積に対して十分な大きさであるか

□試料面が平坦であるか

□試料面が水平であるか

□X線経路上に遮蔽物がないか

□試料の周囲や裏面から妨害するX線が発生していないか

(3)日常管理(ルーチン分析)

□日常管理用の標準物質を測定したときに分析値が決められた基準内に入っているか

□日常管理用の標準物質が汚染，損傷のないように適切な保管・取り扱いがなされているか

3.3 微小部分析における注意事項

3.3.1 微小部分析の必要性

蛍光 X 線分析には非破壊で迅速に試料の構成元素と含有量を知ることができるという利点がある．得られる元素情報は X 線が照射される測定領域全体を平均したものとなるため，小さい試料を正確に測定する場合や，試料内の元素の分布を知りたい場合には，X 線を微小な領域に制限して照射し，測定領域を小さくして分析する必要がある．そのような分析が可能な装置として，微小部蛍光 X 線分析（μXRF）装置がある．SEM-EDS 分析と比べ，空間分解能では劣るが，大気中での測定が可能なこと，X 線の透過性を生かして非破壊での内部分析が可能なことなどから近年広い分野で使われるようになってきている．ここでは μXRF における注意点を述べる．

3.3.2 微小部蛍光 X 線分析（μXRF）装置の概要

μXRF では X 線集光素子（例えばキャピラリ）やコリメータを使って照射する X 線を 10 ～ 500 μm 程度に制限して試料に照射し，発生した蛍光 X 線をシリコンドリフト検出器（SDD）などの X 線検出器で測定することで，試料の構成元素と含有量を知ることができる．試料を XY ステージに載せて動かせば，試料の構成元素の分布を知ることができる．また，ほとんどの装置では測定する領域を光学カメラで観察できるようになっている．装置によっては試料を透過する X 線を測定し，試料の透過 X 線像を測定できるものもある（図 3.3.1）．

3.3.3 偏析のある試料の分析における注意事項

蛍光 X 線分析では X 線が照射される測定領域からのみ蛍光 X 線が発生するため，試料全体の構成元素の情報を得ることを意図しても，μXRF では X 線照射領域が小さいことから試料全体の構成元素の情報を得られていない可能性がある．図 3.3.2 は Cu-W 合金（Cu ～ 20 ％）の試料を μXRF により測定した元素マッピング像である．ところどころに直径数十 μm 程度の Cu の偏析がみられる．μXRF を使って偏析部を測定すると，試料全体の比率とは異なる結果が得られる．表 3.3.1 は図 3.3.2 に示す番号①～③の矢印の先端部分に対して空間分解能 10 μm のキャピラリで X 線を照射して，リファレンスフリー蛍光 X 線分析を行った結果である．均質部（①）

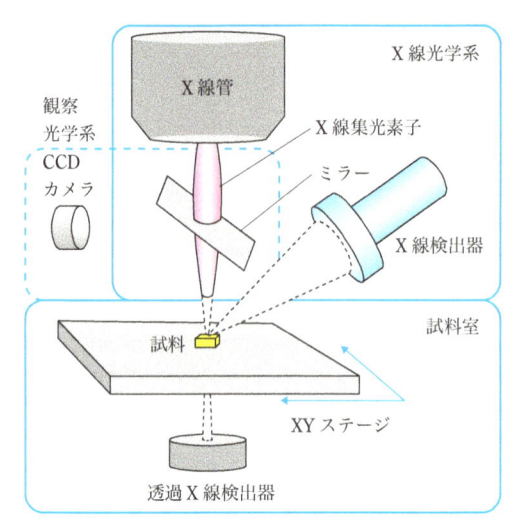

図 3.3.1 μXRF の装置構成例
　　　　図では X 線垂直照射の例を示したが，斜め方向から照射
　　　　するものもあり，また透過 X 線検出器はないものもある．

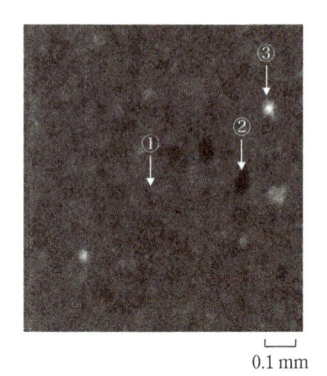

└─┘
0.1 mm

図 3.3.2 Cu–W 合金の Cu 元素マッピング像
　　　　数十 μm の偏析(Cu 濃度が高いところ
　　　　と低いところ)がみられる．測定には
　　　　堀場製作所製 XGT–9000 を使用した．
　　　　測定条件は，X 線管ターゲット：Rh，
　　　　管電圧：50 kV，管電流：1 mA，1 次
　　　　フィルタ：OFF.

表 3.3.1 各測定点における定量結果
　　　　測定条件は，X 線管ターゲット：
　　　　Rh，管電圧：50 kV，管電流：
　　　　1 mA，1 次フィルタ：OFF.

測定位置	Cu(%)	W(%)
①	18.7	81.3
②	12.5	87.5
③	43.4	56.6

の定量結果は合金の仕様に近い値となっているが，偏析がみられる領域（②，③）では異なった値が得られている．材料そのものの平均的な組成を知るためには，偏析を考慮して複数点の測定を平均した方がよい．装置によっては元素マッピング像を測定したときのスペクトルを使って定量できるものもある．

3.3.4　X線集光素子の発散角の影響

X線は可視光のようにレンズで集光することはできない．X線を集光する方法として広く用いられているのは，キャピラリ（X線導管）とよばれる集光素子である．きわめて滑らかな表面にX線がごく浅い角度（～ mrad）で入射した場合に強度を保ったまま反射する現象（全反射）を使って，キャピラリ内面でX線を全反射させて集光する．キャピラリを 1,000 ～ 10,000 本程度束ねてその内壁でX線を全反射させながら集光する素子をポリキャピラリ，1 本のキャピラリの形状を工夫してその内壁でX線を全反射させて集光する素子をモノキャピラリという（図 3.3.3）．両方のキャピラリはともにコリメータに比べ有効立体角が大きくなるため，集光されたX線の単位面積あたりの強度はモノキャピラリではコリメータの約 100 倍，ポリキャピラリでは約 1,000 倍と大きくなる．

集光されたX線は図 3.3.4(a) のようにモノキャピラリで角度 α，ポリキャピラリで角度 $(\alpha + \beta)$ の発散角をもつ．ポリキャピラリの方が有効立体角は大きいが発散角も大きくなる．図 3.3.4(b) はキャピラリの焦点からずれたときのX線の照射径を測定した結果である．焦点からずれるとX線の照射径は大きくなる．したがって，試料に凹凸などがあり，測定位置を既定焦点位置に合わせることができない場合は，照射径が大きくなるので注意が必要である．

また，キャピラリ内面で全反射するX線の角度はX線のエネルギーに反比例することから，X線のエネルギーが低くなると，キャピラリで全反射する角度範囲は大きくなる．そのため，エネルギーが高いX線に比べ，エネルギーの低いX線の方が図 3.3.3 の有効立体角は大きくなり，より多くのX線を集光することができるが，図 3.3.4 の発散角も大きくなり，X線が照射される範囲は広くなる．図 3.3.5 はポリキャピラリとモノキャピラリの焦点位置から試料であるタングステン（W）をずらしたときに，試料位置でのX線照射径を W Lα 線（8.40 keV）と W Mα 線（1.77 keV）の蛍光X線のピークを使ってそれぞれ測定したものである．タングステン（W）の試料にX線を照射して測定した結果である．W Mα 線では W Lα 線よりエネルギーが低いX線も励起に関与しているため，エネルギーの低いX線はより広い範囲に照射されていることがわかる．モノキャピラリでは焦点位置付近における

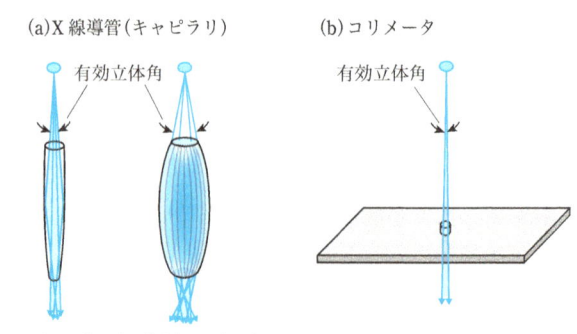

図3.3.3 キャピラリとコリメータ
コリメータ(b)に対して，ポリキャピラリとモノキャピラリ(a)は有効立体角が大きくなるため，単位面積あたりに集光されるX線強度が大きくなる．

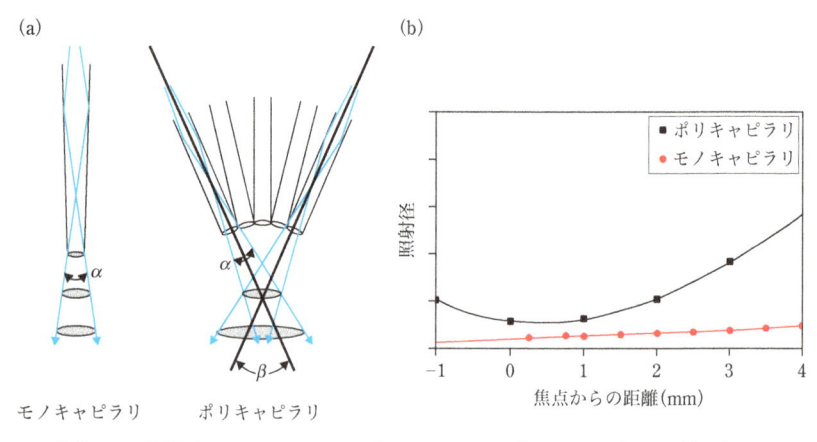

図3.3.4 試料位置のモノキャピラリ，ポリキャピラリの焦点からのずれがX線照射径に与える影響
モノキャピラリは発散角 α，ポリキャピラリは発散角 $(\alpha + \beta)$ をもつため，既定の焦点位置から試料がずれるとX線照射径は大きくなる．X線照射径はナイフエッジ法における半値幅(FWHM)から求めた．

エネルギーによる違いは小さい．

　次にX線集光素子の発散角が元素マッピング像へ与える影響を説明する．図3.3.6に試料位置が既定焦点位置からずれたときと，異なるエネルギーの蛍光X線強度を使ったときの元素マッピング像を示す．測定試料にはサファイア基板上のWパターンを用いた．発散角があるために，焦点からずれると照射範囲が広くなり，マッ

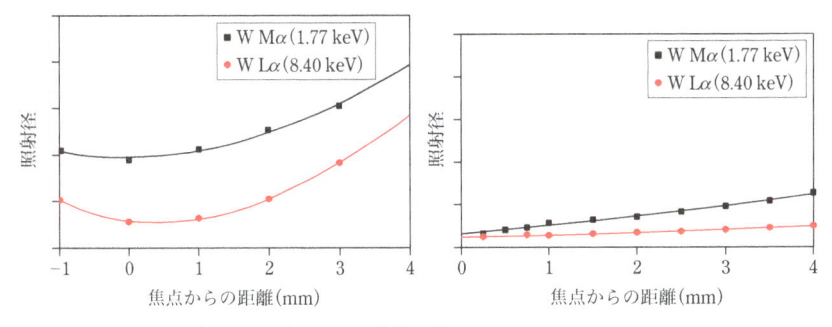

図 3.3.5 X 線エネルギーによる照射径の違い
エネルギーの高い W Lα 線の方が W Mα 線より照射径は小さくなる.

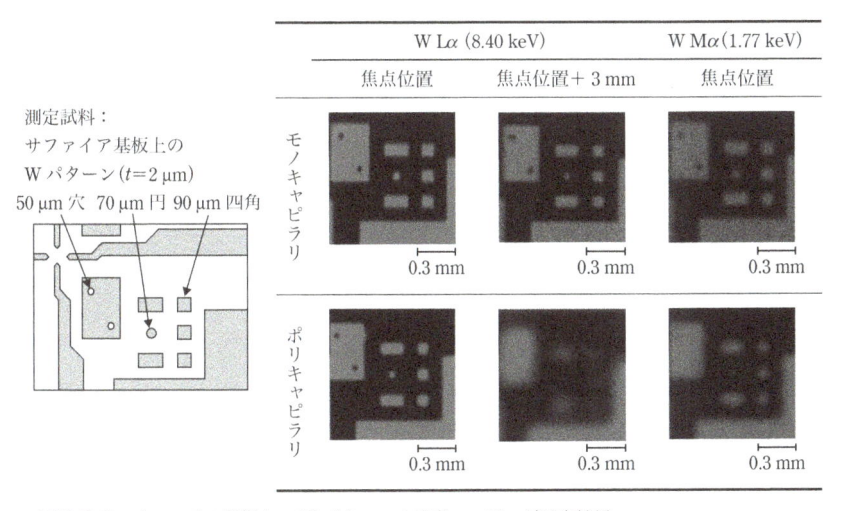

図 3.3.6 サファイア基板上の W パターンの元素マッピング測定結果
測定条件は,X 線管ターゲット:Rh,管電圧:50 kV,管電流:1 mA,1 次フィルタ:OFF.

ピング像はぼやける.マッピング像に使う蛍光 X 線のエネルギーが異なる場合,エネルギーが低いものは,高いものより画像がぼやける.モノキャピラリは発散角が小さいため,焦点からずれたときや X 線のエネルギーが変わっても照射径の変化は小さく,像のぼやけは小さい.一方で,ポリキャピラリは発散角が大きいために X 線の強度は強くなるが,焦点からずれたり,X 線のエネルギーが低くなると,照射径が大きくなり,像のぼやけが大きくなる.

μXRF 装置の仕様書などに記載されている X 線照射径や空間分解能の値について

は，それを測定したときのX線のエネルギーを知っておくことが重要である．実際の分析でそのエネルギーよりも低いエネルギーのX線を測定する場合，X線の照射径や空間分解能は大きくなる．また，凹凸のある試料などで既定の試料高さから試料の位置がずれると，照射径や空間分解能が大きくなることにも注意が必要である．

3.3.5　観察方向とX線照射方向の影響

μXRF装置を使用する際には，X線が試料のどの部分に照射されているかを正確に知る必要がある．通常，光学顕微鏡などを使って試料を観察できるようになっており，その観察像上にX線が照射される領域が示される．試料とX線照射部との距離が既定の位置に設定されていれば，観察像とX線照射領域は一致するようになっているが，凹凸のある試料などで測定したい領域を既定の位置に設定できない場合は注意が必要である．図 3.3.7(a)に示すように観察像の軸とX線の軸が異なると，観察像での照射位置と実際のX線照射位置にずれが生じるため，そのずれを考慮して位置を決めるか，試料を加工して既定の測定位置に設定する必要がある．また，観察像だけでなく，元素マッピング像も参考にして測定位置を決めるとよい．図 3.3.7(b)のように，観察像の軸とX線の軸を同じにした装置も販売されている．図 3.3.1 はその一例としてミラーを使った構成である．

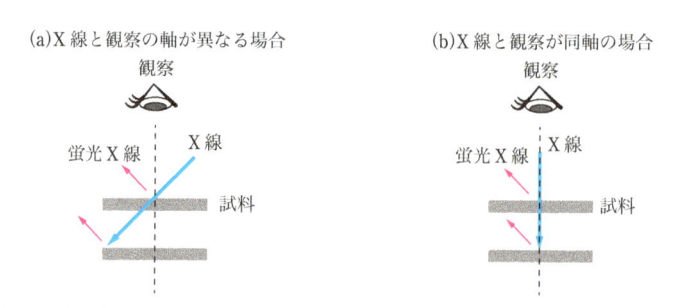

図 3.3.7　X線と観察の軸
照射X線と観察の軸が異なると，試料の高さが変わったときに観察位置とX線照射位置がずれる(a)．照射X線と観察が同軸であれば，試料の高さが変わっても観察位置とX線照射位置が一致する(b)．

3.3.6 まとめ

μXRF 装置を用いた微小部分析では，試料中の元素濃度の分布の情報が得られたり，微小な形状の試料を正確に測定できるなどの利点があるが，前述のように微小部分析特有の注意点がある．測定領域が狭く，試料の偏析影響を受けやすいため，試料の平均的な組成を知りたいときは注意が必要である．試料が不均質である可能性が高い場合には，複数点測定を行って平均するか，試料を微粉砕するなどして可能な限り均質性のある試料に調整することで信頼性の高い分析値を得ることができる．また，試料までの距離を固定して測定することが前提になっているため，試料の凹凸などで距離が変わると，空間分解能が悪くなる．観察像の軸と X 線照射の軸が同軸でない装置の場合は，観察像の位置と X 線照射位置がずれて，測定位置を正確に決められない可能性がある．試料を加工して距離を合わせるか，測定位置を決める際に，測定したい点とその周辺を含む領域の元素マッピング像を観察像と比較することが有効である．

3.4　物理定数の不確かさなどの影響に関する注意事項

3.4.1　物理定数の不確かさの影響

リファレンスフリー蛍光X線分析では，1.4.2項で詳細に述べたように，試料および励起・検出などの装置構成をモデル化した式において，X線に関する物理定数（ファンダメンタル・パラメータ）を用いて理論強度を計算することを基盤としている．そのため，使用する物理定数の誤差が分析値に影響しうる．

物理定数の値については，実験・理論の両面による研究が行われており，いくつかのデータベースが公開されている[1~5]．ただし，現在も「決定版」はなく，値に違いがあるのが現状である．例えば，質量減衰係数は出典によって数%の違いがあり，低エネルギーでより違いが大きいのが現状で（図3.4.1），この確からしさを高める取り組みが継続して行われている[5]．

表1.4.1のパラメータのうち，測定対象線と関係のある質量光電吸収係数 τ ならびに蛍光収率 ω と遷移確率 g は，式(1.4.1)などからわかるように蛍光X線強度に比例するので，通常行われているように純物質の強度などで規格化した感度を用いる限りは，その大きさはキャンセルされ，値の違いは問題にならない．ただし，試料内で発生する蛍光X線（1次蛍光X線とよぶ）による2次励起の寄与が大きい場合，1次蛍光X線に関わる τ, ω, g についてはその限りではない．また，質量減衰係数 μ は成分含有率に対して非線形の関係にあり，μ のずれが定量計算においてどのような含有率のずれをもたらすかは明らかでない．

例として，バルクのステンレス鋼試料における含有率と物理定数の関係を試算した結果を示す．ここで，試料組成はCr：18 mass%，Ni：8 mass%，Mn：2 mass%，Fe：72 mass%を用いた．また，1次X線はRh Kα(20.17 keV)単色とし，試料への1次X線入射角，試料からのX線の検出器への脱出角（取り出し角：いずれも試料面からの角度）はそれぞれ60°，40°とした．物理定数データベースにはEADL[1]およびEPDL97[2]を使用した．手順としては，まず上記した所定の組成に対する各蛍光X線強度を計算し，各元素の純物質からの蛍光強度の相対値として，これを測定強度とみなす．続いて，表3.4.1に示した各物理定数を相対値で1%大きくした場合について上記の測定強度から各成分の含有率の定量値を計算した．測定線をCr, Ni, MnおよびFeのKα線とし，全元素を定量計算して合計含有率を100 mass%に規格化した場合と，Fe Kαを使用せずFe残分（バランス成分）として

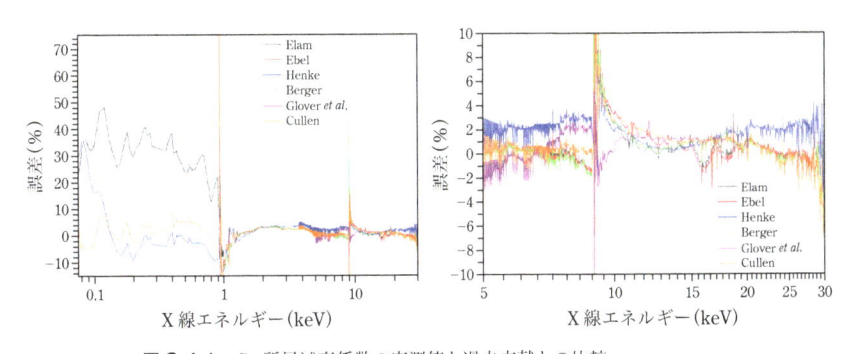

図 3.4.1 Cu 質量減衰係数の実測値と過去文献との比較
(b)は(a)を拡大したもの.
[Y. Ménesguen *et al.*, *Metrologia*, **53**, 7–17 (2016), Fig. 10]

扱った場合の 2 通りの定量計算結果を表 3.4.1 に示す.

　質量減衰係数に関しては，Fe の質量減衰係数を変更したときに，Cr の定量値が相対値で＋ 1.01 ％と，質量減衰係数のずれと同等程度の分析値ずれが生じた．エネルギー領域によっては文献ごとにばらつきが数％以上あることを考慮すると，より「正しい」定数が望まれる.

　また，Fe K 質量光電吸収係数のずれは Fe K 線による 2 次励起を受ける Cr に対して比較的影響が大きいものの，本事例での影響は限定的であった．バルク試料ではなく，2 次励起の寄与が大きくなりうる薄膜試料，例えば Fe 基板上の Cr 膜では，本事例よりも大きい影響が起こりうる．なお，ここでは Fe K 線の光電断面積について試算したが，Fe K 線の蛍光収率についても同じ影響を及ぼす．前述のように，光電断面積，蛍光収率，遷移確率のいずれも，他の蛍光 X 線を 2 次励起しない特性線については，ここでの試算と同様，純物質などの標準試料で強度較正を行う限り，誤差は相殺されて問題にならない.

　特性線エネルギーのずれにより，質量光電吸収係数の値が変わってしまう影響も調べたが，影響は比較的小さかった．しかし，複数の出典を複合させる場合には整合性の吟味が必要である．特に，X 線管からの 1 次 X 線や 1 次蛍光 X 線のエネルギーと，分析対象元素の吸収端エネルギーの大小関係が正しくない場合は致命的な影響が起こりうる.

表 **3.4.1** ステンレス鋼分析において，各物理定数値を変更したときの定量値の変化

定量方法		全元素定量規格化		Fe バランス	
変更した物理定数 （相対＋ 1%）	成分	定量値 (mass%)	定量値 相対ずれ	定量値 (mass%)	定量値 相対ずれ
（ずれなし）	Cr	18.00	−	18.00	−
	Mn	2.00	−	2.00	−
	Fe	72.00	−	72.00	−
	Ni	8.00	−	8.00	−
質量減衰係数 μ	Cr				
	Cr	17.85	−0.81%	17.85	−0.81%
	Mn	2.00	0.18%	2.00	0.18%
	Fe	72.13	0.18%	72.13	0.18%
	Ni	8.01	0.18%	8.01	0.18%
	Fe				
	Cr	18.18	1.01%	18.22	1.24%
	Mn	2.01	0.61%	2.02	0.78%
	Fe	71.76	−0.33%	71.70	−0.41%
	Ni	8.04	0.55%	8.06	0.70%
質量光電吸収係数 τ	Fe K				
	Cr	18.04	0.21%	18.02	0.14%
	Mn	2.00	0.07%	2.00	0.01%
	Fe	71.96	−0.06%	71.98	−0.03%
	Ni	8.00	0.04%	8.00	0.00%
特性線 エネルギー E	Rh Kα				
	Cr	17.95	−0.27%	18.00	−0.02%
	Mn	2.00	−0.19%	2.00	−0.01%
	Fe	72.01	0.01%	71.95	−0.08%
	Ni	8.04	0.56%	8.06	0.72%
	Cr Kα				
	Cr	17.98	−0.09%	17.97	−0.17%
	Mn	2.00	0.05%	2.00	0.00%
	Fe	72.01	0.02%	72.03	0.04%
	Ni	8.00	0.05%	8.00	0.01%
	Fe Kα, Fe Kβ				
	Cr	17.95	−0.29%	17.91	−0.52%
	Mn	2.00	0.11%	2.00	−0.06%
	Fe	72.04	0.05%	72.09	0.13%
	Ni	8.01	0.17%	8.00	0.02%

3.4.2 L系列蛍光X線強度計算における問題

蛍光X線は，原子内のある電子殻の電子が入射X線により励起されたときに発生する．L線，M線に関与するL殻，M殻は，それぞれさらにL_I, L_{II}, L_{III} およびM_I, M_{II}, M_{III}, M_{IV}, M_V の副殻から構成されており，蛍光X線強度を理論的に計算する際には各副殻の質量光電吸収係数の値が必要になる．

各副殻の質量光電吸収係数の値を，各励起エネルギーごとに実験で求めることは簡単ではないため，従来は式(1.4.1)などで示したように，各副殻の質量光電吸収係数の比率が励起エネルギーに依存しないと仮定して，実験的に求めやすい全質量光電吸収係数に，各副殻に対応する吸収端ジャンプ比を用いた因子をかけた値を使用していた．例えば，L_I 吸収端よりも高く，K吸収端よりも低いエネルギーに対する，L殻の副殻L_I, L_{II}, L_{III} それぞれの質量光電吸収係数は以下のように求めていた．

$$\tau_{L_I}(E) = \frac{r_{L_I} - 1}{r_{L_I}} \tau(E)$$

$$\tau_{L_{II}}(E) = \frac{r_{L_{II}} - 1}{r_{L_{II}} r_{L_I}} \tau(E) \tag{3.4.1}$$

$$\tau_{L_{III}}(E) = \frac{r_{L_{III}} - 1}{r_{L_{III}} r_{L_{II}} r_{L_I}} \tau(E)$$

この場合，各副殻の質量光電吸収係数のエネルギー依存性は，全質量光電吸収係数 $\tau(E)$ と同じになる．

しかし，質量光電吸収係数の理論計算[2]や放射光施設[6]，実験室系[7]での実験・検証により，質量光電吸収係数のエネルギー依存性は各副殻で異なっていることが明らかになってきた．特に，L_I 殻の質量光電吸収係数のエネルギー依存性は，L_{II}, L_{III} 殻のエネルギー依存性と大きく異なる．図3.4.2にMoについての比較例を示す．(a)は全質量光電吸収係数から吸収端ジャンプ比を用いて算出したもの，(b)は文献2に示されている理論計算による各副殻の質量光電吸収係数である．また，図3.4.3は，実験的に求められたMo Lの各副殻の質量光電吸収係数である[6]．

図からわかるように計算の際に直接的な影響が生じるのは，$L\beta_{3,4}$ や $L\gamma_{2,3}$ といったL_I 系列の蛍光X線強度であり，大きな違いがもたらされる．ただし，従来のジャンプ比による副殻の質量光電吸収係数の計算でも，標準試料の測定強度と理論強度との比を感度因子として導入することで，多くの場合，上記の違いを相殺して，問題のない定量分析ができる．ただし，2次励起の寄与が大きい場合は感度因子で十分に誤差を相殺することができない．

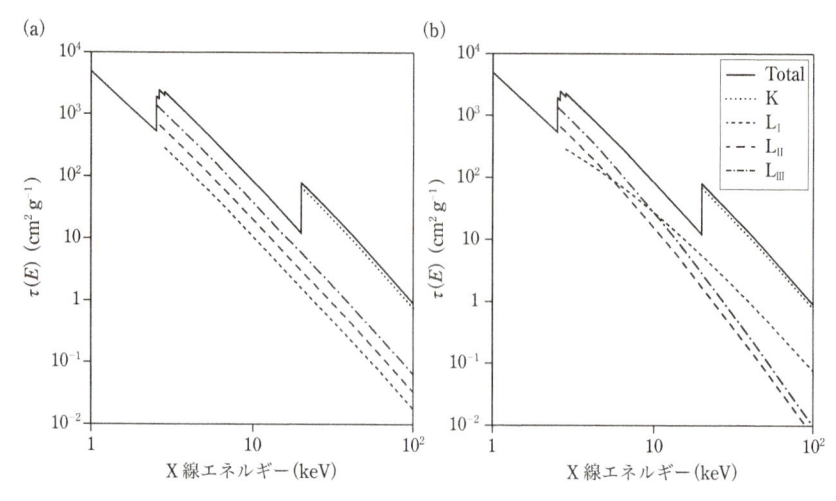

図 3.4.2 Mo の副殻ごとの質量光電吸収係数
(a) 文献 2 の全質量光電吸収係数から吸収端ジャンプ比を用いて算出. (b) 文献 2 の副殻ごとの質量光電吸収係数.

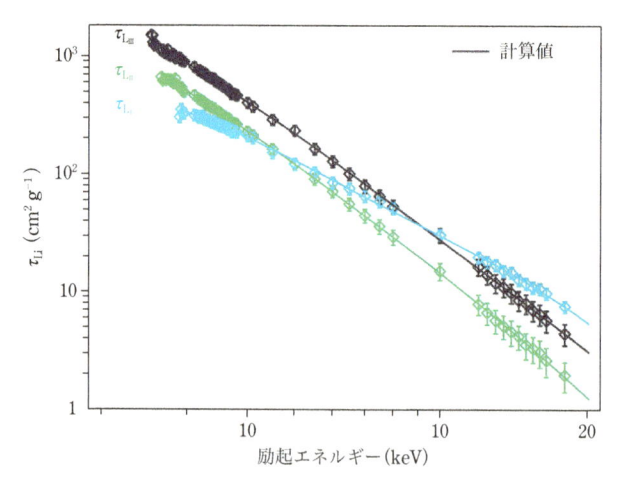

図 3.4.3 実験的に求められた Mo L 副殻ごとの質量光電吸収係数
[P. Hönicke *et al.*, *Phys. Rev. Lett.*, **113**, 163001 (2014), Fig. 3]

3.4.3　その他の励起過程の導入 (強度計算モデルの精密化)

(1)試料内で発生した散乱線による励起

上の式(3.4.1)の2次励起は，試料内の他の元素から発生した蛍光X線によって対象元素が励起される過程のみを考慮している．より精密には，試料内元素によって入射X線が散乱(トムソン散乱，コンプトン散乱)され，その散乱X線が試料中の元素を励起し，蛍光X線が発生する場合もありうる．このような2次励起過程は，一般には入射X線による1次励起と区別することは難しく，例えば，ポリマー基板上の金属薄膜の分析のような場合には，その寄与が観測されうる．

(2)試料内で発生した2次電子による励起

X線が試料に照射されると光電子・オージェ電子が発生する．これらの2次電子により，近傍の原子が内殻励起を受け，特性X線が発生する過程がある．この効果は軽元素において顕著に表れる場合があることが確認されており[8]，一部の蛍光X線分析装置の強度計算にはこの効果が取り入れられている．

ただし，試料中の電子の飛程は一般にX線よりはるかに短く，試料の均質性がより問題となる．将来的には，試料の不均質性を取り込んだ，または不均質性に鈍感な物理量を使って本効果を取り入れた，より精密な定量計算が望まれる．

(3)カスケード励起

図1.2.2の右側の図，特にK殻励起の後に$2p_{3/2}$軌道(L_{III}殻)からの遷移が起こった場合は，1次X線により励起を受けた図1.2.3と同じ，$2p_{3/2}$(L_{III}殻)に空孔がある状態になっている．つまり$K\alpha_1$線が発生した原子からは，引き続いて$L\alpha$線などの蛍光X線が発生する．

このようなカスケード的な遷移の過程を計算に取り入れることが重要になる場合もある．例えば，1次X線のスペクトルが主にある元素のK殻エネルギー以上であるときにL線を分析対象線としており，さらにL線を2次励起する共存元素の含有率が大きく変わる場合である．

ただし，K殻励起の後にL_{III}殻からの遷移が起きる過程には，X線を放射するものだけでなく，オージェ過程などの非放射遷移過程もあり，カスケード遷移の計算には，放射遷移確率だけでなく非放射遷移確率の物理定数も必要になるため，そのデータベースの拡充，精密化も必要である．

3.4.4 スペクトルに対する化学状態の影響

通常の蛍光 X 線分析では，もっぱら蛍光 X 線強度が試料の化学状態に依存しないとみなせる場合だけを扱ってきており，これが蛍光 X 線分析の 1 つの大きな特長にもなっている．しかし，試料の化学状態によって蛍光 X 線スペクトルが大きく変化するものもある．特に，低エネルギーの蛍光 X 線で顕著な変化が表れる場合がある．図 3.4.4 は，Si L 線近傍のスペクトルを，Si ウェーハと SiO_2 ガラスとで比べたものである．Si ウェーハでは明確に観測される Si L 線ピークが，SiO_2 ガラスの場合にはまったく存在しないことがわかる．

また，図 3.4.5 は Ti の酸化数による Ti L スペクトルの違いを示す例である．Ti の価数の違いによりスペクトル形状が大きく異なり，Lα/Lβ 強度比なども一定にはならない．

こうした化学状態に依存するスペクトルは原子の価数判定・化合物検索に有用で，高分解能分光器を用いた実験および量子化学計算による精密な電子状態計算などの理論・実験の両面からの研究が現在も行われている．

上でも述べたように，通常の蛍光 X 線分析は元素分析であり，試料の化学状態には影響を受けないのが大きな特長である．そのため，このような化学状態に強く依存する蛍光 X 線，特に軟 X 線領域の L 線，M 線をなるべく避けて，化学状態，配位数の違いに対して鈍感な(安定な)特性 X 線を分析線にしてきた．

しかしながら，分析線が化学状態に依存するスペクトルに重なる場合などには，

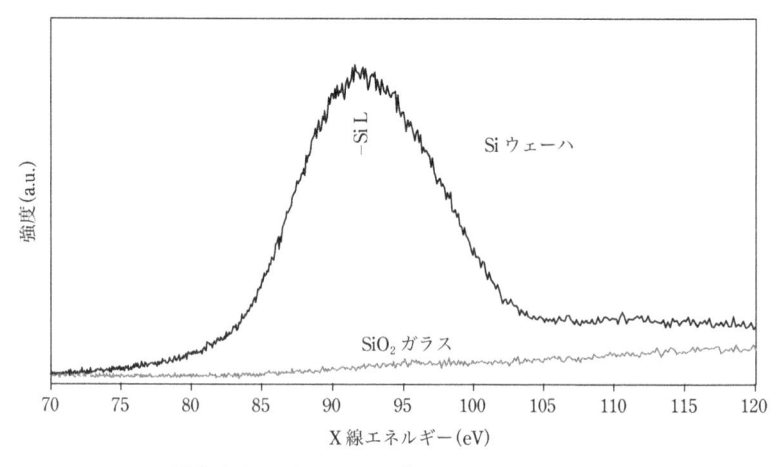

図 3.4.4 Si ウェーハと石英ガラスの Si L スペクトル

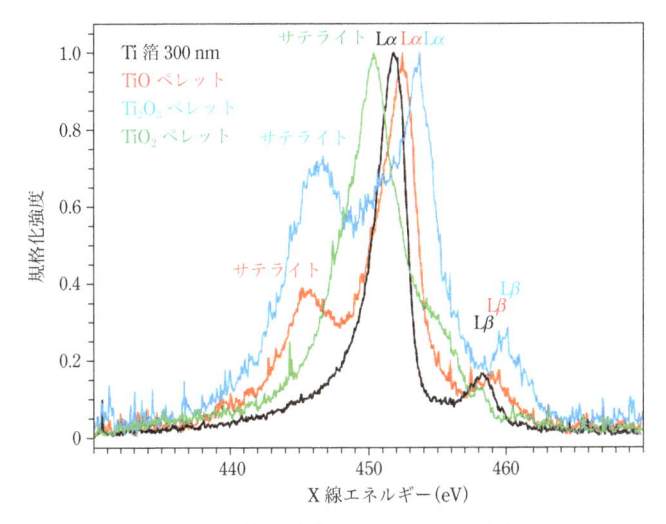

図 3.4.5 金属チタンと 3 種類の酸化チタンの Ti L スペクトル
〔F. Reinhardt *et al.*, *Anal. Chem.*, **81**, 1770–1776 (2009), Fig. 3 (b)〕

高分解能測定や量子化学計算によるデータベースを充実させる必要がある.

　通常の分析では，可能な限り，このように化学状態の影響の少ない分析線を使用するのが望ましいが，上述のデータベースが十分活用できるようになれば，蛍光X線分析の応用範囲の拡大につながる.

3.4.5　まとめ

　本節では，リファレンスフリー蛍光X線分析に用いられる物理定数自体の不確かさが分析値に与える影響や，X線発生過程の拡充について述べた.さらに，軟X線領域の蛍光X線について，物理定数が原子定数として取り扱えない事例を示した.

　特に商用ソフトウエアを用いる場合においては，なるべく分析対象に近い標準物質を用いることで，物理定数の不確かさや考慮されていない遷移過程の寄与などが相殺されるようにすることが，これらの課題を回避する実用的な対処法である.しかし，物理定数とX線発生過程の精密化に向けたさらなる取り組みを進めることにより，リファレンスフリー分析をいっそう高精度なものにしていけると考える.

［参考文献］

1) S. T. Perkins, D. E. Cullen, M. H. Chen, J. Rathkopf, J. Scofield, and J. H. Hubbell, "Tables and graphs of atomic subshell and relaxation data derived from the LLNL Evaluated Atomic Data Library (EADL), Z = 1 – 100," Lawrence Livermore National Laboratory, UCRL-50400, Vol.30, October 1991.

2) D. E. Cullen, J. H. Hubbell, and L. Kissel, "EPDL97 : the Evaluated Photon Data Library, '97 Version", Lawrence Livermore National Laboratory, UCRL-50400, Vol. 6, Rev. 5 September 1997 : https://www-nds.iaea.org/epdl97/

3) T. Schoonjans, A. Brunetti, B. Golosio, M. S. del Rio, V. A. Solé, C. Ferrero, and L. Vincze, "The Xraylib library for X-ray–matter interactions. Recent developments", *Spectrochim. Acta B*, **66**, 776‒784(2011)

4) G. Zschornack, *Handbook of X-Ray Data*, Springer, New York(2007)

5) Y. Ménesguen, M. Gerlach, B. Pollakowski, R. Unterumsberger, M. Haschke, B. Beckhoff, and M.-C. Lépy, "High accuracy experimental determination of copper and zinc mass attenuation coefficients in the 100 eV to 30 keV photon energy range", *Metrologia*, **53**, 7‒17(2016)

6) P. Hönicke, M. Kolbe, M. Müller, M. Mantler, M. Krämer, and B. Beckhoff, "Experimental verification of the individual energy dependencies of the partial l-shell photoionization cross sections of Pd and Mo", *Phys. Rev. Lett.*, **113** 163001(2014)

7) M. Doi, N. Kawahara, S. Hara, and M. Mantler, "Experimental study on the energy dependence of photoionization cross-sections in subshells using an EDX spectrometer", *Adv. X-ray Anal.*, **57**, 285‒292(2014)

8) N. Kawahara, T. Shoji, T. Yamada, Y. Kataoka, B. Beckhoff, G. Ulm, and M. Mantler, "Fundamental parameter method for the low energy region including cascade effect and photoelectron excitation", *Adv. X-ray Anal.*, **45**, 511‒516(2002)

9) F. Reinhardt, B. Beckhoff, H. Eba, B. Kanngiesser, M. Kolbe, M. Mizusawa, M. Müller, B. Pollakowski, K. Sakurai, and G. Ulm, "Evaluation of high-resolution X-ray absorption and emission spectroscopy for the chemical speciation of binary titanium compounds", *Anal. Chem.*, **81**, 1770‒1776(2009)

3.5 種々の不確かさの要因について

リファレンスフリー蛍光 X 線分析は，試料の組成情報(含有元素および含有量)に基づき，測定条件とファンダメンタル・パラメータ(物理定数)から計算した理論強度と，実測強度を対比して，未知試料の定量値(組成)を求める方法である．

理論強度は試料表面位置での計算強度で，単位をもたない相対的な強度であり，実測強度は検出器で測定された強度である．信頼性の高い定量値を得るためには，実測強度に見合った理論強度を計算することが重要である．ここでは，不確かさの要因になりうる理論強度および実測強度における誤差要因について説明し，定量値の信頼性を高めるための方向性を示したい．

3.5.1 理論強度計算における課題

蛍光 X 線の理論強度は，試料中の元素が 1 次 X 線により励起され，ある発生効率で蛍光 X 線を発生し，その蛍光 X 線が試料中で試料表面へ到達するまでに吸収されるとして計算している．つまり，試料内部で起こることを計算している．計算に使用されるパラメータの中では，X 線管から発生する 1 次 X 線強度，元素の質量減衰係数(質量吸収係数とよぶことも多い)については波長依存性があるので，その値の正確さは重要である．

1 次 X 線強度は，波長(エネルギー)ごとに異なり，ある強度分布をもっている．模式的に示すと図 3.5.1 のようになり，連続 X 線と特性 X 線からなる．通常の蛍光

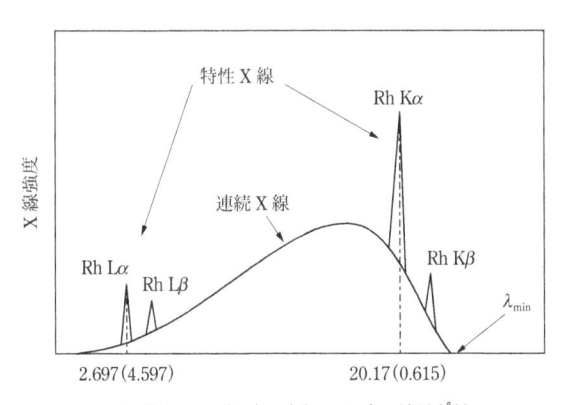

図 **3.5.1** 1 次 X 線の強度分布(Rh ターゲット)

X 線分析装置では，このような単色化していない白色 X 線を照射するので，Kα 線の理論強度を計算する場合，最短波長 λ_{min} から K 吸収端 $\lambda_{K\,edge}$ まで積算することになる．この波長範囲の積算の実際の計算方法は，λ_{min} と $\lambda_{K\,edge}$ 間の波長を細かく分割して，波長ごとに強度を計算して，積算している．分割数をできるだけ多くすれば，1 次 X 線の強度分布に近似できると考えられるが，実際は計算時間が増えるために分割数は定量精度との比較で決められている．分割数については明らかにされていないことがほとんどであるが，FP 法が装置に搭載され始めた 1988 年の文献[1]には 20 分割という記載がある．現在では，装置に搭載されているコンピュータの計算速度が当時とは桁違いに速くなっているので，分割数をもっと多くしている装置もあると考えられる．ただし，定量値の信頼性はこれだけで向上するわけではない．

最近の装置では，微量元素の微小な信号を検出するために X 線管と試料の間に 1 次フィルタを挿入する場合がある．1 次フィルタは，特定の元素の金属箔(例えば Zr)で厚さもわかっているので，1 次 X 線の吸収を計算できる．1 次フィルタの質量減衰係数も波長に対して分布があるので，分割した波長幅の間に 1 次フィルタの元素の吸収端があると正確な計算ができない場合がある．より分割数を多くするか，1 次フィルタの吸収端前後で分割を分けて計算するなどの工夫が必要となる．実用的には，理論強度計算が正確にできていれば，実測強度と理論強度の比(いわゆる感度係数)が，フィルタの有無にかかわらず，同じになるはずである．したがって，フィルタなしの感度係数をフィルタありで測定した場合にもそのまま適用できる．もし同じにならない場合は，この感度係数をそれぞれの条件について準備する必要がある．

測定雰囲気についても同様のことがいえる．蛍光 X 線分析では，測定する目的元素や試料形態(固体，粉体，液体)により測定雰囲気を真空，大気，ヘリウムなどと使い分けている．特に低エネルギーの軽元素では，真空やヘリウムが有効である．1 次 X 線は試料表面に照射されるまでに大気やヘリウムに吸収される．また，試料から発生した蛍光 X 線は検出器に到達するまでに同様に大気やヘリウムに吸収される．装置により X 線管と試料，試料と検出器の距離は決まっているので，吸収を計算することができる．この吸収を正確に計算できれば，真空で取得した感度係数を大気中やヘリウム中でも使用することができる．

分析視野における 1 次 X 線の強度分布も考慮する必要がある．汎用的な蛍光 X 線分析装置，例えば EDX では，分析視野を 10 mmϕ，5 mmϕ，1 mmϕ などのように変更して測定することができる．分析視野の中心は同じである．蛍光 X 線強度は，

分析視野面積に対して単純に面積比で比例するわけではなく，小径の視野の方が面積比よりも強度が高くなるので，分析視野の中心部分の1次X線強度が周囲より高いと考えられる．理由は，X線管ターゲットからの距離が分析視野内で異なるためである．このような分析視野内における1次X線の強度分布を正確に計算すれば，分析視野を変更しても分析視野に応じて理論強度計算ができるが，実際には強度分布を見積もることは難しい．通常，理論強度は1次X線が試料中心に一定の角度で照射されるとして計算される．したがって，実際の装置では，分析視野の面積を理論強度計算に含めていないので，分析視野ごとの感度係数が必要となる．実際の装置では，全部の元素について視野ごとに感度係数を取得するのは手間がかかるので，感度が得やすい大きな視野で感度係数を取得し，それより小さい視野では感度係数を換算している．例えば，均一で平滑な面が得られやすい純銅板で，$10\,\mathrm{mm}\phi$，$5\,\mathrm{mm}\phi$，$1\,\mathrm{mm}\phi$ などの視野ごとに Cu $K\alpha$ 蛍光X線の強度を取得する．装置の感度係数は $10\,\mathrm{mm}\phi$ で計算しておいて，$5\,\mathrm{mm}\phi$，$1\,\mathrm{mm}\phi$ で測定する場合は，感度係数を $10\,\mathrm{mm}\phi$ との強度比で換算すればよい．この換算比率を保存しておき，他の元素にも適用している．

　分析視野に対して平滑な分析面が得られないあるいは分析視野をすべて覆わないような不定形試料の場合は，不定形さを見積もることができないので，理論強度を計算することができない．この不定形さは，散乱線内標準FP法を用いたバックグラウンドFP法により形状補正が可能である．蛍光X線強度と散乱X線強度の両方を計算して，理論強度比(蛍光X線／散乱X線)と実測強度比から感度係数(散乱線内標準用)を求めておけば，形状の異なる試料を精度良く定量することができる．ただし，内標準に用いる散乱線の波長(エネルギー)により補正効果が異なるので，最適な補正効果が得られる波長(エネルギー)を選択する必要がある．リファレンスフリー蛍光X線分析の利点は，主成分の異なる標準試料を用いて定量分析ができることや，検量線法に比べて標準試料の数を少なくできることである．

　ただし，ある特定の条件の試料の場合，不定形試料でも定形試料と同様な結果が得られることがある．これは試料形態がバルクであり，測定した元素の合計が100％に近い場合に限られる．理由は，未知試料の定量計算では，各含有元素の定量値の100％規格化を行っているからである．非測定成分などを残分(バランス成分)として定量する場合は，不定形さの誤差が，バランス成分に含まれた定量結果となる．また，薄膜試料の場合も，不定形さにより膜重量(膜厚)に誤差を含む結果となるのでどちらも注意したい．

　試料表面は平滑なバルクの試料でも，装置内部のジオメトリー効果により不定形

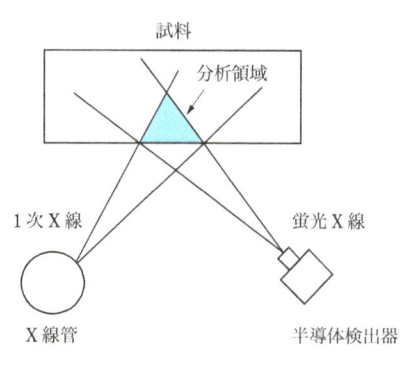

図 3.5.2　下面照射の EDX におけるジオメトリー効果の模式図

な試料として取り扱う必要がある場合がある．下面照射の EDX における模式図を図 3.5.2 に示す．汎用的な蛍光 X 線装置では，1 次 X 線を斜めに照射し，蛍光 X 線を斜めに取り出している．照射面積と取り出し面積は，試料表面では分析視野と同じになるが，深さ方向に見ると照射と取り出しの両方に寄与する面積が小さくなり断面で見ると試料面を底辺とする三角形となる．つまり，深さ方向に見ると測定できる面積が減少し，ある深さ(限界深さ)以上は測定できないことになる．この現象がジオメトリー効果である．金属のバルク試料では，分析深さが 20 µm くらいなので，特に問題とはならない．しかし，軽元素母材中の重元素の測定，例えば水溶液や樹脂中の Cd の測定において，Cd Kα 線で定量する場合，分析深さは 10 mm 以上となる．実際の装置の限界深さが 5 mm であったとすると，Cd Kα 線は，有限深さ(薄膜)の試料として理論強度を計算する必要がある．ただし，深さ方向に分析面積が減少していくので，深さにおける分析面積を見積もることができれば，有限深さまでの理論強度を計算することができる．しかし，ある深さの分析面においても 1 次 X 線の強度分布は存在すると考えられるので，こちらも計算は困難である．対処方法としては，深さを 5 mm より小さい平均的な値(例えば 3 mm)に仮定して計算するとより信頼性が高い定量値が得られる場合がある．また，このようなジオメトリー効果がある試料の場合も，深さ方向に不定形試料と考えれば，前述の散乱線内標準法を用いたバックグラウンド FP 法を利用すれば補正効果が得られやすい．もう 1 つの対処法として，スペクトルを分析深さが小さい長波長の Cd Lα 線を用いる方法にすればジオメトリー効果を回避できるが，感度の問題があり，利用できない場合がある．

　散乱 X 線の理論強度は，試料中の元素が 1 次 X 線をある効率で散乱し，その散

乱X線が試料中で試料表面へ到達するまでに吸収されるとして計算している．ある波長での散乱X線強度は，散乱前後で波長が変わらないレイリー散乱の強度と，少し短い波長の1次X線が計算対象の波長にコンプトン散乱されたX線の強度の和となっている．散乱線は散乱する角度により強度が変化するので，図3.5.2に示すように，分析面内でも強度分布があるが，実際には，試料中心での入射角，取り出し角により散乱線強度を計算している．散乱X線の理論強度については，文献2に計算式と，さまざまな試料における散乱X線の理論強度と実測強度の相関が示されている．装置は汎用EDXで，X線管のターゲット物質にはRhを用いている．比較的高いエネルギーをもつRhのレイリー散乱線，コンプトン散乱線では，さまざまな組成の試料について実測強度と理論強度に良い相関が得られている．また，Pb LαおよびCu Kα線のエネルギー位置での連続X線の散乱線についても，実測強度と理論強度の相関が得られている．著者らは，低エネルギーの散乱線についても検討しているが，Rh Lαの散乱線，Si Kα，Al Kα線などのエネルギー位置における連続X線の散乱線の場合，実測と理論においてあまり良い相関が得られていない．計算式，パラメータなどを再検討しているが，1次X線強度についての検証も必要と考えられる．

　1次X線の強度は，蛍光X線強度，散乱X線強度に直接反映されるので，できるだけ実際の強度分布に近い値を用いて理論計算すれば信頼性が高くなると考えられる．X線管から発生する1次X線の分布には，数式を用いて計算したものを用いることが多い．X線管から出たX線を直接測定すればよいが，測定は容易ではない．WDXでは，試料に散乱線が強く観察される樹脂板を用いてスペクトルを測定すれば強度分布が得られるが，散乱線であるために散乱される材料の影響を受けており，誤差の要因となると考えられる．リファレンスフリー分析の信頼性向上には，できるだけ実際に近い1次X線強度分布が利用できるようになるとよい．また，質量減衰係数についても，吸収端間の波長に対する関数が多くの文献に示されているが，物理定数として1つに確定しているわけではないので，こちらも共通化できるようになることを期待したい．1次X線分布や質量減衰係数には波長依存性があるので，単に有効数字の桁数が多いものではなく，元素や波長に対する相関が正しい値が必要である．現状では，長波長側の1次X線強度および質量減衰係数は誤差が大きいと考えられるので，より良いパラメータの取得が期待される．

3.5.2　強度測定における課題

リファレンスフリー蛍光X線分析における強度測定には，感度係数を測定した

分析条件を用いている．市販の装置では，分析条件・感度係数がセットで内蔵されており，ユーザーは指定された分析条件を用いて定量値を得ることができる．ただし，試料によっては，正しい定量値を得られない場合もある．ここでは，強度測定における注意点を説明する．理論強度は，いわゆる正味の蛍光 X 線強度を計算しているので，測定強度にも，重なりを除去したり，バックグラウンド差し引きを行った強度を用いている．ここでは，スペクトルの形状，ピークシフトなどについても注意点を説明する．

3.5.2.1　ネットの X 線強度測定

定量には，通常 X 線強度がもっとも大きい $K\alpha$ 線，$L\alpha$ 線のスペクトルが用いられる．他の元素のスペクトルが重なる場合は，同じ元素で重ならないスペクトル(例えば $K\beta$ 線，$L\beta_1$ 線)を選択することもあるが，理論計算に対応していないスペクトルは使用できないので，装置ごとに確認が必要である．WDX ではスペクトルが重ならないように高分解能スリットを用いる場合があるが，スリット間隔による透過率の違いにより測定強度が変化するので，使用したスリット用の感度係数が必要になる．スリット間隔の違いによる透過率の違いは基本的に波長やエネルギーに依存しないので，理論計算ではなく，分析視野と同様に，強度の実測値から換算係数を用いて感度係数を算出している．この換算係数が装置に内蔵されていれば，スリットを変更しても感度係数が自動的に換算され，そのまま使用することができる．

ネット強度測定では，重なりだけでなく，バックグラウンドの差し引きも必要である．もしバックグラウンド差し引きをしない，あるいは固定分光器を用いる多元素同時分析型(WDX)のようにバックグラウンド差し引きができない場合は，2 点以上の感度係数用試料を用いて，原点を通らない感度係数曲線を作成し，定量計算を行う．バックグラウンド強度を理論計算できる機能を備えている場合は，バックグラウンド差し引きを行わなくても定量計算ができる．

X 線強度は検出器でカウントされるので，検出器の数え落としがない強度を使用する．WDX では，X 線強度が強すぎる場合は，検出器の直線性がある強度範囲(数え落としがない範囲)まで電流値を小さくする必要がある．このとき，理論強度も管電流に比例しているので，感度係数はそのまま使用できる．EDX では半導体検出器の数え落としが発生しないように電流を自動調整する機能があるので，あまり注意する必要はない．ただし，試料ごとに測定電流が異なるので，EDX では X 線強度の単位を単位電流あたりの強度，すなわち cps/μA で表している．この場合も，同じ感度係数を使用することができる．

3.5.2.2 スペクトル形状

一般的な装置の測定条件では，Kα線はKα_1とKα_2が分離されない．しかし，WDXでは高分解能の1次スリットを用いると分離される場合がある．また，EDXでは，Sn Kα線などの20 keV以上のエネルギーではKα_1とKα_2が少し離れて検出されるため，スペクトル形状が非対称な形になる．このとき，ピークの面積強度を関数フィッティングでうまく計算できない場合は，エネルギー範囲を指定した単純積算強度を用いるとよい．通常，Kα線の理論強度はKα_1，Kα_2を加算している場合が多いので，その場合は，EDXだけでなく，ピーク強度を用いるWDXでも測定で分離しない方がよい．

WDXで有機化合物中の炭素，酸素，水素の定量を試みたときに得られた炭素C Kαのスペクトル形状における注意点を示す[3,4]．有機化合物中の炭素を定量する場合，WDXでは通常C Kαスペクトルのピーク位置の強度を用いる．さまざまな有機化合物27点で炭素の定量を試みたとき，ピーク位置の蛍光X線強度と理論強度から求める感度係数が一致しない場合があった．ベンゼン環を含む化合物(2,5-ジヒドロキシ安息香酸など)と含まない化合物(マロン酸など)では，感度係数が2つのグループに分かれることがわかった．ベンゼン環を含むグループは，含まないグループに比べて，ピーク強度が小さくなっている．すべての試料についてC Kαのスペクトルをよく見るとC Kαのピーク位置はほとんど変わらないが，半値幅が異なることがわかった．図3.5.3に2つのグループの代表的な化合物のC Kαスペクトルを示す．ベンゼン環を含むグループの方が，半値幅が大きくなっている．これ

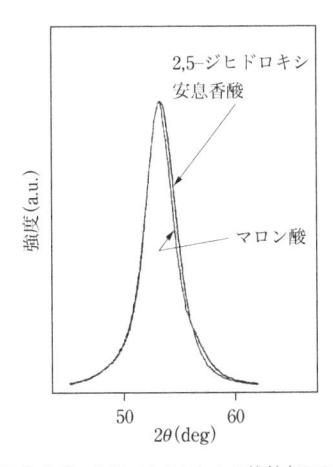

図 3.5.3 C Kα スペクトルの比較(WDX)

は，C Kα のスペクトルは，C–H，C–C，C–O，ベンゼン環などの異なる結合に対して，同じ C Kα でもピーク位置が異なる（ピークシフトした）スペクトルが出現するためである．ピーク位置はもっとも多い結合（C–C，C–H など）であり，長波長側にベンゼン環の結合のピークがあると考えられる．通常の WDX の分解能ではそれぞれのピークを分離して観測することはできないため，半値幅が異なるスペクトルとして観測された．このようにベンゼン環を含むグループは，含まないグループに比べてピーク強度は小さいが半値幅が大きく，スペクトルの面積強度を用いることにより，炭素の結合の種類の数の異なる化合物について，感度係数が一致することがわかった．

3.5.2.3　ピークシフト（ケミカルシフト）

軽元素のスペクトルでは，化学結合状態の違いによってピーク位置のシフトが観察される場合がある．定量分析では，ピーク位置に注意して測定する必要がある．Be 〜 F の元素では，Kα 線にピークシフトが起こりやすい．これは，Kα 線が L 殻と K 殻のエネルギー差に相当し，これらの元素では，化学結合状態によって L 殻のエネルギーレベルが変化するためである．例えば金属ボロンと酸化ボロンでは，B Kα 線のピーク位置が異なる．また鉄中の炭素と樹脂中の炭素では C Kα 線のピーク位置が異なる場合がある．ピーク位置のシフトを理論計算に反映することは難しいので，通常，金属と樹脂についてそれぞれ感度係数を準備して，試料形態に合わせて適切な感度係数を用いることになる．これらの要素が理論計算できれば，感度係数は同じものを使用でき，リファレンスフリー蛍光X線分析の信頼性を高めることになる．

3.5.3　まとめ

リファレンスフリー蛍光X線分析では，試料の組成情報から理論強度を計算し，実測強度と対比して，未知試料の定量値（組成）を求めている．理論強度計算については，試料内部のことはある程度確立された計算式で計算できるが，上記のように計算できない部分や誤差要因がある．市販の装置では，この部分は感度係数として装置内に保存されているので，ユーザーはリファレンスフリーで分析することができる．測定から定量値の算出までがブラックボックス化され，定量値の信頼性は装置任せのところがあるが，できるだけ中身を理解して利用すれば，より信頼性が高い分析が可能となる．

［参考文献］

1) 越智寛友，岡下英男，「ファンダメンタルパラメータ法における新素材の蛍光 X 線分析―ニッケル，コバルト，チタン合金の分析」，島津評論，**45**，51-60(1998)

2) 越智寛友，渡邊信次，「散乱 X 線の理論強度を用いる蛍光 X 線分析」，X 線分析の進歩，**37**，45-63(2006)

3) 西埜 誠，田中 武，岡下英男，「有機化合物の蛍光 X 線分析」，第 27 回 X 線分析討論会講演要旨集，pp.49-50(1990)

4) 西埜 誠，田中 武，岡下英男，「有機化合物の蛍光 X 線分析(その 2)―炭素分析における積分強度の利用」，第 55 回分析化学討論会講演要旨集，pp.123-124(1991)

4

いっそう高い信頼性のリファレンスフリー 蛍光 X 線分析をめざして

4.1　信頼性ツールとしての認証標準物質

　蛍光 X 線分析法は，1 次 X 線を試料に照射したときに放出される元素に固有な蛍光 X 線を測定し，試料の化学組成を分析する方法である．その定量分析には通常，元素の濃度と蛍光 X 線強度の関係をプロットした検量線が使用される．蛍光 X 線強度は，元素の濃度だけでなくマトリックスの化学組成にも依存するので，検量線を作成するためには，マトリックスが類似しており，かつ元素の濃度が既知の標準試料群をあらかじめ準備し，蛍光 X 線スペクトルを実測しておく必要がある．他方，応用分野によっては，そのような分析試料と類似度の高い標準試料群をそろえることが必ずしも容易ではない場合もある．そのようなときリファレンスフリー蛍光 X 線分析はきわめて有用である．第 1 章で詳しく解説したように，リファレンスフリー蛍光 X 線分析は Sherman の式あるいは白岩・藤野の式ともよばれる蛍光 X 線の理論強度式を主に用いてマトリックス効果を補正し，実質的に検量線法と同じ効果を得ようとする方法である．定量分析の操作が簡便，容易であることは，応用上，有利である．最近では，バッテリー駆動で持ち運びができるハンドヘルド・モバイル型の蛍光 X 線分析装置にもリファレンスフリーの定量分析が多く導入され，これまでにない応用範囲の広がりを見せている．その結果，分析を専門としない人たちが，機器やソフトウエアの内部動作を熟知しないまま分析を行い，分析値を扱うことも珍しくなくなってきた．コンピュータのはじき出す分析値が独り歩きし，その裏付けに誰も自信がもてない不安定な状況が生まれることは社会にとってのリスク要因である．分析のエキスパートが不在の現場では特に懸念される．

　日本全国のあらゆる場所に散在するすべての X 線分析機器について，そこで行われているリファレンスフリー蛍光 X 線分析の信頼性を確認するための 1 つの方

法は，全国共通で使用可能な認証標準物質の開発と普及である．認証標準物質(certified reference material, CRM)とは，「分析機器の較正，分析方法の評価など，化学計測における測定値を決定するために，各元素の濃度，絶対量などについて，計量学的に妥当な手順によって値付けられた標準物質」のことをいう．認証標準物質には，認証書とよばれる文書が付属し，そこには各元素の濃度，絶対量などおよびその不確かさや計量学的トレーサビリティが記載されている．アメリカの国立標準技術研究所(National Institute of Standards and Technology, NIST)のものが世界中で流通しており有名であるが，わが国でも産業技術総合研究所(産総研)が計画的に開発を行っている．また，それぞれの専門学会ごとに認証標準物質を開発する取り組みがあり，日本分析化学会では蛍光 X 線分析に有用な認証標準物質が明治大学の中村利廣らによって開発されてきている．従来の検量線法では，分析試料とマトリックス組成がよく類似し，かつ着目している元素の濃度や絶対量を系統的に変化させた濃度・量既知の標準試料を用いて検量線を作成する．リファレンスフリー蛍光 X 線分析では，そのような意味での標準試料は必要とはしないが，実際に認証標準物質の測定を行い，所定の値が得られるかどうかを点検することにより，機器や採用している測定条件の妥当性についての確証を得ることで，信頼性を確実なものとすることができる．

　さらに詳しく述べると，リファレンスフリー蛍光 X 線分析において，認証標準物質には，少なくとも次の 3 通りの用途がある．

(1)分析値の妥当性検証

(2)感度係数の較正

(3)ルーチン分析の安定性の確認

(1)分析値の妥当性検証とは，認証標準物質とほぼ同等もしくはきわめて類似した組成や層構造の試料の分析の妥当性を点検，確認するために，その試料の測定の前後に認証標準物質も同条件で測定することである(ただし，薄膜・多層膜の試料では，認証標準物質で認証されている厚さよりも厚い未知試料の分析に対して適用できないことには注意する必要がある)．薄膜の場合，分析値を μm, nm などの単位で表現される薄膜界面間の物理的距離(形状膜厚とよぶ)として評価することが多いが，蛍光 X 線分析で直接求めている量は $mg/cm^2, \mu g/mm^2$ などの単位で与えられる面積あたりの重量(質量膜厚とよぶ)である．質量膜厚は形状膜厚に密度をかけあわせた量になる．このときに使用する密度の値が違っていると，測定そのものが正しくても，予想とは異なる値になりうるので注意が必要である．このため，質量膜厚と形状膜厚の両方を認証している認証標準物質を用いることは，信頼性を確認

するうえで非常に有用である．具体的には，認証されている質量膜厚を認証されている形状膜厚で割って得られる密度値と，装置のソフトウエアの内部で設定されている密度値に差異がないかどうか，チェックしてみればよい．明らかな差異がある場合は，当然，認証値から得られる密度値の方を使用するべきである．

(2)感度係数の較正とは，認証標準物質のデータを装置のソフトウエアに登録することにより，装置のソフトウエアによって得られる分析値と認証値の差が最小になるように感度係数を補正することである．ただし，この較正を行う以前に，認証標準物質を測定して得られる分析値と認証値があまりにも大きく異なる場合は，分析条件，測定条件が適正であるかどうかを先に点検することが望ましい．

(3)ルーチン分析の安定性の確認とは，認証標準物質を定期的に測定し，得られるスペクトルや分析値の繰り返し再現性を確認することにより，日々のルーチン分析が正しく行えていることを確認，管理することである．その際には，認証書に記載されている拡張不確かさを参考にする．あらゆる測定には不確かさがつきまとうが，要因ごとにばらつき(繰り返し測定の標準偏差)を管理することができる．あらゆる要因の不確かさの2乗和の平方根が標準合成不確かさであり，信頼区間などを考慮し，係数をかけたものが拡張不確かさである．係数2を用い，約95%の信頼の水準をもつ区間の半分の値で示している例はよくみられる．認証標準物質に付属する認証書には上記の説明も記載されている．不確かさなどについての取り扱いは，欧州分析化学連合(Eurachem)の出している文書[1]に詳しい(日本語訳[2]も出版されている)．

［参考文献］

1) S. L. R. Ellison and A. Williams eds., *Quantifying Uncertainty in Analytical Measurement, 3rd Edition*, EURACHEM/CITAC Guide CG4, Eurachem (2012) https://www.eurachem.org/images/stories/Guides/pdf/QUAM2012_P1.pdf
2) 日本分析化学会 監修，米沢仲四郎 訳，分析値の不確かさ—求め方と評価，丸善出版 (2013)：1)を日本語に翻訳したもの

4.2　ラウンドロビンテストの経験

　欧州では 2008 年以降，ドイツの物理工学研究所（Physikalisch-Technische Bundesanstalt，PTB）とフランスの国立計量試験所（Laboratoire national de métrologie et d'essais，LNE）を中心に，EU のプロジェクトとして FP international initiative（International initiative on X-ray fundamental parameters）が進行中である．リファレンスフリー分析に使用される X 線の物理定数を放射光などの実験によって，あるいは理論計算によって拡充し，これまでよりも正確さの点で優れたデータベースを築くことを主な目的としている．日本の X 線分析の関係者とも恒常的に連絡をとりあい，相互に連携も行っている．欧州では X 線物理定数のテーブルを充実させ完成度を高める努力が主であるのに対し，日本の活動は欧州とは多少異なる特色も有している．リファンレスフリー X 線分析の信頼性の向上を通したイノベーションを主要なゴールとし，X 線物理定数の問題に高い関心をもって接しつつ，分析上の各種の課題の解決を重視し，そのために認証標準物質や類する知識・技術の開発に取り組もうとしている．

　日本国内に拠点をもつ主要な X 線分析の企業，ユーザー企業，国立研究機関の協力は 2012 年頃に始まり，リファンレスフリー蛍光 X 線分析の信頼性をいかに向上させるかという課題に関して，継続的に検討を行っている．

　2016 年，民間企業 11 社（ブルカージャパン(株)，(株)堀場製作所，(株)リガク，(株)テクノエックス，(株)島津製作所，(株)東芝，(株)日立ハイテクサイエンス，日本電子(株)，東芝ナノアナリシス(株)，キヤノン(株)，スペクトリス(株)パナリティカル事業部）と国立 2 研究機関（産業技術総合研究所（産総研），物質・材料研究機構）は，リファンレスフリー蛍光 X 線分析の信頼性を高めるためのオールジャパンでの活動の一環として，めっきなどのアプリケーションでの利用を想定した金属多層膜の共通試料を用い，ラウンドロビンテストを実行した．ラウンドロビンテストとは，多数の参加者が共通試料をそれぞれ測定し，終了後に得られた結果の比較を行うこと（JIS Q17043 に記載されている試験所間比較[1]に準じる方法）をいう．2 つの試料（Sample 1, Sample 2）が配布され，毎週 1 社が測定し，終了後，いったん管理機関（物質・材料研究機構）に返却し，次週に別の会社が測定するという作業を 11 週にわたって連続的に行った．ラウンドロビンテストの中でも単純なタイプではあるが，回覧中の変化などを把握するためにいったん管理機関に戻すことから，ペダル型ともよばれる方式である．

図 4.2.1　ラウンドロビンテストに用いられた試料の外観
2 試料あり，どちらも上層から金，ニッケル，銅の 3
層からなるが，外観は単に金色に見えるだけである．

図 4.2.1 はラウンドロビンテストに用いられた共通試料の外観を示している．ク
ロムコートされた石英ガラス基板上に表面側から金／ニッケル／銅を積層した構造
を有している．後に，産総研の計量標準総合センターによる認証(走査型電子顕微
鏡による試料断面観察および化学分析(誘導結合プラズマ発光分析法(ICP-OES)，
ICP 質量分析法(ICP-MS)，および同位体希釈 ICP-MS)を受け，2017 年 5 月に認
証標準物質 NMIJ CRM 5208-a として頒布された[2]．各層の形状膜厚と面密度(蛍光
X 線分析では質量膜厚とよぶことが多い)の 2 つの値が認証されている．このラウ
ンドロビンテストを行った時期は，そのような値付けが行われるずっと前のことで
ある．ラウンドロビンテストの参加者は，測定に際し，どのような X 線管，出力，フィ
ルタ，検出器などを使用してもよく，報告結果は 2 つの試料についての各層の質量
膜厚のみである．用いられた報告のフォーマットは図 4.2.2 のとおりである．

図 4.2.3 は，ラウンドロビンテストの集計結果である．参加企業は 11 社であるが，
複数の機器，複数の分光器(波長分散型とエネルギー分散型など)で分析した結果を
報告した会社もあったため，データセットの総数は 15 になった．Grubbs 検定[3]に
より 2 データを除外した場合とあえて残した場合の両者を検討した．表 4.2.1 は 2
データを除外して 13 データを集計した結果に対応する．検討の結果，直ちに次の
点が明らかになった．

第 1 に，異なる装置，異なる分析視野など，相互に異なる条件で独立に行われた
測定であるにもかかわらず，報告値のばらつきは，いずれの試料，いずれの層につ
いても 5 〜 8%の範囲内に収まっており，きわめて良好な結果を示した．リファレ
ンスフリー蛍光 X 線分析は，標準試料をそろえ検量線を作って分析しているわけ
ではないため，これまで，分析値のばらつきに懸念をもつ専門家も少なくなかった

第1回ラウンドロビンテスト報告書

年　月　日

会社名
氏名

レファレンスフリーX線分析に資する標準ツール検討会の第1回ラウンドロビンテストの結果を下記の通り、報告します。

		試料 C1		試料 C2	
最上層 質量膜厚	第1回	mg/cm²	第1回	mg/cm²	
	第2回	mg/cm²	第2回	mg/cm²	
	第3回	mg/cm²	第3回	mg/cm²	
	第4回	mg/cm²	第4回	mg/cm²	
	第5回	mg/cm²	第5回	mg/cm²	
第2層 質量膜厚	第1回	mg/cm²	第1回	mg/cm²	
	第2回	mg/cm²	第2回	mg/cm²	
	第3回	mg/cm²	第3回	mg/cm²	
	第4回	mg/cm²	第4回	mg/cm²	
	第5回	mg/cm²	第5回	mg/cm²	
第3層 質量膜厚	第1回	mg/cm²	第1回	mg/cm²	
	第2回	mg/cm²	第2回	mg/cm²	
	第3回	mg/cm²	第3回	mg/cm²	
	第4回	mg/cm²	第4回	mg/cm²	
	第5回	mg/cm²	第5回	mg/cm²	

測定条件は裏面の通りです（該当する部分に☑を入れてください）。

□エネルギー分散型蛍光X線分光法を採用した
　　X線管（陽極）　（　　　　　）
　　X線管の出力　（　　　kV,　　　mA）
　　X線ビームサイズ（試料上の照射面積）
　　モノクロメータおよびフィルタ（使用した場合）
　　測定雰囲気
　　測定回数　　　5回
　　測定時間（不感時間（　％）、ライブタイム（　　秒）、リアルタイム（　　秒））
　　測定時の検出器の総計数率（カウント/秒）
　　感度係数決定の方法（例：濃度既知の標準物質使用等）

□波長分散型蛍光X線分光法を採用した
　　X線管（陽極）　（　　　　　）
　　X線管の出力　（　　　kV,　　　mA）
　　X線ビームサイズ（試料上の照射面積）
　　モノクロメータおよびフィルタ（使用した場合）
　　分光結晶の種類、反射面
　　使用した検出器の種類
　　測定雰囲気
　　測定回数　　　5回
　　測定時間（リアルタイム）　　　　（　　秒）
　　感度係数決定の方法（例：濃度既知の標準物質使用等）

以上の結果を得るに至った測定スペクトルのグラフ図、または分析に使用したROIのグロス強度、バックグラウンド強度データなどの情報を非公開扱いの参考資料として添付します。

図4.2.2　ラウンドロビンテストの報告フォーマット

上が表面，下が裏面である．ラウンドロビンテスト参加者は試料が上層から金，ニッケル，銅の3層からなる多層膜であることは知らされている．各層の膜厚（質量膜厚）のみを報告した．どのような蛍光X線分析装置をどのような条件で使用してもよく，解析ソフトウエアもまったく自由に選択してよいとした．にもかかわらず，きわめて良好な一致がみられた．このことはリファレンスフリー蛍光X線分析がいかに高い信頼性を有するかを端的に示すものである．

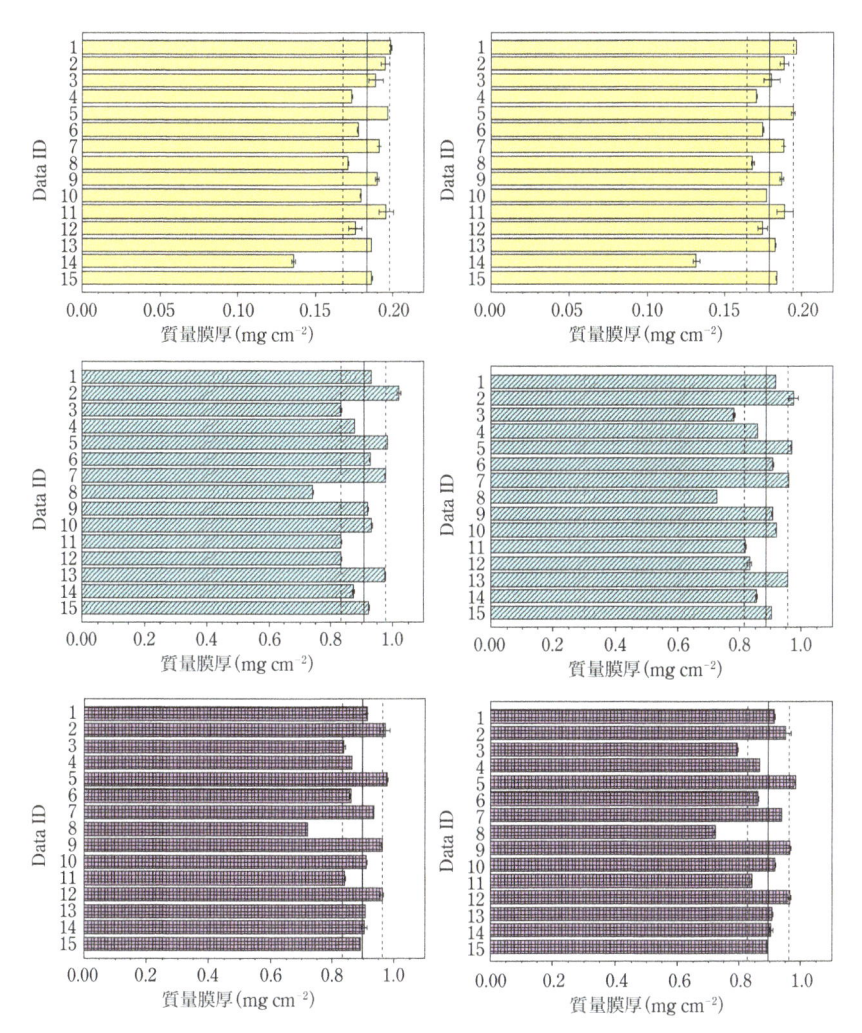

図 4.2.3 ラウンドロビンテストの集計結果
ラウンドロビンテストに参加した 11 社から 15 のデータセットが報告された．左が Sample 1，右が Sample 2 の結果である．上から金，ニッケル，銅の質量膜厚である．

[K. Sakurai and A. Kurokawa, *X-ray Spectrom.*, **48**, 3–7 (2019)から許可を得て転載]

と思われるが，現実には，これほどまでに良好な精度(再現性，安定性)が得られる．

　第 2 に，得られた値が真値もしくは他の方法によって知り得た分析値に対しどの程度近いものであるかが強い関心をもたれるところであるが，今回の試料の製作時の設計値(Au 層：0.1 μm，Ni 層，Cu 層：それぞれ 1 μm)に十分近い値であった．

表 4.2.1　ラウンドロビンテストの集計結果
　　　　Sample 2 は後に認証標準物質になった．その認証値を得るのに使われた化学分析の値と拡張不確かさ（カッコ内）を示す．

	リファレンスフリー蛍光 X 線分析値		化学分析値
	Sample 1	Sample 2	
第 1 層(Au)	0.187 ± 0.008 4.3%	0.184 ± 0.008 4.3%	0.184(0.005)
第 2 層(Ni)	0.921 ± 0.059 6.4%	0.900 ± 0.059 6.6%	0.869(0.017)
第 3 層(Cu)	0.909 ± 0.048 5.3%	0.907 ± 0.053 5.8%	0.880(0.014)

　また，Sample 2 について，破壊分析による化学分析値との比較では，一見，蛍光 X 線分析の方が高い値を与える傾向があるようにもみえるが，その差は高々数%以内である．その化学分析の各層の不確かさが上層からそれぞれ，2.7%, 2.0%, 1.6% であることを考慮すれば，むしろ一致の度合いも良好であることがわかる．

　第 3 に，このラウンドロビンテストよりも前に実施した類似のテストの経験から，実施前には試料の経時変化も懸念されていた．夏の暑い時期，金属の薄膜と石英ガラス基板では熱膨張係数の違いにより，比較的厚い膜は剥離しやすくなる．このラウンドロビンテストで報告された値にはそのような変化は認められなかった．毎週点検，観察を行ったところでは試料表面のわずかな汚れこそ確認されたが，試料の剥離などの兆候は一切みられなかった．今回準備した標準物質は，経時変化にも強いことが確認された．

　第 4 にラウンドロビンテストの参加企業は事前には知らされていなかったが，Sample 1 と Sample 2 はコーティングの条件が異なり，わずかではあるが違いがあるのだが，そのような差もラウンドロビンテストの結果から確認された．Sample 1 には場所による分布(傾斜)があるが，一部の参加企業は蛍光 X 線マッピングによる不均一性評価を行った結果を報告しており，ほぼ全容理解が X 線のみで非破壊的になされた．以上のとおり，ラウンドロビンテストにより，非破壊的でリファレンスフリーな蛍光 X 線分析法によって非常に高信頼性のデータが得られること，このような試料を日常的に所有，使用することの重要性，有用性が明らかになった．

　ラウンドロビンテストの参加企業の間では，リファレンスフリー蛍光 X 線分析において認証標準物質を測定する場合の使用法について，詳しい討論を実施した．得られた結論の要点を以下に列挙する．

(1) 使用する機器

蛍光X線分析装置は，エネルギー分散型および波長分散型のいずれを使用しても差し支えない．エネルギー分散型の場合は，スペクトルの重なりを避けるためにできるだけエネルギー分解能が$200\,\text{eV}$@Mn Kα($5.9\,\text{keV}$)よりも優れた検出器の使用が望まれる．

(2) 機器の使用条件

測定条件は，使用する装置ごとの推奨条件を使用する．使用するX線管によっては，特にエネルギー分散型の場合，入射X線スペクトルに含まれる特性X線との重なりを避ける必要があるときは，1次フィルタを使用する．測定雰囲気は，大気中，真空もしくはヘリウム置換などである．例えば，今回のラウンドロビンテストの試料の場合，スペクトル線としてAuにはAu Lα線もしくはLβ線，Ni, Cuには Kα線もしくはKβ線を採用し，X線管電圧を$30\,\text{kV}$以上に設定しているとして，X線管にタングステン管を用いる場合，Au, Ni, Cuの分析線との重なりを避けられるように，WのL線($6.5\sim12.5\,\text{keV}$)を効率的に吸収，除去するような材質，厚みの1次フィルタを導入するとよい．

(3) カウント数，測定時間，統計変動

分析現場によっては，スクリーニングなどを行う目的で極端に短時間の測定が日常的に行われている場合もあると思われるが，認証標準物質の測定によって分析の妥当性の確認や機器・方法の較正を行う際には，十分に統計誤差を小さくすることを優先し，例えば次のような測定条件を用いることが望ましい．

- 測定する蛍光X線の積分強度(ネット強度)を$10,000$カウント以上とする．
- $5\sim7$回繰り返し測定して平均を使用する．

(4) ビームサイズ，測定地点の数

試料の不均一さが誤差を生む大きな要因になることを考慮し，ビームサイズを適切に選び，かつ複数地点の分析を行うことが望まれる．例えば，認証値が$3\,\text{mm}$の分析径で得られたものであれば，相応するビームサイズを選択する．他方，$10\sim100\,\mu\text{m}$の微小ビームを用い，広範囲をXY走査してマッピングを行うと，その試料の不均一さについて定量的な情報を得ることができる．

［参考文献］

1）JIS Q 17043:2011「適合性評価—技能試験に対する一般要求事項」

2）T. Ariga, Y. Zhu, M. Ito, T. Takatsuka, S. Terauchi, A. Kurokawa, and K. Inagaki, "Quantification of elemental area densities in multiple metal layers（Au/Ni/Cu）on a Cr-coated quartz glass substrate for certification of NMIJ CRM 5208-a", *Anal. Bioanal. Chem.*, **410**, 2849-2857（2018）：https://doi.org/10.1007/s00216-018-0969-y

3）F. E. Grubbs, "Sample criteria for testing outlying observations", *Ann. Math. Statist.*, **21**, 27-58（1950）：https://projecteuclid.org/euclid.aoms/1177729885

4）桜井健次，水平 学，青山朋樹，松永大輔，山田康治郎，池田 智，大森崇史，西埜 誠，中村秀樹，沖 充浩，深井隆行，大柿真毅，衣笠元気，小沼雅敬，野間 敬，山路 功，「リファレンスフリー蛍光 X 線分析における標準物質の使用について—金属多層膜の認証標準物質 NMIJ CRM 5208-a での経験を中心に」，X 線分析の進歩，**49**, 77-82（2018）

5）K. Sakurai and A. Kurokawa, "Round Robin Layer-Thickness Determination : Towards reliable reference-free X-ray spectrometry", *X-ray Spectrom.*, **48**, 3-7（2019）

4.3 異常な結果が得られたときは，どうすればよいか

注目している元素の濃度・量が，あらかじめ設定した範囲内に収まっているかどうかを監視，点検する目的で日々分析を行うことは，応用分野の違いを越えて非常によく行われている．ほとんどの測定結果は，想定の範囲内である．しかし，時にはそこから外れるものも出てくるであろう．むしろ，そのようなめったには生じないと予想される異常の発見こそが監視，点検の本来の目的である．記録にとどめ，報告する必要がある重要な結果であることはいうまでもない．だが，それがもし，少々の外れという水準ではない，ありえないと感じるほどの異常値で，にわかには信じられないような場合であったらどうであろうか．

大きな異変，事故など，本来の監視範囲の水準から大きく逸脱するような事象が起きたことをそのデータは示しているのかもしれない．すでに起こってしまったトラブルに関しては，事態がそれ以上悪化しないように状況を管理すること，すなわち，しっかりとした危機管理の方策が求められる．他方，本当は異常ではないのに，何か別の理由で異常な値が表示されているのではないか，という疑念をもつ場合もあるかもしれない．測定から分析値を得て判定を行うに至るまでのほぼすべての過程がコンピュータによって行われ，ブラックボックスのようになっているため，異常な値が表示されたとき，異常であることはわかっても，その理由はすぐにはわかりにくい．そのため，どのように対処してよいかもすぐには判断しにくい．リファレンスフリー蛍光 X 線分析では，従来からの検量線を用いる蛍光 X 線分析以上に，異常な結果が得られたときに不安を増幅するおそれがあり，判断を誤りやすい．結論が正反対に分かれる重要な問題であるから，その判断には客観的な正しさが求められる．本節では，そのようなときの対処方法を説明する．

ぜひとも一番先にお伝えしたいことは，このようなときのためにこそ，認証標準物質を常備していただきたいという点である．おかしいと思うことがあれば，認証標準物質を測定して，これまでと同様，認証値と良く一致する分析値が得られるかどうかをまず確認してほしい．仮に，まったく一致せず，そこでも明らかなずれが起きている場合は，試料にかかわらず分析が正しく行われていないことになる．データが正しくないのであるから，「異常である」という判定自体も疑わしい．いったん判断を保留し，正しい測定を行った後，あらためて判断するのがよい．

それでは，認証標準物質を用いることで，測定が正しくないとわかった場合は，どうすればよいだろうか．引き続いて，次のような点検を行うと，どこに問題があ

るのかが明らかになってくると考えられる.

(1)複数の機器がある場合，それぞれを用いて同じ認証標準物質を測定し，同じ分析値が得られるか.

(2)別の認証標準物質を測定した場合，結果はその認証値と良く一致するか.

(3)測定条件(X線管の選択，管電圧の設定，検出器信号処理回路の増幅器ゲインの設定，測定時間など)は適切であるか.

(4)感度係数は正しく較正されているか.

(5)ビーム径を変化させ，あるいは複数地点の測定を行った結果はどうであるか.

(6)ソフトウエアの操作方法は間違っていないか.

認証標準物質は，分析の信頼性を確保するうえできわめて重要である．したがって，保管や取り扱いには細心の注意を払っていただきたい．表面を傷付けないように，また汚さないように注意し，保管には低湿度の雰囲気(デシケーターなど)を利用して保管することが望ましい．認証標準物質に添付されている認証書にも保管条件が書いてある場合がある．薄膜などの場合は，剥離しやすく，汚損の影響も受けやすいので，素手で触れず，必ずピンセットなどを使用し，その場合も，あまり強い力を加えないなど，注意して取り扱うようにする．認証標準物質には有効期間があることにも注意する．特に波長分散型の装置を使用する場合，X線照射による損傷，劣化が起きることもある．繰り返し使用による劣化はある程度やむをえないものであるが，同一条件で得られるデータを記録，管理し，複数地点の蛍光X線強度のばらつきの増大，あるいは蛍光X線強度そのものの著しい減少など，劣化が顕著なときは使用を中止し，新たに認証標準物質を入手していただきたい.

異常であるとか，信じられないと思うような結果が得られたとき，認証標準物質を用いて点検することは有力であるが，必ずしも認証標準物質でなくても，それぞれの現場で用いやすい，化学組成が既知の試料を用いてもよい．こうした試料を，例えば毎日，始業時に一度測定するなど，ある程度の頻度で定期的に測定することにすれば，安定で信頼性の高い管理ができると考えられる．おかしいと思ったときは，そのような過去に測定したデータと比較してスペクトルや強度はどうであるかを点検するとよい．そうすれば，測定が正しいかどうか，また，報告すべき重要な異常値なのか，そうではなく他の原因も考えられるから判断は保留すべきなのかを切り分けることができよう.

伝統的に行われている蛍光X線分析では，検量線を用いて定量分析を行っている．測定したい試料とほぼ同じマトリックスの化学組成で目的の元素の濃度だけを系統的に変化させた標準試料群をあらかじめ作製しておき，その蛍光X線スペク

トルを測定することで，元素濃度と蛍光X線強度の関係を先に取得する．それが検量線である．その後，未知試料の測定を行って得られた蛍光X線強度から，その検量線によって元素濃度を得る．ここまででおわかりのとおり，仮に検量線が間違っていれば，蛍光X線強度から正しく元素濃度を求めることはできない．未知試料のマトリックスが標準試料群のマトリックスとまるで別物ならば，正しい定量分析を行うことはできない．リファレンスフリー蛍光X線分析では，上述のような検量線を実験的に得るような操作は行わないが，実質的にそれと同じことを試料モデルと蛍光X線の理論強度式を用いた計算によって行っていることに留意してほしい．間違った検量線を使うのと同じようなことをすれば，正しい分析値を得ることはできない．

　具体的には，次のような点に留意するとよい．

- ・試料に関する情報を間違えていないか．つまり，設定したモデルは適切であるか(薄膜の場合でいえば，層数を間違えていないか)．
- ・酸化物，水酸化物，炭酸塩などの試料で，測定にかからない軽元素を正しく考慮できているか．
- ・測定条件，感度係数，ビーム径，ソフトウエアなどの問題はないか．
- ・薄膜の膜厚測定の場合，算出にあたって使用した密度の値が妥当であるか．

　リファレンスフリー蛍光X線分析は，適切な試料に対して，適切に用いられている限り，前節のラウンドロビンテストの例で示したように，きわめて安定で信頼性の高い結果を与える．従来の検量線法に基づく蛍光X線分析はもちろん，試料を酸などに溶解させて定量分析を行う化学分析と比較しても，十分に競争力のある魅力的なデータも得られる．ただ，操作が簡単になり，コンピュータに依存する部分が増えたために，現実の分析では盲点も多いのだと考えられる．

4.4　リファレンスフリー蛍光 X 線分析の近未来

　すでに見てきたように，蛍光 X 線分析の分野では，他の分析法に先駆け，リファレンスフリー分析という新しい分析のスタイルを実現し，いまなお発展の途上にある．リファレンスフリー分析は，定量分析に際し，実験的な検量線を使用せずに同等の効果を得るため，事前に分析試料とマトリックス組成がきわめて近い標準試料群を準備できない場合にも用いることができる．この大きな利点ゆえ，今後も応用分野は拡大の一途をたどるだろう．第 2 章で紹介した事例は，そのほんの一部にすぎない．蛍光 X 線分析は，現在のベンチトップ型の装置にとどまることなく，分析室の外に出て使用されるハンドヘルド，モバイル型の装置の利用が急速に拡大しており，その勢いは今後ますます強まる流れにある．人が手に持って使用するのでは，作業環境条件や作業者による誤差や不安定さが生まれやすく，迅速さにも限りがあることから，さまざまなタイプのロボットに組み込まれて使用されることも今後は一般的になるのではないだろうか．製造業の現場だけでなく，環境分析や資源探査の分野では，自走式ロボットやドローンに搭載されて利用されることも考えられる．近未来のリファレンスフリー蛍光 X 線分析には，新しい応用分野での利用や，今後登場する新しい機器とよく適合することが求められる．何でもできる万能の装置，方法であらゆる分析をこなしていくのが現在の主流のスタイルだとしても，将来は，特定の問題を解決する単能の装置，方法に分化していくのかもしれない．

　これまでの多くの元素分析が，試料内の場所的な不均一のむらをならした平均情報を基礎にしていた．その平均情報として濃度，絶対量といった分析値の精確さを追求してきている．溶液試料では，多くの場合ほぼ均一とみなしてよいからそれで当然と考えるのは十分理由があることであるが，固体の試料では，少々事情が異なってくる．試料の均一性を前提として成り立っている測定法では，十分均一とみなせない場合は，測定に際し，均一化の工夫が必要不可欠である．リファレンスフリーではない，従来の検量線法の場合でも，不均一さの問題はもともと解決困難である．分析試料も標準試料群も，均一であることは必須であり，検量線はその大前提のもとで作られ，使用される．均一な試料の作製を行うことができる限りは，もちろん，特に大きな問題はない．だが，現実には，不均一であることを避けられない対象はいくらでもある．そもそも，自然界のいろいろな事象の本質は不均一性と大きく関係しており，ものを詳しく理解するためには，不均一さを避けて通ることなどできない．科学の分野で光学顕微鏡が昔も今も必須の道具として使用され続けている理

由の 1 つは，そのような点にある．分析室の外に出て新たな発展を遂げようとする，これからの蛍光 X 線分析では，ますます不均一さの問題に直面する機会が多くなるだろう．

この問題は徐々に認識が深まり，解決への模索が続いている．蛍光 X 線イメージングの技術は，元素ごとの不均一さを画像化する方法である．第 2 章，第 3 章でも，現在発展中のこの技術の事例を紹介した．今後，イメージングの技術はさらに広がり，今よりももっと多く用いられるようになるだろう．空間分解能は，シンクロトロン放射光を使う場合にはすでに 10 nm レベルに達し，いずれ乗り越えて 21 世紀半ばまでには原子分解能に迫るであろうと期待されるほどの段階にまで進展している．通常の実験室で扱える装置では現状，10 〜 20 μm 程度にとどまるものが主である．これまでの蛍光 X 線分析で均一とみなしてきた試料でさえ，この程度の領域では不均一さに気づくことも少なくないと思われる．こうして，蛍光 X 線イメージング技術の力を借りて，元素分布の不均一さを把握したうえで定量分析を行うことで，不均一さを無視したことにより信頼性を損なってきた問題は解決に向かうと考えられる．その際，Sherman の式，あるいは白岩・藤野の式は，2 次元的な分布をまったく考慮しない理論式である点にも注意を向ける必要がある．将来のリファレンスフリー蛍光 X 線分析は，使用する理論式の拡張や置き換えを考慮する時期をいずれ迎えるのではないかとも考えられる．

第 1 章で述べたとおり，そもそもリファレンスフリー蛍光 X 線分析は，コンピュータの技術の進展とともに発展してきた．少々複雑な計算を行うにはコンピュータの能力は重要であった．だが，リファレンスフリー蛍光 X 線分析の黎明期に比べると，コンピュータの能力は桁違いの水準に上がっており，白岩・藤野の式による計算などはどんなに複雑な試料でも瞬時に実行できる．高速なネットワークとつながって相互に通信し，巨大なデータベースにアクセスし，また無数の超小型の携帯端末とデータ交換を行うのは日常茶飯事になっている．さらに，最近では量子コンピュータの登場によって，取り扱えるデータの量や計算速度は，なおいっそう桁違いのものとなりつつある．このような基準からみれば，現在のリファレンスフリー蛍光 X 線分析は，むしろ遅れているといえるのではないだろうか．現在のリファレンスフリー蛍光 X 線分析では，測定条件ごと，元素ごとに感度係数をデータベースとして登録しているが，その数は，まだ人が数えられる水準である．現実の測定も，相対的に容易な試料群を対象とする型にはまった分析にとどまっている．近未来には，高信頼性を保ちながら，いまよりももっと複雑な試料をもっと多く分析し，巨大な量のスペクトルデータや画像を扱うことになるのではないだろ

うか．そのため，高度なコンピュータとネットワークを駆使し，未知試料の未知性を十分理解し，過度にモデルに依存せず，モデルの自己修正機能を取り込んだ蛍光 X 線理論強度の計算方法や，ディープラーニングなどのデータ科学手法を取り入れた定量分析法に発展する道筋が考えられる．

リファレンスフリー分析が，なぜ蛍光 X 線分析において，もっとも早く実現し，実用的に用いられるようになったかということの背景を考えると，物理的な機構が単純明快で Sherman の式，あるいは白岩・藤野の式によって，試料内でのマトリックス効果を考慮した蛍光 X 線の強度を算出し，実験的に得られる蛍光 X 線強度をもっとも合理的に説明できる化学組成を導き出すことができた点に本質がある．現実をよく説明できる理論強度式の存在が非常に重要であったが，その実際の計算では，テーブルに出ている元素ごと，もしくは X 線エネルギー(波長)ごとの物理定数(FP)を使用する．第 3 章 3.4 節で述べられているとおり，この FP の値に含まれる不確かさが，最終的に得られる分析値に影響を与える．このため，かなり前に作られた物理定数のテーブルに出ている数値を見直し，最先端の測定技術や量子力学計算によってデータベースの再構築を行うことは非常に意義深い．ヨーロッパでは 2008 年から，その活動が継続的に行われており，毎年のように新しい報告が行われている．これからのリファレンスフリー蛍光 X 線分析では，もちろん，こうした随時更新され続けるデータベースが活用されることはいうまでもない．

物理定数と現在はよんでいるが，厳密には，原子の内殻で起きる光電吸収による励起と，その緩和の過程は，1 セットの定数で語れるものではない．例えば，第 1 章で吸収端について，1 つの元素に 1 つの固有のエネルギーの K 吸収端があると説明した．厳密には，それは，光電吸収が K 殻の 2 つある電子のうちの 1 つだけが励起され，そこに空孔が生じた場合に限られる．他の軌道からの電子が遷移して空孔を埋め，基底状態に戻るよりも前に，もう 1 つの電子がはじき出される場合はどうなるか．2 つめの電子を励起するための吸収端は最初の場合よりもかなり高いエネルギーになる．また，観測されるスペクトルにも，通常はみられない興味深い特徴が現れる．こうした現象は多重励起や多重イオン化とよばれ，重イオンによる励起での X 線発光やプラズマ物理や X 線天文学で登場する X 線スペクトルではしばしばみられるものである．X 線レーザーといえば，かつてはサイエンス・フィクションのテーマであったが，2009 年にはアメリカのスタンフォードの研究施設において世界で初めての X 線自由電子レーザーが実用化され，続いて日本でも発振に成功し，2019 年夏の時点で世界の 6 ヵ所ほどで稼働している．X 線自由電子レーザーを用いると，内殻励起の条件をほぼ自由自在に制御することができる．電子を 1 個

ずつ剥ぎ取り，最後には電子がまったくない状態さえ作ることができる．映画『スタートレック IV』に登場する透明アルミニウムの宇宙船は，もちろん架空の物語であるが，X 線自由電子レーザーの照射で，可飽和吸収体になることは実証されている．つまりは，きわめて短い時間の間，そこにあるすべてのアルミニウム原子の軌道にある電子のすべてが励起され，これ以上励起する電子がもはやないために，事実上透明になるという現象である．このような状況さえ作り出すことのできる X 線自由電子レーザーを駆使すると，これまで物理定数(FP)とよんでいたものは，1 つの定数であるというよりも，1 つのデータセットの中に含まれる 1 つのパラメータであることが明瞭になる．そして，何よりも，その相互関係が解明されることにより，現在よりも精確な値を得ることにつながると期待される．

　以上のとおり，リファレンスフリー蛍光 X 線分析は，近未来，さらに前進を続けるであろう．ただし，どの方法にもいえることであるが，残念ながら万能の技術ではない．原理的に難しい問題は，容易には解決できないこともある．蛍光 X 線分析は，元素の色を識別しているわけであるが，まさに色の違い，つまり蛍光 X 線のエネルギー(波長)の違いゆえに，試料内部での吸収効果の受け方に差があり，したがって，脱出深さに違いがある．表面から深いところにある軽元素は分析できない．また，どの元素であっても，そもそも蛍光 X 線分析では分析できる深さ領域には限りがある．こうしたことから，比較的厚い保護膜に覆われた試料の内部の詳しい化学組成，特に 3 次元的に元素分布の違いがあるようなものを取り扱うのはやさしくない．こういった難易度の高い課題への挑戦を続けながら，他方，すでに開拓されてきている分析に関して，少しでも信頼性を高めるため，X 線分析の技術者たちは日々努力を続けている．

付録
リファレンスフリー
蛍光 X 線分析の情報源

　リファレンスフリー蛍光 X 線分析では，Sherman の式(または白岩・藤野の式)を用いた蛍光 X 線強度の計算に際し，多数の X 線物理定数を用いる．その多くは，かなり以前に論文として報告され，それらを下敷きにしてデータベースが作られた．現在も新たな実験や理論計算によって，改良と更新が続けられている．インターネットが発達した今日では，そのようなデータを利用することも容易になった．ビジュアルな周期表の特定元素をクリックすると，その元素の X 線物理定数を表示してくれるものもある．また，Sherman の式(または白岩・藤野の式)を使って計算を行い，さらに実験的に得られた蛍光 X 線スペクトルのリファレンスフリー分析を実際に行うソフトウエアは，たいていの蛍光 X 線分析装置に付属し，実装されている．他方，装置とは切り離されたソフトウエアも入手できる．学習用，研究用には，非常に便利で有用である．また，実験データによって検量線を作成するという文脈ではなく，リファレンスフリー蛍光 X 線分析の信頼性をさまざまな場面で確保するために認証標準物質をとりそろえることは重要である．ここに，リファレンスフリー蛍光 X 線分析を行ううえで必須と考えられる情報源をまとめた．

A. 物理定数

以下にあげる 1 ～ 6 のカテゴリーに属する数値, 文献情報を日々更新する努力が, FP Initiative (International initiative on X-ray fundamental parameters)により行われ, ホームページ(https://www.exsa.hu/news/?page_id=13)上で重要情報が掲示されている. 新たに得られた物理定数, その実験報告などの新しい文献のデータベースへのリンクも含まれている.

1. 蛍光 X 線の波長(エネルギー)および電子軌道のエネルギー準位

- X-ray periodic table :
  http://www.csrri.iit.edu/periodic-table.html
- X-ray periodic table :
  http://www.csrri.iit.edu/periodic-table.html
- Center for X-ray Optics and Advanced Light Source, Lawrence Berkeley National Laboratory, "X-RAY DATA BOOKLET"(2009) : http://cxro.lbl.gov/x-ray-data-booklet
- G. Zshchornack, *Handbook of X-Ray Data*, Springer, Berlin(2007) : https://www.springer.com/jp/book/9783540286189
- R. Jenkins, "Principal emission lines of the M Series", *X-ray Spectrom.*, **2**, 207–208(1973) : https://doi.org/10.1002/xrs.1300020411
- J. A. Bearden and A. F. Burr, "Reevaluation of X-ray atomic energy levels", *Rev. Mod. Phys.*, **39**, 125–142(1967) : https://doi.org/10.1103/RevModPhys.39.125
- J. A. Bearden, "X-ray wavelengths", *Rev. Mod. Phys.*, **39**, 78–124,(1967) : https://doi.org/10.1103/RevModPhys.39.78
- J. A. Bearden, "X-ray wavelengths and X-ray atomic energy levels", NSRDS-NBS 14, National Bureau of Standards, September 25(1967) : https://nvlpubs.nist.gov/nistpubs/Legacy/NSRDS/nbsnsrds14.pdf
- J. A. Bearden(R. C. Weast ed.), "X-ray wavelengths", *Handbook of Chemistry and Physics, 49th Edition.*, Chemical Rubber Company, Cleveland, Ohio(1968), pp.E136–E175
- G. G. Johnson, Jr. and E. W. White, "X-Ray Emission Wavelengths and keV Tables for Nondiffractive Analysis", *Amer. Soc. Test. Mater. Data Ser.*, DS–46, p.38

（1970）

2. X線質量減衰係数（質量吸収係数とよぶことも多い）

- X-ray Attenuation Coefficient Bibliography at NIST :
  https://www.nist.gov/pml/bibliography-photon-total-cross-section-attenua-
  tion-coefficient-measurements
- J. H. Hubbell and S. M. Seltzer, "Tables of X-ray mass attenuation coefficients
  and mass energy-absorption coefficients from 1 keV to 20 MeV for elements $Z = 1$
  to 92 and 48 additional substances of dosimetric interest", July 2004 : https://dx.
  doi.org/10.18434/T4D01F
- E. B. Saloman and J. H. Hubbell, "Critical analysis of soft X-ray cross section
  data", *Nucl. Inst. Methods Phys. Res.*, **A255**, 38–42（1987）: https://doi.
  org/10.1016/0168-9002(87)91068-0
- S. Goldberg, C. Fadley, and S. Kono, "Photoionization cross-sections for atomic
  orbitals with random and fixed spatial orientation", *J. Elect. Spect. Related Phen-
  om.*, **21**, 285–363（1981）: https://doi.org/10.1016/0368-2048(81)85067-0
- V. Yarzhemsky, V. Nefedov, M. Amusia, N. Cherepkov, and L. Chernysheva,
  "Relative intensities in X-ray photoelectron spectra. Part VIII", *J. Elect. Spect.
  Related Phenom.*, **23**, 175–186（1981）: https://doi.org/10.1016/0368-
  2048(81)80033-3
- T. P. Thinh and J. Leroux, "New basic empirical expression for computing tables
  of X-ray mass attenuation coefficients", *X-ray Spectrom.*, **8**, 85–91（1979）:
  https://doi.org/10.1002/xrs.1300080211
- B. L. Henke and E. S. Ebisu, "Low-energy X-ray and electron absorption within
  solids（100-1500-eV region）", *Adv. X-ray Anal.*, **17**, 150–213（1974）
- B. L. Henke and R. L. Elgin, "X-ray absorption tables for the 2-to-2000 Å region",
  Adv. X-ray Anal., **13**, 639–665（1970）
- W. H. McMaster, N. K. Del Grande, J. H. Mallett, and J. H. Hubbell, "Compilation
  of X-ray cross sections", Lawrence Livermore National Laboratory Report UCRL-
  50174 Section II Revision I（1969）: http://cars.uchicago.edu/~newville/mc-
  book/
- S. Manson and J. Cooper, "Photo-ionization in the soft X-ray range: Z dependence
  in a central-potential model", *Phys. Rev.*, **165**, 126–138（1968）: https://doi.

org/10.1103/PhysRev.165.126

- J. Leroux, "Method for finding mass absorption coefficients by empirical equations and graphs", *Adv. X-ray Anal.*, **5**, 153–160(1961)

- J. A. Victoreen, "The calculation of X-ray mass absorption coefficients", *J. Appl. Phys.*, **20**, 1141–1147(1949) : https://doi.org/10.1063/1.1698286

3. 蛍光収率，遷移確率

- S. Singh, D. Mehta, R. Garg, S. Kumar, M. Garg, N. Singh, P. Mangal, J. Hubbell, and P. Trehan, "Average L-shell fluorescence yields for elements $56 \leq Z \leq 92$", *Nucl. Inst. Methods*, **B51**, 5–10(1990) : https://doi.org/10.1016/0168-583X(90)90531-X

- S. Singh, D. Mehta, M. L. Garg, S. Kumar, N. Singh, P. C. Mangal, and P. N. Trehan, "Measurement of L X-ray fluorescence cross sections and relative intensities for elements $56 \leq Z \leq 66$ in the energy range 11-41 keV", *J. Phys.*, **B20**, 5345(1987) : https://doi.org/10.1088/0022-3700/20/20/012

- N. Broll, "Quantitative X-ray fluorescence analysis. Theory and practice of the fundamental coefficient method", *X-ray Spectrom.*, **15**, 271–285(1986) : https://doi.org/10.1002/xrs.1300150410

- M. O. Krause, "Atomic radiative and radiationless yields for K and L shells", *J. Phys. Chem. Ref. Data*, **8**, 307(1979) : https://doi.org/10.1063/1.555594

- H. U. Freund, "Recent experimental values for K shell X-ray fluorescence yields", *X-ray Spectrom.*, **4**, 90–91(1975) : https://doi.org/10.1002/xrs.1300040211

- W. Bambynek, B. Craseman, R. W. Fink, H. U. Freund, H. Mark, C. D. Swift, R. E. Price, and P. V. Rao, "X-ray fluorescence yields, Auger, and Coster-Kronig transition probabilities", *Rev. Mod. Phys.*, **44**, 716–813(1972) : https://doi.org/10.1103/RevModPhys.44.716

- W. Bambynek, B. Craseman, R. W. Fink, H. U. Freund, H. Mark, C. D. Swift, R. E. Price, and P. V. Rao, "Erratum: X-ray fluorescence yields, Auger, and Coster-Kronig transition probabilities", *Rev. Mod. Phys.*, **46**, 853(1974) : https://doi.org/10.1103/RevModPhys.46.853

- R. W. Fink, R. C. Jopson, H. Mark, and C. D. Swift, "Atomic fluorescence yields", *Rev. Mod. Phys.*, **38**, 513–540(1966) : https://doi.org/10.1103/RevModPhys.38.513

4. スペクトルの線幅，励起状態の寿命

- M. O. Krause and J. H. Oliver, "Natural width of atomic K and levels, Kα X-ray lines and several KLL Auger lines", *J. Phys. Chem. Ref. Data*, **8**, 329(1979)：https://doi.org/10.1063/1.555595
- O. Keski-Rahkonen and M. O. Krause, "Total and partial atomic level widths", *Atomic Data and Nuclear Data Tables*, **14**, 139−146(1974)：https://doi.org/10.1016/S0092-640X(74)80020-3

5. X線管のスペクトル分布（測定結果，計算）

- R. Sitko, "Influence of X-ray tube spectral distribution on uncertainty of calculated fluorescent radiation intensity", *Spectrochim. Acta B*, **62**, 777−786(2007)：https://doi.org/10.1016/j.sab.2007.06.003
- H. Ebel, "X-ray tube spectra", *X-ray Spectrom.*, **28**, 255−266(1999)：https://doi.org/10.1002/(SICI)1097-4539(199907/08)28:4%3C255::AID-XRS347%3E3.0.CO;2-Y
- P. A. Pella, L. Feng, and J. A. Small, "Addition of M- and L-series lines to NIST algorithm for calculation of X-ray tube output spectral distributions", *X-ray Spectrom.*, **20**, 109−110(1991)：https://doi.org/10.1002/xrs.1300200303
- T. Arai, T. Shoji, and K. Omote, "Measurement of the spectral distribution emitted from X-ray spectrographic tubes", *Adv. X-ray Anal.*, **29**, 413−426(1986)
- P. A. Pella, L. Feng, and J. A. Small, "An analytical algorithm for calculation of spectral distributions of X-ray tubes for quantitative X-ray fluorescence analysis", *X-ray Spectrom.*, **14**, 125−135(1985)：https://doi.org/10.1002/xrs.1300140306
- R. Tertain and N. Broll, "Spectral intensity distribution from X-ray tubes – Calculated versus experimental evaluations", *X-ray Spectrom.*, **13**, 134−141(1984)：https://doi.org/10.1002/xrs.1300130309
- M. Murata and H. Shibahara, "An evaluation of X-ray tube spectra for quantitative X-ray fluorescence analysis", *X-ray Spectrom.*, **10**, 41−45(1981)：https://doi.org/10.1002/xrs.1300100110
- J. W. Criss, "Fundamental-parameters calculations on a laboratory microcomputer", *Adv. X-ray Anal.*, **23**, 93−97(1980)
- J. W. Criss, "NRLXRF, A FORTRAN program for X-ray fluorescence analysis",

Program No. DOD-00065, including Users' Guide and Users' Reference Manual, Computer Software Management and Information Center(COSMIC), University of Georgia, Athens GA 30601(July 1977)

- T. C. Loomis and H. D. Keith, "Spectral distributions of X-rays produced by a General Electric EA-75 Cr/W Tube at various applied constant voltages", *X-ray Spectrom.*, **5**, 104−114(1976) : https://doi.org/10.1002/xrs.1300050211

- D. B. Brown, J. V. Gilfrich, and M. C. Peckerar, "Measurement and calculation of absolute intensities of X-ray spectra", *J. Appl. Phys.*, **46**, 4537−4540(1975) : https://doi.org/10.1063/1.321390

- J. V. Gilfrich, P. G. Burkhalter, R. R. Whitlock, E. S. Warden, and L. S. Birks, "Spectral distribution of a thin window rhodium target X-ray spectrographic tube", *Anal. Chem.*, **43**, 934−936(1971) : https://doi.org/10.1021/ac60302a049

- J. V. Gilfrich and L. S. Birks, "Spectral distributions of X-ray tubes for quantitative X-ray fluorescence analysis", *Anal. Chem.*, **40**, 1077−1080(1968) : https://doi.org/10.1021/ac60263a025

- J. W. Criss and L. S. Birks, "Calculation methods for fluorescent X-ray spectrometry – Empirical coefficients vs. fundamental parameters", *Anal. Chem.*, **40**, 1080−1086(1968) :https://doi.org/10.1021/ac60263a023

6. 原子散乱因子，散乱係数

- P. J. Brown, A. G. Fox, E. N. Maslen, M. A. O'Keefe, and B. T. M. Willis, "Intensity of diffracted intensities", *International Tables for Crystallography C*(2006), Chapter 6.1, pp.554−595 : http://dx.doi.org/10.1107/97809553602060000600

- J. H. Hubbell, Wm. J. Veigele, E. A. Briggs, R. T. Brown, D. T. Cromer, and R. J. Howerton, "Atomic form factors, incoherent scattering functions, and photon scattering cross sections", *J. Phys. Chem. Ref. Data*, **4**, 471−538(1975) : https://doi.org/10.1063/1.555523

- J. A. Ibers and W. C. Hamilton eds., *International Tables for X-ray Crystallography Vol.IV*, Kynoch Press, Birmingham(1974)

B. 認証標準物質

- NIST (National Institute of Standards and Technologies, アメリカ国立標準技術研究所)
  多岐にわたる応用分野向けに豊富な認証標準物質を作製し，頒布を行っている．ホームページで検索，注文が行える．認証書や資料もダウンロードできる．
  https://www.nist.gov/srm

- (国)産業技術総合研究所計量標準総合センター(NMIJ)
  わが国の国家計量標準機関が提供する認証標準物質．蛍光 X 線分析に使用できるものとして，薄膜・多層膜，セラミックス，環境分析，食品分析の認証標準物質がある．ホームページからカタログをダウンロードできる．また個々の認証標準物質を検索し，認証書や安全シートを閲覧できる．表 1 に出ている会社に注文して購入することができる．
  https://unit.aist.go.jp/qualmanmet/refmate/index.html

- (国)国立環境研究所(NIES)
  1980 年代から系統的に環境分野での認証標準物質の作製と頒布を行ってきており，2019 年夏の時点で 33 試料を開発．現在は，そのうち 16 試料(No.3 クロレラ，No.10-d 玄米粉末，No.12 海底質，No.13 頭髪，No.15 ホタテ，No.18 ヒト尿，No.23 茶葉 II，No.24 フライアッシュ II，No.26 アオコ，No.27 日本の食事，No.28 都市大気粉塵，No.29 ホテイアオイ，No.30 ゴビ黄砂，No.31 湖底質，No.32 ブルーギル，No.33 埋立覆土)が提供されている．ホームページに詳しい情報があり，注文方法も記載されている．
  https://www.nies.go.jp/labo/crm/index.html

- (公社)日本分析化学会(JSAC)
  WEEE/RoHS 規制対応標準物質として，(1)有害金属成分化学分析用　プラスチック認証標準物質(Pb, Cd, Cr, Hg)，(2)有害金属成分蛍光 X 線分析用　プラスチック認証標準物質(Pb, Cd, Cr)，(3)水銀成分蛍光 X 線分析用　プラスチック認証標準物質(Hg 専用)，(4)有害金属成分蛍光 X 線分析用　プラスチック認証標準物質(Pb, Cd, Cr, Hg, Br)，(5)臭素同族体成分分析用　プラスチック認証標準物質(PBDEs)，(6)臭素成分蛍光 X 線分析用　プラスチック認証標準物質(Br 専用)，(7)塩素成分化学分析用　プラスチック管理試料(ディスク状)を頒布している．土壌・河川水・石炭灰規制対応標準物質として，(1)金属成

分分析用　土壌認証標準物質，(2)無機成分分析用　土壌認証標準物質(全量分析および 1 モル塩酸含有量試験対応)，(3)有害金属成分分析用　汚染土壌認証標準物質，(4)無機成分分析用　河川水認証標準物質，(5)無機成分分析用　石炭灰認証標準物質を頒布している．金属・はんだ・二酸化ケイ素関係標準物質として，(1)微量金属成分分析用　アルミニウム認証標準物質，(2)金属成分蛍光 X 線分析用　鉛フリーはんだ認証標準物質(WEEE/RoHS 規制対応)などを頒布している．

ホームページに詳しい情報があり，認証書のほか，開発報告書の PDF ファイルもダウンロードできる．注文方法も記載されている．

http://www.jsac.or.jp/srm/

日本分析化学会が開発，頒布している標準物質については，次の文献が有用である．

保母敏行，飯田芳男，石橋耀一，岡本研作，川瀬 晃，中村利廣，中村 洋，平井昭司，松田りえ子，山崎慎一，四方田千佳子，小野昭紘，柿田和俊，坂田 衞，滝本憲一，「日本分析化学会における標準物質の開発」，分析化学，**57**，363–392(2008)

https://doi.org/10.2116/bunsekikagaku.57.363

- (一社)日本鉄鋼連盟(JISF)

鉄鋼標準物質を供給している．通常蛍光 X 線分析に用いられるのは，機器分析用という分類にあるもので，直径 30 mmφ 以上の円筒状のもので，6 〜 8 種を 1 組とした木箱に収められている．これとは別にチップ状または粉状の酸などで溶解しやすい形をした試料を 70 〜 150 g ずつ瓶詰めにした化学分析用のものも入手できる．ホームページに一覧表が出ており，すべての認証標準物質の化学組成が示されている．JFE テクノリサーチ(株)機能材料ソリューション本部 マルチマテリアル評価センター(TEL：043–261–6711，FAX：043–262–2199，E-mail：JSS_hanbai@jfe-tec.co.jp)を通して購入できる．

http://www.jisf.or.jp/business/standard/jss/index.html

- (公社)日本セラミックス協会(CSJ)

セラミックスの認証標準物質を供給している．天然原料認証標準物質(焼成ボーキサイト，シリマナイト，ムライト，石英粉，けい石粉，ジルコンサンド，蛙目粘土，カオリン，陶石，ばん土頁岩，曹長石粉，加里長石粉，ろう石粉，ろう石，タルク粉)，人工原料認証標準物質(窒化けい素微粉末，炭化けい素微粉末，アルミナ微粉末，ジルコニア微粉末)，ガラス認証標準物質(ほうけい酸ガラス)を頒布している．ホームページに一覧表，認証書，価格情報など

が出ている．西進商事(株)（FAX：078-303-3822，E-mail：standard@seishin-syoji.co.jp)を通して購入できる．

http://www.jcassoc.or.jp/cement/1jpn/jj2b.html

- 耐火物技術協会(TARJ)

  蛍光 X 線分析用のセラミックスの標準物質を供給している．粘土質標準物質（第 1 種，10 物質），粘土質標準物質（第 2 種，15 物質），けい石質標準物質(12 物質)，マグネシア質標準物質(10 物質)，クロム・マグネシア質標準物質(12 物質)，ジルコン－ジルコニア質標準物質(10 物質)，アルミナ－ジルコニア－シリカ質標準物質(10 物質)，アルミナ－マグネシア質標準物質(10 物質)を頒布している．ホームページに一覧表，認証書，価格情報などが出ている．西進商事(株)（FAX：078-303-3822，E-mail：standard@seishin-syoji.co.jp)を通して購入できる．

  https://www.tarj.org/

- (一社)セメント協会

  セメントを対象とし，蛍光 X 線の検量線作成に用いる標準物質を頒布している．2019 年夏の時点で 6 種類が提供されている．こうした試料をリファレンスフリー蛍光 X 線分析に用いることは有効である．ホームページに一覧表，それぞれの外観写真，認証書，価格情報などが出ている．

  http://www.jcassoc.or.jp/cement/1jpn/jj2b.html

- (公社)石油学会

  硫黄の分析など，蛍光 X 線分析の対象となる石油の認証標準物質を頒布している．ホームページに一覧表や試料の情報が出ている．東京化成販売株式会社(〒 103-0023 東京都中央区日本橋本町 4-10-2，TEL：03-3668-0489，FAX：03-3668-0520)を通して購入できる．

  https://sekiyu-gakkai.or.jp/jp/nintei/smpllst.html

- (一社)日本粘土学会

  粘土の試料を頒布している．2019 年夏の時点で，モンモリロナイト(月布)，モンモリロナイト(三川)，合成サポナイト(クニミネ工業)，パイロフィライト(勝光山)，ディッカイト(勝光山)，カオリナイト(関白)，ハイドロバイオタイト(南アフリカ)の 7 試料を供給．ホームページに日本粘土科学会で実施した分析の結果が掲載されている．注文方法も記載されている．認証標準物質ではないが，これに準じた使用法が考えられる．

  http://www.cssj2.org/reference_clay/

表 1　NMIJ 認証標準物質の取り扱い業者・連絡先

会社名	電話，ファックス	ホームページ，E-mail	住所
富士フイルム 和光純薬株式会社	フリーダイヤル： 0120-052-099 フリーファックス： 0120-052-806	https://labchem-wako. fujifilm.com ffwk-labchem-tec@ fujifilm.com	〒 540-8605 大阪府大阪市中央区道修町 3-1-2
株式会社ゼネラル サイエンス コーポレーション	TEL：03-5927-8356 （代） FAX：03-5927-8357	http://www.shibayama. co.jp gsc@shibayama.co.jp	〒 170-0005 東京都豊島区南大塚 3-11-8
ジーエルサイエンス 株式会社	TEL：03-5323-6611 FAX：03-5323-6622	https://www.gls.co.jp/ info@gls.co.jp	〒 163-1130 東京都新宿区西新宿 6-22-1 新宿スクエアタワー 30 階
株式会社 環境総合テクノス （KANSO テクノス）	TEL：072-810-6551 FAX：072-810-6552	http://www.kanso.co.jp RMinfo@kanso.co.jp	〒 576-0061 大阪府交野市東倉治 3-1-1
関東化学株式会社	TEL：03-6214-1090 FAX：03-3241-1047	http://www.kanto.co.jp reag-info@gms.kanto. co.jp	〒 103-0022 東京都中央区日本橋室町 2-2-1 室町東三井ビルティング
日鉄テクノロジー 株式会社	TEL：06-6489-5777 FAX：06-6489-5792	http://www.nstec. nipponsteel.com tanaka.hajime.e3r@ nstec.nipponsteel.com	〒 660-0891 兵庫県尼崎市扶桑町 1-8
大塚製薬株式会社	TEL：088-665-7367 FAX：088-665-8344	http://www2.otsuka. co.jp/research_re- agents/cil/ isotope@otsuka.jp	〒 771-0182 徳島県徳島市川内町 平石夷野 224-18
西進商事株式会社	TEL：03-3459-7491 （代） FAX：03-3459-7499	http://www. seishin-syoji.co.jp/ info@seishin-syoji.co.jp	〒 105-0012 東京都港区芝大門 2-12-7 RBM 芝パークビル
シグマアルドリッチ ジャパン合同会社	TEL：03-4531-1145 （代） FAX：03-5434-4859	http://www.sigma-al- drich.com/japan sialjp@sial.com	〒 153-8927 東京都目黒区下目黒 1-8-1 アルコタワー 5F
高千穂商事株式会社	TEL：03-3444-0231 FAX：03-3444-0462	http://www.takachiho. biz info_1@takachiho.biz	〒 150-0012 東京都渋谷区広尾 1-4-8
株式会社巴商会	TEL：029-857-2663 FAX：029-857-5993	http://www.to- moeshokai.co.jp kaoru@tomoeshokai. co.jp	〒 305-0022 茨城県つくば市吉瀬 1702-2

C. 認証標準物質のデータベース

- 標準物質総合情報システム（RMinfo, Reference Materials Total Information Services of Japan）
  （国）産業技術総合研究所計量標準総合センターが運営している標準物質の紹介サイト．日本国内の機関が供給している約8,000の認証標準物質（CRM）および標準物質（RM）が登録されている．
  https://unit.aist.go.jp/qualmanmet/refmate/rminfo/RMinfo/index.html
- 国際標準物質データベース（COMAR, COde d'Indexation des MAtèriaux de Rèfèrence）
  ドイツの国立材料研究所（BAM）が管理する国際的な標準物質のデータベース．
  https://rrr.bam.de/RRR/Navigation/EN/Reference-Materials/COMAR/comar.html

D. 理論強度式に関する重要文献（オリジナル論文）

- J. Sherman, "The theoretical derivation of fluorescent X-ray intensities from mixtures", *Spectrochim. Acta*, **7**, 283–306(1955). https://doi.org/10.1016/0371-1951(55)80041-0
- T. Shiraiwa and N. Fujino, "Theoretical calculation of fluorescent X-ray intensities in fluorescent X-ray spectrochemical analysis", *Jpn. J. Appl. Phys.*, **5**, 886–899(1966). https://doi.org/10.1143/JJAP.5.886
- J. W. Criss and L. S. Birks, "Calculation methods forfluorescent X-ray spectrometry – Empirical coefficients vs. fundamental parameters", *Anal. Chem.*, **40**, 1080–1086(1968). https://doi.org/10.1021/ac60263a023
- D. Laguitton and W. Parrish, "Simultaneous determination of composition and mass thickness of thin films by quantitative X-ray fluorescence analysis", *Anal. Chem.*, **49**, 1152–1156(1977). https://doi.org/10.1021/ac50016a023
- C. J. Sparks, Jr.(H. Winick and S. Doniach eds.), *Synchrotron Radiation Research*, Plenum Press, New York(1980), Chapter 14 X-ray fluorescence microprobe for chemical analysis https://doi.org/10.1007/978-1-4615-7998-4_14

E.　ソフトウエア

- Xraylib オンライン計算：
  http://lvserver.ugent.be/xraylib-web/
- PyMCA：ESRF(欧州放射光施設)の蛍光X線ビームラインなどで用いられている.
  http://pymca.sourceforge.net/
- XRS‐FP2：Cross Road Scientific や Amptek が販売.
  http://crossroadsscientific.com/xrs-fp2.html
- JXMI‐MSMI：ベルギーのゲント大学で開発. エネルギー分散型蛍光X線スペクトルのモンテカルロシミュレーション.
  https://software.pan-data.eu/software/154/xmi-msim
- J. W. Criss, "Fundamental-parameters calculations on a laboratory microcomputer", *Adv. X-ray Anal.*, **23**, 93‐97(1980)
- J. W. Criss, "NRLXRF, A FORTRAN Program for X-ray fluorescence analysis", Program No. DOD-00065, including Users' Guide and Users' Reference Manual, Computer Software Management and Information Center(COSMIC), University of Georgia, Athens GA 30601(July 1977)

F.　メーリングリスト

- XRF‐L：蛍光X線分析，特に定量分析に関しての議論が活発な国際的なメーリングリスト(英語)
  XRF-L@LISTSERV.SYR.EDU
- xbun：X線分析情報メーリングリスト(日本語)
  xbun@ml.nims.go.jp
  (参考)桜井健次，「15年目を迎えたX線分析情報メーリングリスト」，X線分析の進歩，**48**，105‐107(2017)

G. 書籍

- X線分析の進歩

  日本分析化学会 X 線分析研究懇談会の編集により，アグネ技術センターから継続的に出版されている書籍．毎年 3 月に新しいものが出版され，2019 年 3 月に第 50 集が出版された．日本語で書かれたものとしては，X 線分析に関する最重要の情報源である．

- *Advances in X-ray Analysis*

  アメリカで毎年夏に開催されるデンバー X 線会議のプロシーディングスで，初期は Plenum Press からハードカバーの書籍として出版されていたが，後に電子出版となり，CD で配布されるようになった．書籍として出版されていた 1957 年〜 1995 年の Vol.1 〜 39 は 1 枚の CD となって販売されている．1996 年 (Vol.40) 以降は，毎年 1 枚の独立した CD になっている．いずれも以下の web ページで注文ができる．

  http://icdd.mybigcommerce.com/products/axa.html

- 中井 泉 編，蛍光 X 線分析の実際 第 2 版，朝倉書店 (2016)

- J. Willis, K. Turner, and G. Pritchard, *XRF in the Workplace : A Guide to Practical XRF Spectrometry*, PANalytical, Australia (2011)

- J. Als-Nielsen and D. McMorrow, *Elements of Modern X-ray Physics, 2nd Edition*, Wiley (2011)

- B. Beckhoff, B. Kanngieser, N. Langhoff, R. Wedell, and H. Wolff eds., *Handbook of Practical X-Ray Fluorescence Analysis*, Springer, Berlin (2007)

- R. Van Grieken and A. Markowicz, *Handbook of X-Ray Spectrometry, 2nd Edition*, CRC Press (2001)

- R. Jenkins, *Quantitative X-Ray Spectrometry, 2nd Edition*, CRC Press, New York (1995)

- G. R. Lachance and F. Claisse, *Quantitative X-Ray Fluorescence Analysis, Theory and Application*, Wiley, Chichester (1995)

- 大野勝美，川瀬 晃，中村利廣，X 線分析法，共立出版 (1987)

- R. Tertian and F. Claisse, *Principle of Quantitative X-Ray Fluorescence Analysis*, Heyden, London (1982)

- E. P. Bertin, *Introduction to X-Ray Spectrometric Analysis*, Plenum Press, New York (1978)

H. 用語集

Sherman の式

マトリックス効果も含め，化学組成に応じたすべての元素の蛍光X線の強度を理論的に与える式．1955年にアメリカのJacob Shermanによって導かれた．

1次X線

試料の照射に用いられるX線源からのX線．入射X線と同じ意味である．

1次フィルタ

1次X線の光路中に挿入するフィルタ．多くは金属箔である．1次フィルタによる減衰の効果がX線のエネルギー(波長)によって異なることを利用している．1次X線のエネルギー(波長)分布を変化させ，蛍光X線スペクトルの品質を改良することができる．

2次励起

X線源からのX線が試料に照射されることによって，直接励起(1次励起)の蛍光X線が発生するが，それに加え，発生した蛍光X線によって別の元素の蛍光X線が発生する現象がある．一方の元素の蛍光X線は共存元素の存在によって強い強度が観測される．その2次励起に関わった蛍光X線はその反対に減衰して弱くなる(吸収効果)．

3次励起

試料内で発生した蛍光X線が別の元素を励起して2次励起の蛍光X線が発生し，2次励起の蛍光X線がさらにまた別の元素を励起して蛍光X線を発生させる現象．

エネルギー分散型

蛍光X線スペクトルを記録する方法の1つで，試料からのさまざまなエネルギー(波長)の蛍光X線を半導体検出器の電気的な信号処理によって同時に分光する．一般に迅速な測定ができる．装置も小型・軽量である．

オージェ収率

内殻励起の緩和過程で，外部に蛍光X線ではなく，エネルギーをもった電子を放出する確率をいう．

感度係数

ある化学組成を想定した試料モデルに対し理論強度式と物理定数を用いて計算される蛍光X線強度と，実際に測定して得られる蛍光X線強度をプロットして得られる係数．X線源の出力や，検出器の幾何学的な条件に左右されるので，測定条件

ごとにあらかじめ決定してある感度係数を用いる.

蛍光収率

内殻電子が励起されて空孔が生じると,外の軌道の電子が遷移して空孔を埋めて緩和するが,その際に元の軌道のエネルギーと移行した先の軌道のエネルギーの差に等しいエネルギーを外部に放出する.そのエネルギーが電磁波(蛍光X線)になる確率をいう.

検量線

元素の濃度もしくは絶対量と得られる信号強度の関係をプロットしたもの.同じ試料中に含まれる共存元素の影響を受けるため,測定したい試料とよく似た化学組成で,目的の元素の濃度を系統的に変化させた標準試料群を使用する.

散乱X線FP法

従来のFP法を拡張し,散乱X線強度の実測値および理論的に計算される強度を加味する方法.特に軽元素マトリックスの対象では,良好な結果を与える.連続X線の散乱のうち,特に蛍光X線のエネルギーに近い領域が利用されることも多いことから,バックグラウンドFP法とよばれることもある.

質量減衰係数

ファンダメンタル・パラメータの1つで,単色X線の物質中の重量あたりの減衰を表現する量.単位はcm^2/g.波長と化学組成によって決まる.質量減衰係数は,真の吸収(内殻電子の励起)と散乱による寄与からなり,それぞれを質量光電吸収係数,質量散乱係数とよぶ.ただ,蛍光X線分析では,多くの場合,減衰はほぼ内殻励起による吸収によって決まるので,質量減衰係数を単に質量吸収係数とよぶことも多い.

質量光電吸収係数

ファンダメンタル・パラメータの1つ.単色X線による光電吸収断面積である.厳密な意味での質量吸収係数である.

白岩・藤野の式

Shermanの式とほぼ同じ意味をもつ式.2次励起,3次励起を含めたマトリックス効果を考慮に入れた蛍光X線の理論強度式.Shermanの元の論文中にあったケアレスミスを訂正している.1966年に白岩俊男,藤野允克によって発表され,Criss, Birksによるファンダメンタル・パラメータ法(FP法)の提唱(1968年)につながっていく.

認証標準物質

分析機器の校正,分析方法の評価など,化学計測における測定値を決定するため

に，各元素の濃度，絶対量などについて，計量学的に妥当な手順によって値づけられた標準物質．

薄膜 FP 法

Sherman の式や白岩・藤野の式が，密度が 3 次元的に均一で無限厚さの物質を想定し，その中での吸収・励起を考慮するものであったのに対し，同様の考え方で積層膜の場合の 2 次励起，3 次励起などの理論式を導くことができる．そのような薄膜の場合の理論式を用いる FP 法を薄膜 FP 法とよんでいる．

波長分散型

蛍光 X 線スペクトルを記録する方法の 1 つで，試料からのさまざまなエネルギー（波長）の蛍光 X 線を結晶分光器によって分光する．多くは結晶の角度を変化させる．一般にスペクトルを分解する能力が高い．

ファンダメンタル・パラメータ

X 線と物質の原子レベルの相互作用に関わる物理定数．蛍光 X 線スペクトルの予測や定量分析に用いられる．

ファンダメンタル・パラメータ法（FP 法）

白岩・藤野の式および X 線のファンダメンタル・パラメータを試料の化学組成のモデルに適用し，マトリックス効果を取り込んだ蛍光 X 線強度を計算し，得られた蛍光 X 線スペクトルをもっとも合理的に説明できる化学組成を決定することによって定量分析を行う手法の総称．典型的なリファレンスフリー蛍光 X 線分析の方法．

不確かさ

分析に対する信頼性の指標の 1 つで，分析値をある幅があるものとして取り扱う．要因ごとにばらつき（繰り返し測定の標準偏差）を管理し，それらの 2 乗和の平方根を標準合成不確かさとよぶ．信頼区間を考慮し，これに係数をかけたものが拡張不確かさである．係数 2 を用い，約 95% の信頼の水準を持つ区間の半分の値で拡張不確かさを示している例はよく見かける．

マトリックス効果

試料に含有される主成分元素など共存する元素が測定結果に及ぼす影響のこと．蛍光 X 線の場合には，吸収効果（蛍光 X 線強度が弱くなる）と励起効果（蛍光 X 線強度が強くなる）がある．

リファレンスフリー分析

定量分析に際し，標準試料群を用いた実験的な検量線を使用せずに同等の効果を得ようとする新しい分析のスタイル．現在のところ，あらゆる元素分析法の中で，蛍光 X 線分析法によるリファレンスフリー分析がもっとも進んでいる．

索　引

編著者紹介

桜井　健次　工学博士

1988 年　　東京大学大学院工学系研究科博士課程修了
現　在　　国立研究開発法人 物質・材料研究機構 先端材料解析
　　　　　研究拠点 上席研究員．筑波大学大学院教授を兼務．

NDC 433　　　255 p　　　21 cm

リファレンスフリー蛍光 X 線分析入門

2019 年 11 月 6 日　　第 1 刷発行

編著者　　桜井健次
発行者　　渡瀬昌彦
発行所　　株式会社　講談社

　　　〒 112-8001　東京都文京区音羽 2-12-21
　　　　販　売　(03) 5395-4415
　　　　業　務　(03) 5395-3615
編　集　　株式会社　講談社サイエンティフィク

　　　　代表　矢吹俊吉

　　　〒 162-0825　東京都新宿区神楽坂 2-14　ノービィビル
　　　　編　集　(03) 3235-3701
本文データ制作　株式会社　双文社印刷
カバー・表紙印刷　豊国印刷　株式会社
本文印刷・製本　株式会社　講談社

ISBN 978-4-06-513598-3